現代素粒子物理
実験的観点からみる標準理論

末包 文彦, 久世 正弘, 白井 淳平, 湯田 春雄 共著

Modern Particle Physics
Experimental Perspectives on the Standard Model

森北出版株式会社

●本書の補足情報・正誤表を公開する場合があります．当社 Web サイト（下記）で本書を検索し，書籍ページをご確認ください．

https://www.morikita.co.jp/

●本書の内容に関するご質問は下記のメールアドレスまでお願いします．なお，電話でのご質問には応じかねますので，あらかじめご了承ください．

editor@morikita.co.jp

●本書により得られた情報の使用から生じるいかなる損害についても，当社および本書の著者は責任を負わないものとします．

JCOPY 〈（一社）出版者著作権管理機構 委託出版物〉
本書の無断複製は，著作権法上での例外を除き禁じられています．複製される場合は，そのつど事前に上記機構（電話 03-5244-5088，FAX 03-5244-5089，e-mail: info@jcopy.or.jp）の許諾を得てください．

この本を手に取ったあなたへ

20世紀後半からの半世紀,加速器を始めとするさまざまな実験技術の進歩から,素粒子に関する理解が飛躍的に深まり,標準理論とよばれる美しい理論体系が成立しました.その一方,標準理論ではゼロと仮定されていたニュートリノ質量が実際はゼロでないことが判明し,宇宙における未知の暗黒物質や暗黒エネルギーの存在の証拠が報告されるなど,標準理論を発展させる鍵となる実験・観測事実も明らかになってきています.

この本の原稿を執筆している数年の間にも,標準理論の確立にどうしても必要だった最後の素粒子:ヒッグス粒子が欧州原子核研究所 (CERN) の LHC における実験で発見され,また,ニュートリノの分野では,未測定だった最後のニュートリノ混合角が測定されました.その結果,標準理論を超える新粒子や新しい現象を追い詰める戦略が,次第に確立してきています.このように素粒子物理学は現在進行形で急速に発展しつつあります.

この本は,このような時代に,素粒子物理学について学ぼうとする学部後期から大学院学生などを読者として想定して書かれています.さらに,他書とは少し異なった解説方法は,研究者の方にも楽しんでいただけるのではないかと思います.必要な基礎知識としては,量子力学と特殊相対性理論の基礎ですが,それらをマスターしている必要はありません.付録と Web 上の補遺に本書を読むために必要な事項のエッセンスをまとめているので,それを参考にすることで,読者のレベルに応じて読み進めることができます.

筆者たちは全員,長年高エネルギー物理学に携わってきた実験屋です.その立場から,素粒子物理を肌で理解するうえでの肝となる物理的な考え方を説明することに,特に重きを置きました.また,素粒子の物理を学ぶ過程で生じる素朴な疑問にもなるべく答えるよう気を配りました.全体として,素粒子物理の歴史的な発展の経緯も大切にしつつ,レプトン,クォークとゲージボソンからなる体系を理解し,それをもとに,個々の現象を見透かせるように実験的観点にも留意した構成にしました.これらの点で,本書はほかの多くの本とは違った,ユニークなものになっています.

「現代素粒子物理」という書名には,21世紀に活躍する人のための素粒子物理の参考書としてふさわしいものにしたい,という気概が込められています.本書により読者の素粒子物理への理解が深まるとともに,この世界の発展に少しでも寄与できるのであれば筆者たちにとってこれに過ぎる喜びはありません.

2016年11月　　末包文彦,久世正弘,白井淳平,湯田春雄

謝辞

本書の執筆にあたっては，次の方々に原稿に目を通していただき，多くの有用なコメントをいただきました．

小松原健博士(KEK)，隅野行成博士（東北大），佐貫智行博士（東北大），石川明正博士（東北大），清水肇博士（東北大），日笠健一博士（東北大）．

ご自身の研究でお忙しい中，こちらからの勝手なお願いに快く協力していただいたことに対して深く感謝いたします．もちろん本書の内容に間違いなどがあった場合は，その責任は全面的に著者にあります．

森北出版の藤原様には，この本の執筆の機会を与えていただき，また，初稿ができるまで，忍耐強く待っていただいたことに感謝いたします．森北出版の太田様には，変更の多いゲラ校正で何かとご迷惑をおかけしました．ここに感謝の意を表したいと思います．

最後に，著者達の家族も含め，さまざまな方の協力がなければ本書は実現しませんでした．著者一同，ここにいま一度，心から感謝致します．

目　次

第1章　標準理論でとらえる素粒子の世界　1
1.1　素粒子の基本特性 ——————————————————— 1
1.2　標準理論と基本粒子 ——————————————————— 4
1.3　素粒子の運動と相互作用 ————————————————— 7
1.4　対称性と保存則 ———————————————————— 15
演習問題 ——————————————————————————— 18

第2章　レプトンの反応　19
2.1　電磁相互作用による散乱断面積 —————————————— 19
2.2　レプトンと弱い相互作用 ————————————————— 23
2.3　ポジトロニウム ———————————————————— 26
2.4　ニュートリノの混合と振動 ———————————————— 33
演習問題 ——————————————————————————— 35

第3章　弱い相互作用と粒子の崩壊　36
3.1　クォークの質量固有状態とカビボ理論 ——————————— 36
3.2　荷電 π メソンの崩壊 ——————————————————— 37
3.3　荷電 K メソンの崩壊 ——————————————————— 39
3.4　中性子の崩壊 —————————————————————— 42
3.5　パリティ対称性の破れ —————————————————— 43
3.6　^{60}Co 核のベータ崩壊におけるパリティの破れの発見 ————— 44
演習問題 ——————————————————————————— 46

第4章　ハドロンとその特性　47
4.1　ハドロンの基本的物理量 ————————————————— 47
4.2　π メソンの量子特性 ——————————————————— 51
4.3　ハドロンとアイソスピン ————————————————— 56
4.4　ハドロン・共鳴状態の発見 ———————————————— 58
演習問題 ——————————————————————————— 63

第5章　核子のパートン構造とQCD　　64
- 5.1　物質の構造と散乱公式 ……… 64
- 5.2　核子の形状因子 ……… 67
- 5.3　深非弾性散乱 ……… 68
- 5.4　クォーク・パートン模型 ……… 70
- 5.5　さまざまなレプトン−核子散乱実験から得られたパートン分布関数 ……… 72
- 5.6　量子色力学 (QCD) ……… 74
- 演習問題 ……… 80

第6章　ハドロンのクォーク模型　　81
- 6.1　ハドロンのクォーク構造 ……… 81
- 6.2　クォークの質量 ……… 82
- 6.3　メソンの構造 ……… 83
- 6.4　軽いメソンのクォーク構造 ……… 85
- 6.5　バリオンの構造 ……… 91
- 6.6　中性カラー状態 ……… 100
- 演習問題 ……… 101

第7章　重いフェルミオンとゲージボソンの探索　　102
- 7.1　チャームクォークとその質量の予言 ……… 102
- 7.2　チャームクォーク ……… 103
- 7.3　τ レプトンの発見 ……… 107
- 7.4　ボトム粒子 ……… 108
- 7.5　トップクォークの発見 ……… 110
- 7.6　$W^\pm$ と Z^0 の発見 ……… 114
- 演習問題 ……… 117

第8章　CKM行列とその測定　　118
- 8.1　カビボ・小林・益川行列 ……… 118
- 8.2　CKM行列のウォルフェンスタイン表示 ……… 123
- 演習問題 ……… 124

第9章　CP対称性の破れ　125
- 9.1　CKM行列要素とその複素共役 — 126
- 9.2　K^0系でのCP非対称性 — 126
- 9.3　B^0系でのCP非対称性 — 135
- 9.4　ニュートリノ系でのCP非対称性 — 142
- 演習問題 — 143

第10章　ニュートリノ　144
- 10.1　標準理論におけるニュートリノ — 144
- 10.2　ニュートリノの質量の探索 — 146
- 10.3　世代数の決定 — 148
- 10.4　ニュートリノ振動 — 150
- 10.5　ニュートリノ振動実験 — 151
- 10.6　ニュートリノの未解決問題 — 165
- 演習問題 — 170

第11章　標準理論と今後の展望　171
- 11.1　ゲージ対称性とゲージボソン — 171
- 11.2　QCD — 174
- 11.3　自発的対称性の破れ — 175
- 11.4　電弱統一理論 — 179
- 11.5　フェルミオンの質量と混合 — 182
- 11.6　ゲージボソン–フェルミオン結合項 — 183
- 11.7　電弱理論の実験的検証 — 185
- 11.8　ヒッグス粒子の質量の予言と電弱理論の勝利 — 188
- 11.9　ヒッグス粒子の発見 — 190
- 11.10　最後に — 193
- 演習問題 — 196

付録A　物理定数と便利な使い方　197
- 演習問題 — 198

付録B　特殊相対論　199
- B.1　4元ベクトルとローレンツ変換 — 199
- B.2　エネルギー・運動量保存と素粒子の質量 — 201
- B.3　微分演算子の4元ベクトル — 202

付録C　素粒子物理と量子力学的効果　　205

- C.4　基礎方程式 ———————————————————— 205
- C.5　素粒子の交換関係 —————————————————— 215
- C.6　ヘリシティとカイラリティ ——————————————— 220
- C.7　散乱断面積の計算 —————————————————— 223

> 本書では，付録 C のうち必要最小限の内容に絞って掲載をしています．
> 付録 C の完全版は，以下の URL から入手可能です．
>   http://www.morikita.co.jp/books/mid/015581
> 内容：
> - C.1　波動関数とその応用
> - C.2　不確定性原理
> - C.3　重ね合わせの状態と干渉
> - C.8　ラグランジアン
> - C.9　QCD とグルーオン
> - C.10　パリティ対称性と保存量

付録D　クレブシュ–ゴルダン係数　　228

付録E　代表的な素粒子のリスト　　229

演習問題略解　　234

関連文献　　242

索　引　　244

1 標準理論でとらえる素粒子の世界

本章では，素粒子の全体像を得るために，素粒子の標準理論[1]とそれに含まれる基本粒子および相互作用を簡単に紹介する．基本粒子は大別すると，スピンが半整数の**フェルミオン**と整数の**ボソン**に分類される．素粒子間の相互作用は，素粒子がボソンを交換することにより生じ，その強さにより，**強い相互作用**，**電磁相互作用**，**弱い相互作用**に分類され，**散乱**，**崩壊**，**束縛**などの現象を生じる．また，素粒子の世界にはさまざまな**対称性**が存在し，それに付随する**保存則**がこの世界に秩序を与えている．この対称性と保存則についても概観する．

素粒子物理学を学ぶ過程では新しい概念や言葉が数多く導入されていくが，本章ではそれらを紹介するにとどめ，詳しい解説は次章以下に委ねる．したがって，本章は，詳細にはあまりとらわれずに読み進み，素粒子物理学の全体像を得たうえで，次章以下に進むとよいであろう．

1.1 素粒子の基本特性

1.1.1 素粒子の大きさと電荷の大きさ

素粒子物理学の描像で水素原子を眺めると，図 1.1 のようになる．水素原子は陽子と電子からできており，その平均的な半径は**ボーア半径** $a_0 \sim 5.3 \times 10^{-11}$ m である．陽子と電子は光子を交換することで結合している．水素原子の中心にある陽子の大きさは，1 fm (10^{-15} m) 程度である[2]．1.3.4 項で説明するハドロンの典型的な大きさも 1 fm 程度である．陽子は，$(+2/3)e$ の電荷をもった 2 つの**クォーク**と $(-1/3)e$ の電荷をもったクォーク 1 つからできている．この 3 つのクォークは**グルーオン**とよばれるボソンを交換することで結合している．電子やクォークの大きさは，陽子の大きさより 3 桁以上小さく，現在 10^{-18} m より小さいことがわかっている．

---

[1] 1974 年の夏の会議の Iliopoulos による最終講演において，"標準模型" (standard model) という言葉が初めて使われた．
[2] 素粒子物理学では，キロ [k]=10^3，メガ [M]=10^6，ギガ [G]=10^9，テラ [T]=10^{12}，ミリ [m]=10^{-3}，マイクロ [μ]=10^{-6}，ナノ [n]=10^{-9}，ピコ [p]=10^{-12}，フェムト [f]=10^{-15} の接頭辞がよく使われる．さらに，ペタ [P]=10^{15}，アト [a]=10^{-18} なども使われることがある．

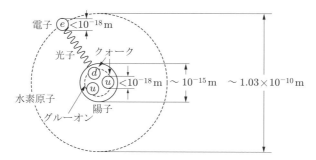

図 1.1 水素原子の構造と大きさ　水素原子は陽子と電子からなり，陽子は 3 つのクォークからなる．電子と陽子は電磁相互作用により結合し，3 つのクォークは強い相互作用により結合し，陽子となる．

電荷 e の大きさは，MKSA 単位系では，$e = 1.60 \times 10^{-19}$ C である．素粒子物理学では，電荷は，

$$\alpha \equiv \frac{e^2}{4\pi\varepsilon_0 \hbar c} = \frac{1}{137.0359997} \tag{1.1}$$

という無次元の量の形で現れることが多い[3]．この α は**微細構造定数**とよばれ，電磁相互作用の強さを表す．$\hbar$ は，**プランク定数** h を 2π で割ったもので**換算プランク定数**とよばれ[4]，その大きさは，

$$\hbar \sim 1.05 \times 10^{-34} \, \text{J} \cdot \text{s} = 6.58 \times 10^{-16} \, \text{eV} \cdot \text{s} \tag{1.2}$$

である．プランク定数は，光速 c と組み合わせて次の形で現れることも多いので，覚えておくと便利である．

$$\hbar c = 197.327 \cdots \text{MeV} \cdot \text{fm} \sim 200 \, \text{MeV} \cdot \text{fm} \tag{1.3}$$

たとえば，水素原子中の電子のポテンシャルエネルギーを計算したい場合，

$$V_H = -\frac{e^2}{4\pi\varepsilon_0 a_0} = -\alpha \frac{\hbar c}{a_0} \sim -\frac{1}{137} \frac{200 \times 10^6 \, \text{eV} \cdot 10^{-15} \, \text{m}}{5.3 \times 10^{-11} \, \text{m}} \sim -28 \, \text{eV} \tag{1.4}$$

と簡単に計算できる[5]．

---

[3] なぜ α の値を $0.007297\cdots$ と表さないかというと，式 (1.1) のような分数で表すと，この値を覚えやすいからである．「α は 137 分の 1」と覚えておくと，正確な値との差は 0.03% 以下になる．
[4] $\hbar$ そのものをプランク定数とよぶこともあるので注意が必要である．
[5] 電子の運動エネルギーが 14 eV あるため，イオン化に必要なエネルギーは，28 eV − 14 eV = 14 eV になる．水素の基底状態のエネルギーレベルは，このイオン化エネルギーに対応する．

1.1.2 素粒子の質量

1 mol の陽子は約 1 g の重さになる．つまり，陽子 1 個の重さ m_p は，$1\,\mathrm{g}/(6\times 10^{23}) = 1.7\times 10^{-24}\,\mathrm{g}$ に対応する．この表現では桁数が大きく実用上不便なので，素粒子物理学では，質量を表すのに以下のような単位を使う．

特殊相対論によると，陽子の**静止質量エネルギー**は，$E_p = m_p c^2 \sim 1.7\times 10^{-27}\,\mathrm{kg} \times (3.00\times 10^8\,\mathrm{m/s})^2 = 1.49\times 10^{-10}\,\mathrm{J}$ である．一方，電荷 e の粒子を 1 V の電位差で加速した際にこの粒子が得るエネルギーを 1 eV (電子ボルト) とよび，MKSA 単位系で換算すると，$1\,\mathrm{eV} = 1.60\times 10^{-19}\,\mathrm{J}$ になる．したがって，陽子の静止質量エネルギーは，[eV] の単位で $m_p c^2 \sim 0.94\,\mathrm{GeV}$ になる．これから，光速 c を右に移項して単位に組み込み，$m_p = 0.94\,\mathrm{GeV}/c^2$ と書く．書くときには $/c^2$ の部分は省略し，$m_p = 0.94\,\mathrm{GeV}$ と書かれている場合も多い．電子の質量は，$m_e = 0.511\,\mathrm{MeV}/c^2$ と陽子の 1/1800 しかない．これまで実験で確認されている最も重い素粒子はトップクォークで，$m_t = 173\,\mathrm{GeV}/c^2$ である．質量をもつ最も軽い素粒子はニュートリノで，$m_\nu < 2\,\mathrm{eV}/c^2$ である．

このように，素粒子物理学では，10^{11} 以上にわたり質量の異なる素粒子を扱っている．また，運動量も同様に，[eV/c] の単位で書く．

1.1.3 角運動量

素粒子物理学では，**角運動量**は非常に重要な概念である．古典力学的には，角運動量は，$\vec{L} = \vec{r}\times\vec{p}$ なので，MKSA 単位系での単位は $[\mathrm{kg\cdot m^2/s}] = [\mathrm{J\cdot s}]$ になる．量子力学では，角運動量は換算プランク定数 ($\hbar$) の単位で表す．たとえば，電子のスピン角運動量が $S = 1/2$ といった場合，実際には $S = (1/2)\hbar$ であることを意味する．一般に素粒子反応は，素粒子間の軌道角運動量が $L \le 1\hbar$ 程度で起こることが多い．このことから，加速器のエネルギーとその加速器で探索できるサイズの関係を知ることができる．

ターゲット粒子に電子を入射し，それが散乱される確率でターゲット粒子の大きさを測定する実験を考えてみよう．運動量 p [GeV/c] の電子がターゲット粒子から d [fm] の距離[6]を通過するよう入射された場合，電子の，ターゲット粒子に対する軌道角運動量は，$L = pd$ [GeV·fm/c] である．この入射電子が散乱されたとすると，$pd \le \hbar$ なので，$p = 1\,\mathrm{GeV}/c$ の場合，

$$d \le \frac{\hbar}{p} = \frac{\hbar c}{pc} = \frac{200\,\mathrm{MeV\cdot fm}}{1\,\mathrm{GeV}} \sim 0.20\,\mathrm{fm} \tag{1.5}$$

程度の距離に，散乱に寄与する力がはたらいていることがわかる．

---

6 衝突係数とよばれる．

1.2 標準理論と基本粒子

1.2.1 標準理論

現在,素粒子物理学では**標準理論**とよばれている理論体系が大きな成功をおさめている.標準理論に含まれる基本粒子は,スピン $(S) = 1/2$ のフェルミオンである6種類の**クォーク**と6種類の**レプトン**,$S = 1$ の4種類の**ゲージボソン**およびスピン $S = 0$ の**ヒッグスボソン**からなる.

自然界には電磁相互作用,強い相互作用,弱い相互作用,**重力相互作用**の4種類の相互作用がある.この中で重力相互作用は,ほかの3つの相互作用に比べ何十桁も弱く(演習問題 1.1 参照),素粒子反応中に検出できるほどの影響を与えないため,標準理論では重力は扱っておらず,本書でも特に必要のない限り言及しない.

現在まで,標準理論に含まれる素粒子は実験的にすべて確認され,ニュートリノ振動以外の素粒子現象は標準理論で説明できている.本節では,その標準理論とそれに含まれる基本粒子について概観する.

1.2.2 フェルミオン

標準理論では,表 1.1 にまとめるように[7],物質を構成する粒子フェルミオンとして,強い相互作用をするクォークとしないレプトンが存在する.クォークには,(u, d, c, s, t, b)(それぞれ,「アップ」,「ダウン」,「チャーム」,「ストレンジ」,「トップ」,「ボトム」とよぶ)の6種類があり,レプトンには,$(e^-, \nu_e, \mu^-, \nu_\mu, \tau^-, \nu_\tau)$(それぞれ「電子」,「電子ニュートリノ」,「ミュー粒子」,「ミューニュートリノ」,「タウ粒子」,「タウニュートリノ」とよぶ)の6種類がある.**ニュートリノ**の質量は,標

表 1.1 クォークとレプトンの諸性質 すべてスピンは 1/2 である.ニュートリノの質量は,フレーバー固有状態の平均質量.数値は文献 [p1] を参考にした.

世代	クォーク	電荷 $Q_f[e]$	質量 [MeV/c^2]	レプトン	電荷 $Q_f[e]$	質量 [MeV/c^2]
1	u	2/3	~ 2.3	e^-	-1	0.511
	d	$-1/3$	~ 4.8	ν_e	0	$< 2.2 \times 10^{-6}$
2	c	2/3	~ 1280	μ^-	-1	105.7
	s	$-1/3$	~ 95	ν_μ	0	< 0.19
3	t	2/3	$\sim 1.73 \times 10^5$	τ^-	-1	1777
	b	$-1/3$	~ 4200	ν_τ	0	< 18

---

[7] 素粒子の性質や最新のパラメータの値,重要な項目の解説,実験論文のリストなどは Particle Data Group によりまとめられ,インターネットで公開され,出版されている.本書では,随所でこの文献 [p1] を参考にしている.

準理論では 0 と仮定されているが，現在では小さいながら質量をもつことがわかっている．

e^-, μ^-, τ^- は，負の電荷 $-e$ をもち，**荷電レプトン**とよばれ，ニュートリノ，ν_e, ν_μ, ν_τ は電荷をもたない．クォークの電荷は，(u, c, t) は $+(2/3)e$，(d, s, b) は $-(1/3)e$ である．軽いクォークの質量は直接測定できず，表 1.1 には，$\overline{\text{MS}}$（「エムエスバー」と読む）質量とよばれる値を示した（6.2.2 項参照）．これで表される質量は，「カレント質量」とよばれており，本書でも便宜上そうよぶことにする．

それぞれのクォーク，レプトンの種類は**香り**，または**フレーバー** (flavor) とよばれる．弱い相互作用による $(u \leftrightarrow d)$，$(c \leftrightarrow s)$，$(t \leftrightarrow b)$ 間の結びつきは，ほかの組み合わせよりも強い．また，質量スケールもこの 3 つのペア間で異なる．この 3 つの分類を**世代**とよぶ．同様に，レプトンにも 3 つの世代がある．

クォークは，**カラー**とよばれる強い「電荷」をもち，それを介して**グルーオン**と結合し，強い相互作用をする．カラーには 3 種類があり，3 原色とのアナロジーから，R(red)，G(green)，B(blue) などとよばれている[8]．**カラー荷**を明示して書くと，たとえば，u クォークには，$u = (u_R, u_G, u_B)$ の 3 種類があることになる．質量やその他の性質はカラーによらないので，普通は区別しない場合が多い．

フェルミオンはスピンの向きによって 2 つの基本状態がある．本書では，スピンの向きが運動量と同じ場合，**ヘリシティ** (helicity) がプラス（あるいは正），逆の場合，ヘリシティがマイナス（あるいは負）であるという．一方，C.6.2 項で定義する**カイラリティ** (chirality)[9] とよばれる性質で 2 つの基本状態を分類する場合もある．カイラリティは，弱い相互作用で特に重要な役目を担う．相対論的な速度で運動しているフェルミオンでは，カイラリティとヘリシティの固有状態は一致するので，素粒子物理学では慣習上プラスヘリシティに対応するカイラリティを右巻き，マイナスヘリシティに対応するカイラリティを左巻きとよび，波動関数をそれぞれ ψ_R，ψ_L と書く．

1.2.3 ボソン

ボソンには，相互作用を担う 4 種のスピン 1 のボソン（γ（光子），$W^\pm$，Z^0，g（グルーオン））と，スピンが 0 で基本粒子に質量を与えるヒッグスボソン (H^0) がある．γ，$W^\pm$，Z^0，g のボソンは，ゲージ対称性（11.1 節）から要求される粒子なので，**ゲージボソン**とよばれる．ゲージボソンの諸性質を表 1.2 に示す．

ゲージボソンは，素粒子から発生し，別の素粒子に吸収されることで，エネルギーと運動量を運び，素粒子間の相互作用を生じる．このように，ある素粒子からゲージボ

---

[8] 可視光の色とはまったく関係ない．
[9] 古典物理で対応する量はないので，イメージすることは難しい．

表 1.2　ゲージボソンの諸性質　すべてスピンは 1 である．Q_f はフェルミオンの電荷を表し，その値は表 1.1 を参照．$C_{R/L}^f$ は表 11.1 参照．ニュートリノは $W^\pm$，Z^0 とのみ結合し，グルーオンはクォークとのみ結合する．

記号	名称	相互作用	電荷 [e]	質量 [GeV/c^2]	フェルミオンとの結合定数	
					ψ_{fL}	ψ_{fR}
γ	光子	電磁	0	0	$Q_f e$	$Q_f e$
$W^\pm$	荷電弱ボソン	弱	± 1	80.4	g_W	0
Z^0	中性弱ボソン	弱	0	91.2	$C_L^f g_Z$	$C_R^f g_Z$
g	グルーオン	強	0	0	g_S	g_S

ソンが発生，または吸収されることを「結合する」と表現し，その強さを結合定数で表す．たとえば電荷は，光子 (γ) と荷電粒子 (f) の結合定数に対応し，表 1.2 中で $Q_f e$ で示される．

　光子は，質量がゼロの**ベクトル粒子**[10] で，電荷をもつ粒子と結合し，電磁相互作用を担う．$W^\pm$ ボソンと Z^0 ボソンは質量をもつベクトル粒子で，すべてのクォークやレプトンと結合し，弱い相互作用を担う．そのため，これらの粒子は**弱ボソン**ともよばれる．$W^\pm$ ボソンは，カイラリティが左巻きのフェルミオンか右巻きの反フェルミオンとしか結合しない．Z^0 ボソンは，両方のカイラリティのフェルミオンと結合するが，右巻きと左巻きで結合の強さが異なるという性質をもっている．$W^\pm$ を媒介する反応を**荷電カレント反応** (charged current, CC)[11]，Z^0 を媒介する反応を**中性カレント反応** (neutral current, NC) とよぶ[12]．

　グルーオン (g) は，質量がゼロのベクトル粒子で，クォークにより発生・吸収され，強い相互作用を担っている．グルーオンは，クォークの「カラー荷」と結合する．グルーオン自身もカラーと反カラーをもち，グルーオンどうしも結合する．

　最後に，標準理論ではヒッグスボソンとよばれる基本粒子が存在し，ゲージボソンやフェルミオンは，このヒッグス粒子のポテンシャルがつくるヒッグス場と相互作用することで質量を獲得していると考えられている．ヒッグス粒子とほかの素粒子との

表 1.3　ヒッグス粒子の諸性質　スピンは 0．

記号	電荷 [e]	質量 [GeV/c^2]	真空期待値 (v_0) [GeV]
H^0	0	125	246

10　スピン 1 で固有パリティが $P = -1$ のものをベクトル粒子，スピン 1 で固有パリティが $P = +1$ のものを軸性ベクトルまたはアクシャルベクトル，スピンが 0 でパリティが $P = +1$ のものをスカラー，パリティが $P = -1$ のものを擬スカラーとよぶ．
11　電磁気学では，電磁場により電流（カレント），つまり電子の運動の変化が生じる．素粒子物理学では，このような素粒子の動き（運動や状態の変化）を「カレント」とよぶ．
12　光子の媒介する電磁相互作用も含めて中性カレントとよぶこともある．

結合の強さは，その素粒子の質量に比例する（第11章）．表1.3にヒッグス粒子の諸性質を示す．真空期待値については第11章で説明する．

1.2.4 粒子と反粒子

原子核のβ崩壊では，普通は電子が放出される．一方，^{22}Naのように，電子と同じ質量で$+e$の電荷をもつ粒子を発生するβ^+崩壊も，少数だが存在する．β^+粒子は，電子の反粒子で**陽電子**(e^+)とよばれる．反粒子は粒子と同じ質量やスピンをもつが，電荷などは符号が逆になる．また，反粒子と粒子が出会うと対消滅し，光子などのゲージ粒子が生じる（例：$e^+ + e^- \to \gamma^*$）[13]．逆に，このようにして発生したゲージ粒子は短い時間で粒子と反粒子を対生成する（例：$\gamma^* \to \mu^+ + \mu^-$）．

相対論的量子力学では，反粒子は時間を逆行する負エネルギーの粒子であると解釈でき，計算のうえでもそのように取り扱う[b1]．通常，反粒子は粒子と同じ記号の上に「バー」をつけて示す．たとえば，反陽子は$\bar{p}$，反クォークは$\bar{q}$，反電子ニュートリノは$\bar{\nu}_e$などである．ただし，荷電レプトンの反粒子は，e^+, μ^+, τ^+のように電荷を+に書く場合が多い．γやπ^0メソンやZ^0ボソンのように，反粒子が自分自身である場合もある．

1.3 素粒子の運動と相互作用

前述のように，標準理論で取り扱う相互作用には「電磁相互作用」，「弱い相互作用」，「強い相互作用」の3種類があり，その相互作用の現象として，散乱・束縛・崩壊が生じる．また，強い相互作用をするフェルミオンをクォークとよび，強い相互作用をしないフェルミオンをレプトンとよぶ．さらに，電磁相互作用をするレプトンを荷電レプトンとよび，それ以外の中性のレプトンをニュートリノとよぶ．3つの相互作用は，図1.2に示すように入れ子構造をしている．

図1.2　相互作用の入れ子構造　電磁相互作用をするフェルミオン（荷電レプトン，クォーク）は弱い相互作用もする．強い相互作用をするフェルミオン（クォーク）は，電磁相互作用も行うため，弱い相互作用もする．

13　このようにして生じた光子の質量はゼロでないため，仮想光子とよばれる．γ^*の右肩の$*$は，この光子が仮想粒子であることを意味している（第2章参照）．

素粒子の運動と相互作用を記述するためには、量子力学を用いなければならない。素粒子の状態は波動関数で表され、その運動は、非相対論的な場合、シュレディンガー方程式で規定される (付録C)。ポテンシャル $V(\vec{x})$ がある場合、シュレディンガー方程式は、

$$i\hbar \frac{d}{dt}\psi(t,\vec{x}) = \left(-\frac{\hbar^2}{2m}\vec{\nabla}^2 + V(\vec{x})\right)\psi(t,\vec{x}) \tag{1.6}$$

で表される。ここで、ψ は波動関数を表す。ポテンシャルがない $(V=0)$ 場合、この解は、

$$\psi(x) = \psi(0)\exp\left(-i\frac{Et-\vec{p}\vec{x}}{\hbar}\right) \tag{1.7}$$

になる。これを平面波とよび、$\vec{p}$ はこの素粒子の運動量ベクトルであり、E はいまの場合運動エネルギーで、$E = \vec{p}^2/2m$ の関係がある。この波動関数はまた、$\vec{v} = \vec{p}/m$ の速度で移動している素粒子の状態を表す。相互作用の効果は、ポテンシャルとしてシュレディンガー方程式に入れられる。相互作用 V がゼロでない場合、波動関数は単純な平面波ではなくなる。

最初 ψ_i の状態であった素粒子が、相互作用により ψ_f に変化した場合、その反応の確率は、一般に

$$P_{i\to f} = \frac{2\pi}{\hbar}\left|\int \psi_f^* V \psi_i d^3x\right|^2 \rho_f \tag{1.8}$$

で表される。これを**フェルミの黄金律**とよぶ。ρ_f は終状態の状態密度の大きさを表す。表現の簡素化のため、ブラケット表示を使い、

$$P_{i\to f} = \frac{2\pi}{\hbar}|\langle\psi_f|V|\psi_i\rangle|^2 \rho_f = \frac{2\pi}{\hbar}|H_{fi}|^2 \rho_f \tag{1.9}$$

と表すこともある。H_{fi} は、相互作用による ψ_i から ψ_f への遷移振幅、あるいは行列要素 (matrix element) とよばれる。

1.3.1 相互作用の素過程

■**ファインマン図**　　ファインマン図は、提唱者であるファインマン (R. P. Feynman) にちなんで命名された、素粒子の反応過程を示すのに便利な図である。ファインマン図では、図1.3の例に示すように、時間軸と空間軸からなる2次元図面に素粒子の軌跡を描く。フェルミオンの軌跡は1本の実線で表し、時間を進む方向を示すため矢印をつける。e^+ などの反粒子は、矢印を時間を遡るようにつけた e^- として表すことがある。光子、$W^\pm$ や Z^0 などは波線で表す。グルーオンはコイル状の線で表す。ボソンはフェルミオンから発生し、フェルミオンに吸収されるが、そのような素粒子どう

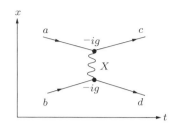

図 1.3 ファインマン図の例　粒子 a がゲージボソン X を発生して粒子 c になり，粒子 b がこの X を吸収して粒子 d になる．逆に，粒子 b がゲージボソン X の反粒子 $\overline{X}$ を発生して粒子 d になり，粒子 a がこの $\overline{X}$ を吸収して粒子 c になると考えてもよい．入射粒子とゲージボソンの結合部分には，終状態に移る強さを表す結合定数 g と，この反応により位相が $-90°$ ずれることを表す $-i$ をかけたものを書く（が，省略されている場合も多い）．

しが繋がる点を**バーテックス**とよび，図 1.3 のように黒い点で表す．これ以降，座標軸を省略して図を描く．

ファインマン図を描けば，反応がどのように生じているかを直感的に理解ができるだけでなく，その図から反応の式を書き下すこともできる．さまざまな結合のファインマン図を図 1.4 に示す．フェルミオンとゲージボソンだけでなく，図 1.4(e)〜(h) のようにゲージボソンどうしが結合することもある[14]．これらのバーテックスを組み合わせることにより，さまざまな素粒子反応を表現することができる．

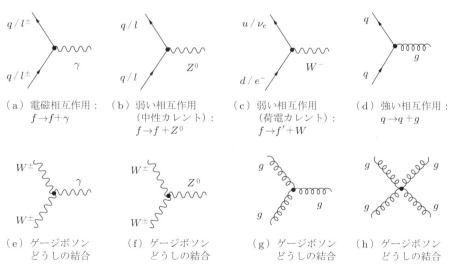

図 1.4 基本的な相互作用のファインマン図　q はクォーク，l はレプトン，γ は光子，g はグルーオンを示す．煩雑になるので，ここでは結合定数やカイラリティなどは省略した．

14　$W^{\pm}$ が電荷をもつということは，W 粒子と光子が結合するということである．

1.3.2 散乱

素粒子の散乱は，図 1.3 のように，1 つの粒子がボソンを発生し，別の粒子がそれを吸収することにより生じる．電子とクォークの散乱を例にとると，電子が光子を発生し ($e^- \to e^- + \gamma$)，その光子をクォークが吸収する ($\gamma + q \to q$) ことで，電子とクォークの間でエネルギーと運動量を交換し，全体として，電子とクォークが散乱した ($e^- + q \to e^- + q$) ことになる．

1.3.3 散乱断面積

素粒子物理学では，散乱の強さや特徴を記述するのに，**散乱断面積**とよばれる物理量を頻繁に使用する．未知の物質の性質（大きさや構造など）を調べるのに，既知の粒子（波）を当ててその散乱の様子を調べる方法は，物理学では広く行われている．ラザフォード散乱や，結晶の構造を調べるのに用いられる X 線回折などはよく知られている．

いま，図 1.5(a) のように，空間内に分布した未知の標的粒子（ターゲット）の大きさを調べるために，大きさの無視できる既知の粒子（プローブ）を入射する場合を想定してみよう．単純に考えて，プローブ粒子はターゲットに当たれば散乱され，ビームから外れるとする．プローブ粒子の空間密度は $\rho_i\,[\mathrm{cm}^{-3}]$ で，すべての粒子が同じ速度 $v_i\,[\mathrm{cm/s}]$ でターゲットに入射しているとする．入射するフラックス（単位時間に単位面積を通過する粒子の数）は $f_i = \rho_i v_i\,[\mathrm{cm}^{-2}\cdot\mathrm{s}^{-1}]$ になる．プローブがターゲットに衝突する確率を p とすれば，衝突せずに物質の後ろまで通過するプローブのフラックスは $f_o = (1-p)f_i\,[\mathrm{cm}^{-2}\mathrm{s}^{-1}]$ で表される [15]．

この物質を正面（プローブが入射する方向）から見ると，図 1.5(b) のように見える．いま，ターゲットを質量数 A の原子核として，その幾何学的断面積を $\sigma\,[\mathrm{cm}^2]$ とし，$1\,\mathrm{cm}^2$ あたり N 個のターゲットが見えているとすると，衝突する確率は $p = \sigma N$

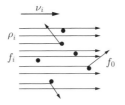

（a）ターゲット粒子に左から
プローブ粒子が入射している図

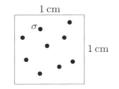

（b）プローブ粒子から見た
ターゲット粒子

図 1.5　素粒子の散乱断面積

15　標的は十分薄く，1 つの粒子が 2 回散乱することはないとする．

となる．N は物質の密度 $\rho_A\,[\mathrm{g\cdot cm^{-3}}]$，厚さ $d\,[\mathrm{cm}]$，アボガドロ数 $N_\mathrm{A}\,[\mathrm{mol^{-1}}]$，質量数 $A\,[\mathrm{g\cdot mol^{-1}}]$ と $N=(N_\mathrm{A}/A)\rho_A d$ の関係にあるので，実験により f_o を測定すれば，

$$\sigma = \frac{A}{N_\mathrm{A}\rho_A d}\left(1-\frac{f_o}{f_i}\right) \tag{1.10}$$

のように，粒子の断面積 σ が求められることになる．反応の確率の度合いを表す断面積は，素粒子反応を記述するのに普遍的な量（面積の次元をもつ）であり，通常 σ の記号で表される．素粒子は非常に小さいため，次のように**バーン** (b) という単位で表されることが多い．

$$1\,\mathrm{b} = 10^{-24}\,\mathrm{cm^2} = 10^{-28}\,\mathrm{m^2} \tag{1.11}$$

たとえば，半径 $1\,\mathrm{fm}$ の球の断面積は，$3.14\times 10^{-2}\,\mathrm{b} = 31.4\,\mathrm{mb}$ である．

プローブの粒子は加速器で生成することが多く，ビームともよばれる．図 1.6 のように，入射ビームの進行方向を z 軸にとり，反応点から球座標で (θ,ϕ) 方向に，反応点からの見込む立体角 $\Delta\Omega\,[\mathrm{sr}]$ の小さな測定器を置き，その測定器により単位時間あたりに観測される散乱粒子の数 $n_\mathrm{scat}(\theta,\phi)\Delta\Omega\,[\mathrm{s^{-1}}]$ を数えると，微分断面積とよばれる量

$$\frac{d\sigma(\theta,\phi)}{d\Omega}\,[\mathrm{b/sr}] = \frac{A}{N_\mathrm{A}\rho_A d}\frac{n_\mathrm{scat}(\theta,\phi)}{f_i} \tag{1.12}$$

を測定することができる．微分断面積を全立体角で積分したもの $\sigma=\int(d\sigma/d\Omega)d\Omega$ は全断面積とよばれ[16]，式 (1.10) と一致する．エネルギー E，電荷 e のスピンのない相対論的粒子が電荷 Z の重い原子核がつくるクーロンポテンシャル $V(r)=Ze/(4\pi\varepsilon_0 r)$ により散乱される微分断面積は，フェルミの黄金律の式 (1.8) に，始状態の波動関数 $\psi_i=e^{-i(Et-p_i z)/\hbar}$ と終状態の波動関数 $\psi_f=e^{-i(Et-\vec{p}_f\cdot\vec{x})/\hbar}$ を入れることにより，次のように計算される．

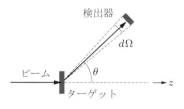

図 1.6　θ 方向への散乱

---

[16] $\theta=0$ のビーム自身は積分領域から除く．

$$\left(\frac{d\sigma}{d\Omega}\right)_{\text{Coulomb}} = \frac{Z^2\alpha^2\hbar^2c^2}{4E^2\sin^4(\theta/2)} \tag{1.13}$$

$E = 1\,\text{GeV}$ の場合，$\hbar c/(1\,\text{GeV}) \sim 0.2\,\text{fm}$ なので，

$$\left(\frac{d\sigma}{d\Omega}\right)_{\text{Coulomb}} \sim \frac{5.3Z^2}{\sin^4(\theta/2)}\,[\text{nb/sr}] \tag{1.14}$$

になる．

1.3.4 束縛

相互作用はまた，ポテンシャルの源となり，粒子どうしを束縛し，複合粒子をつくる．たとえば，図 1.7 のように，クォークと反クォークが強い相互作用のポテンシャルにより結びついたものを，メソンとよぶ．図 1.7 は，π^+ メソンのクォーク構造を示している．表 1.4 に，クォークと反クォークの組み合わせと，それに対応するメソンを示す．メソンのスピンは，2つのクォークのスピンが同じ向きの場合 ($S=1$) と，反対向きの場合 ($S=0$) がある．同じクォーク構造をもっていても，このスピンの組み合わせにより質量はかなり異なる．1つの $q\bar{q}$ の組み合わせに 2 種類以上のメソンが対応しているのは，この $q\bar{q}$ 成分をもつメソンが複数存在するからである[17]．

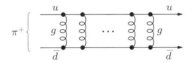

図 1.7 メソン中のクォークと反クォークの束縛構造 クォーク-反クォーク間で何回もグルーオンが交換されることにより，2つのクォーク-反クォークが互いに束縛されている様子を示している．

陽子は，u, u, d の3つのクォークが，強い相互作用により束縛した状態である．このように3つのクォークからなるものを**バリオン**とよぶ．表 1.5 に代表的なバリオンのクォーク成分を示す．バリオンには，3つのクォークの合成スピンが 1/2 と 3/2 の2つのグループがある．この合成スピンの違いは，バリオンの構造と質量に大きな影響を与えている．メソンやバリオンのようなクォークが強い相互作用により結合したものを，**ハドロン**とよぶ．

1.3.5 崩壊

相互作用のもう1つの効果は，粒子を崩壊させることである．崩壊とは，素粒子が

---

17 逆に，あるメソンは，異なる種類の $q\bar{q}$ 状態の重ね合わせになっている場合がある．

表 1.4 クォークと反クォークの組み合わせと，対応したメソンおよびその質量 [MeV/c^2]

S は全スピンを表す．t クォークは寿命が短く，メソンになる前に崩壊してしまうため，リストには入っていない．

$S=0$	$\bar{d}$	$\bar{u}$	$\bar{s}$	$\bar{c}$	$\bar{b}$
d	$\pi^0(135),\ \eta,\ \eta'$	π^-	K^0	D^-	B^0
u	$\pi^+(140)$	$\pi^0,\ \eta(548),\ \eta'$	K^+	$\overline{D^0}$	B^+
s	$\overline{K^0}(498)$	$K^-(494)$	$\eta,\eta'(958)$	D_s^-	B_s^0
c	$D^+(1870)$	$D^0(1869)$	$D_s^+(1968)$	$\eta_c(2984)$	B_c^+
b	$\overline{B^0}(5280)$	$B^-(5279)$	$\overline{B_s^0}(5367)$	$B_c^-(6275)$	$\eta_b(9389)$

$S=1$	$\bar{d}$	$\bar{u}$	$\bar{s}$	$\bar{c}$	$\bar{b}$
d	$\rho^0(775),\ \omega$	ρ^-	K^{0*}	D^{-*}	B^{0*}
u	$\rho^+(775)$	$\rho^0,\ \omega(783)$	K^{+*}	$\overline{D^{0*}}$	B^{+*}
s	$\overline{K^{0*}}(896)$	$K^{-*}(892)$	$\phi(1019)$	D_s^{-*}	B_s^{0*}
c	$D^{+*}(2010)$	$D^{0*}(2007)$	$D_s^{+*}(2112)$	$J/\psi(3097)$	B_c^{+*}
b	$\overline{B^{0*}}(5325)$	$B^{-*}(5325)$	$\overline{B_s^{0*}}(5415)$	B_c^{-*}	$\Upsilon(9460)$

表 1.5 クォークの組み合わせと，対応したバリオンおよびその質量 [MeV/c^2]

n_q は含まれているクォーク q の数．バリオンの場合，$n_u = 3 - n_s - n_d$ である．6.5.2 項で説明される理由で，「×」の組み合わせのバリオンは存在しない．

$S=1/2$	$n_d=0$	$n_d=1$	$n_d=2$	$n_d=3$
$n_s=0$	×	$p(938.3)$	$n(939.6)$	×
$n_s=1$	$\Sigma^+(1189.4)$	$\Sigma^0(1192.6)$ $\Lambda(1115.7)$	$\Sigma^-(1197.4)$	
$n_s=2$	$\Xi^0(1314.9)$	$\Xi^-(1321.7)$		
$n_s=3$	×			

$S=3/2$	$n_d=0$	$n_d=1$	$n_d=2$	$n_d=3$
$n_s=0$	$\Delta^{++}(1232)$	Δ^+	Δ^0	Δ^-
$n_s=1$	$\Sigma^{+*}(1383)$	$\Sigma^{0*}(1384)$	$\Sigma^{-*}(1387)$	
$n_s=2$	$\Xi^{0*}(1532)$	$\Xi^{-*}(1535)$		
$n_s=3$	$\Omega^-(1673)$			

自発的にそれより軽い素粒子の組み合わせに変化することで，たとえば，弱い相互作用による中性子の β 崩壊 ($n \to p + e^- + \bar{\nu}_e$) や μ 粒子の崩壊 ($\mu^- \to e^- + \nu_\mu + \bar{\nu}_e$)，電磁相互作用による π^0 メソンの崩壊 ($\pi^0 \to \gamma + \gamma$)，強い相互作用による ρ メソンの崩壊 ($\rho^+ \to \pi^+ + \pi^0$) などがある．μ 粒子の崩壊は，図 1.8 のように，μ 粒子が W^- ボソンを発生して [18] ニュートリノ (ν_μ) に変化し，放出された W^- ボソンが電子 (e^-) と反ニュートリノ ($\bar{\nu}_e$) に崩壊すると理解される（詳しくは 2.2.1 項参照）．

標準理論では，ゲージボソンとの結合で，クォークがレプトンに変化することはな

---

18 W ボソンの質量は μ 粒子の質量より大きいが，不確定性原理により，非常に短い時間は存在することができる．

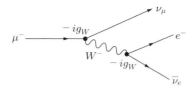

図 1.8 $\mu^- \to e^- + \nu_\mu + \bar{\nu}_e$ 崩壊のファインマン図
g_W はフェルミオンと W ボソンの結合定数.

い. そのため，3 つのクォークからなっているバリオンの数は，どのような反応が生じても変化することはない．これを**バリオン数の保存**という[19]．しかし，多くの統一理論は，クォークがレプトンに変化するような反応を予言している．これを確かめるために，核子崩壊の探索実験が精力的に行われている．

崩壊は確率的な過程で起こるため，同じ粒子を集めたとしても，どの粒子がいつ崩壊するかを予言することはできない．最初 N_0 個の同じ粒子があったとき，それから時間 t 後に崩壊せずに残っている粒子の平均的な数を $N(t)$ とすると，

$$N(t) = N_0 e^{-t/\tau} \tag{1.15}$$

で表すことができるだけである．この τ をこの粒子の**寿命**とよぶ．表 1.6 に，それぞれの相互作用による崩壊と寿命の例を示す．

表 1.6 からわかるように，一般に，弱い相互作用による崩壊の寿命は比較的長い．これは，$W^\pm$, Z 粒子の質量 ($M = 80 \sim 90$ GeV) が崩壊のエネルギー ($<$ GeV) に比べ非常に大きいため，仮想的に存在できる時間あるいは距離が非常に短いためである．強い相互作用による崩壊の寿命は非常に短く，寿命を直接測定することは不可能である．

素粒子が有限の寿命 τ をもつことは，その素粒子が存在する時間が τ 程度の間に限

表 1.6 素粒子の崩壊の例

親粒子	寿命 [s]	おもな崩壊先	分岐比 Br [%]	力
π^+	2.6×10^{-8}	$\mu^+ + \nu_\mu$	~ 100	弱
n	880	$p + e^- + \bar{\nu}_e$	~ 100	
μ^+	2.2×10^{-6}	$e^+ + \bar{\nu}_\mu + \nu_e$	~ 100	
π^0	8.4×10^{-17}	$\gamma + \gamma$	98	電磁
Σ^0	7.4×10^{-20}	$\Lambda + \gamma$	~ 100	
J/ψ	$\sim 10^{-20}$	$\mu^+ + \mu^-$	5.9	
ρ^+	$\sim 10^{-24}$	$\pi^+ + \pi^0$	~ 100	強
Δ^{++}	$\sim 10^{-24}$	$p + \pi^+$	~ 100	

---

[19] 同様に，標準理論ではレプトン数も保存する．

られることを意味する．その場合，付録 C で説明している不確定性原理により，この粒子のエネルギーに

$$\Gamma = \frac{\hbar}{\tau} \tag{1.16}$$

程度の不確定性が生じることになる．質量は静止している粒子のエネルギーなので，このことは質量に Γ だけの不確定性があることを意味する．実験的にこの粒子の質量を測定すると，幅が Γ のピークを見ることになる．逆に，質量の幅を測定することにより，式 (1.16) の関係を用いてその寿命 τ を計算できる．

反粒子が，時間を遡る負エネルギーの粒子であると解釈した場合，図 1.8 の反応は，負エネルギーの電子ニュートリノ ν_e が，時間を遡り反応点に入ってきて μ^- と散乱して，e^- と ν_μ の終状態になったと解釈しなおすこともできる．この場合，この反応の強さは，フェルミの黄金律 (1.9) で始状態が μ^- と負エネルギーの ν_e，終状態が e^- と ν_μ として，

$$\Gamma \propto |\langle e^- \nu_\mu | V_W | \mu^- \nu_e \rangle|^2 \rho_{e\nu\bar{\nu}} \tag{1.17}$$

と計算できる．ここで，V_W は弱い相互作用のポテンシャルに対応する．

崩壊先が複数ある場合，k 番目の崩壊先への崩壊の強さを Γ_k と書くと，この粒子の寿命は，すべての崩壊先の Γ_k (部分崩壊幅とよぶ) を加えた全崩壊幅 Γ の逆数になる．

$$\frac{\hbar}{\tau} = \Gamma = \sum_k \Gamma_k \tag{1.18}$$

k 番目の崩壊先へ崩壊する確率は，$\mathrm{Br}_k = \Gamma_k/\Gamma$ で表される．この比を**分岐比** (branching ratio) とよぶ．付録 E にさまざまな素粒子の代表的な崩壊と分岐比をまとめている．

1.4 対称性と保存則

我々の世界では，エネルギー，運動量，角運動量，電荷などが保存し，その保存則は日常の現象や，素粒子反応などで重要な役割を担っている．エネルギー，運動量，角運動量の保存則は，たとえば，物理実験をいつ，どこで，どの方向を向いて行っても同じ結果を得るという，時間，空間，方向に対する対称性の結果であり，電荷保存は，波動関数にどのような複素位相をつけてもその絶対値の 2 乗である確率は同じであるというゲージ対称性の結果であると理解されている．これらの対称性は，標準理論よりもっと基本的なレベルで成り立っていると考えられている．

一般に，対称性が存在すると，それに対応する保存量が存在することを示すことが

できる．素粒子物理では，空間を反転（パリティ変換（= P 変換））しても物理現象は変わらないとするパリティ対称性，粒子で起こることは同様に反粒子でも起こるという荷電共役変換（= C 変換）に対する対称性なども考えることができる．もしそれらの対称性が成り立っていれば，対応する保存量が存在することになり，その保存量をそれぞれ「パリティ」，「C パリティ」などとよぶ．

対称性が存在するということは，ある反応が禁止されるなど，素粒子の振る舞いに制限がつくことを意味する．もし保存則のもととなる対称性が存在しないと，たとえば，素粒子は自分より重い素粒子に崩壊したり，何もない空間から突如電子が現れたりすることが可能になる．そのような世界では，我々の宇宙のような秩序はなく，我々が生まれるに至ってはいなかったであろう．したがって，我々の世界を理解するためには，この世界にどのような対称性があるかを理解することが必要である．

一方，これらの秩序が厳格すぎると問題が生じる場合がある．たとえば，C 変換と，C 変換と P 変換を同時に行う CP 変換に対する対称性が完全だと，宇宙の始まりに生じたであろう同数の粒子と反粒子は，これまでの歴史の中で対消滅してなくなってしまい，現在の宇宙に物質は存在しなかったはずである．実際は，CP 対称性が少し破れているために，宇宙の歴史の中で，反物質だけが消滅し尽くして残りの物質により現在の我々の宇宙がつくられていると考えられている．このような対称性の不完全さ（対称性が破れていると表現する）を理解することも，我々の世界を理解するうえで非常に重要である．

以下，パリティ変換，荷電共役変換，CP 変換，CPT 変換について簡単に紹介する．それらに対する対称性と保存則およびその破れについては，第 2 章以降の対応する場所で説明する．

1.4.1 パリティ変換（P 変換），荷電共役変換（C 変換），CP 変換，CPT 変換

■ パリティ変換（P 変換）　　パリティ変換とは，空間座標をすべて反転させる変換である．

$$\vec{r} = (x, y, z) \xrightarrow{\text{P}} (-x, -y, -z) = -\vec{r} \tag{1.19}$$

球座標では，次のように表す [20]．

$$(r, \theta, \phi) \xrightarrow{\text{P}} (r, \pi - \theta, \pi + \phi) \tag{1.20}$$

たとえば，電荷 q をもつ点電荷がつくる電場は，$\vec{E} = \dfrac{q}{4\pi\epsilon}\dfrac{1}{r^3}\vec{r}$ なので，これを P 変換すると，

---

[20] $r \to -r$ ではない．

$$\vec{E} \xrightarrow{\mathrm{P}} \frac{e}{4\pi\epsilon}\frac{1}{r^3}(-\vec{r}) = -\vec{E} \tag{1.21}$$

と符号を変える．光子 (γ) の波動関数 ψ_γ は電場と同じ P 変換性をもつはずなので，

$$\mathrm{P}\psi_\gamma = -\psi_\gamma \tag{1.22}$$

のように書き，光子の固有パリティは負であるという[21]．P 変換は，物理的には 1 枚の鏡に映った世界と同等である[22]．図 1.9 のように，運動している電子の後ろに鏡を置くと，運動量の方向は反転するが，回転の向きは同じに見えるので，スピンや角運動量の方向は変わらない．

$$\vec{p} = \frac{d\vec{x}}{dt} \xrightarrow{\mathrm{P}} -\frac{d\vec{x}}{dt} = -\vec{p}, \quad \vec{s} = \vec{r}\times\vec{p} \xrightarrow{\mathrm{P}} (-\vec{r})\times(-\vec{p}) = \vec{s}, \quad \vec{p}\cdot\vec{s} \xrightarrow{\mathrm{P}} -\vec{p}\cdot\vec{s} \tag{1.23}$$

このように，P 変換は運動量とスピンの相対方向（ヘリシティ）を反転する．したがって，スピンの運動量方向に対し偏った物理量が存在すれば，それは P 変換に対する対称性が成り立っていないことになる．パリティ対称性は電磁相互作用と強い相互作用では成り立つが，第 3 章で説明するように，弱い相互作用では大きく破れている．

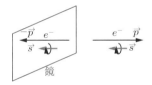

図 1.9　運動する電子を鏡に映した図　この鏡の方向の場合，運動量の方向は反転するが，スピンの方向は元のままである．

■ **荷電共役変換（C 変換）**　荷電共役変換は，粒子を反粒子に変える変換である．

$$\text{例：} e^- \xrightarrow{\mathrm{C}} e^+, \quad \pi^+ \xrightarrow{\mathrm{C}} \pi^- \tag{1.24}$$

荷電共役という名前は，電荷を反転させるという意味にとれるので誤解を招きやすいため，単に C 変換とよぶこともある．電場 $\vec{E}$ を C 変換すると，

$$\vec{E} \xrightarrow{\mathrm{C}} \frac{(-q)}{4\pi\epsilon}\frac{\vec{r}}{r^3} = -\vec{E} \tag{1.25}$$

21　フェルミオンと反フェルミオンは反対符号の固有パリティをもち，普通フェルミオンの固有パリティを正，反フェルミオンの固有パリティを負と定義している．

22　3 つの座標を反転した状態は，1 つの座標を反転し，その座標軸を中心に 180° 空間回転したものと同じである．空間回転に対する対称性がある限り，3 つの座標を反転した状態と 1 つの座標を反転した状態は物理的に同じである．

と符号を変える．そのため，パリティ変換のときと同じように，光子の荷電パリティは負である．

$$C\psi_\gamma = -\psi_\gamma \tag{1.26}$$

C変換では運動量とスピンは変化しない．C変換に対する対称性は，電磁相互作用と強い相互作用では成り立っている．電磁相互作用でC対称性が成り立っているということは，遠い銀河を光や電磁波で測定している限り，その銀河が粒子からできているか反粒子からできているかを判断できないことを意味する．C対称性はパリティ対称性と同じように，弱い相互作用では成り立っていない．

■**CP変換**　CP変換は，C変換とP変換を同時に行う変換で，e^- を e^+ に変換し，さらに運動量とスピンの相対方向（ヘリシティ）を反転する．弱い相互作用はP対称性とC対称性をそれぞれ破るが，CP対称性は成り立つと考えられていた．しかし，このCP対称性も，1964年にクローニン(Cronin)とフィッチ(Fitch)らにより，Kメソンの崩壊ではわずかに破れていることが発見された．1973年，小林・益川両博士は，クォークの世代が最低3世代あれば，CP非保存効果を説明できることを示した．その後，BメソンのCP非対称性の測定によりこの仮説が確かめられ，両博士は2008年にノーベル賞を受賞した．CP非保存については第9章で詳しく説明する．

■**CPT変換**　C, P, T変換を同時に行った変換はCPT変換とよばれる．CPT対称性はローレンツ不変な局所的場の量子論では成り立つことが証明されていて，これを**CPT定理**という．実験的には，第10章で説明するように，ニュートリノと反ニュートリノの自分自身への振動確率の違いから，CPT対称性の破れを測定することが可能であるが，これまでのところ見つかっていない．

=== 演習問題

1.1　水素原子中の陽子と電子の重力による引力と電磁気力による引力の比を求めよ．ただし，重力定数は自然単位系で $G_N = 6.71 \times 10^{-39}\,[c^4/\text{GeV}^2]$ である．

1.2　日本では電子と陽電子を $1\,\text{TeV}\,(=10^{12}\,\text{eV})$ まで加速して衝突させる国際リニアコライダー(ILC)を計画中である．この加速器を使って探索できるサイズを概算せよ．

1.3　次のハドロンに含まれているクォークは何か．
(1) K^0　(2) Σ^0　(3) J/ψ　(4) Δ^{++}　(5) B^-

1.4　原点にある静的な電荷 q が $\vec{r}$ の場所に発生する電場 $\vec{E} = q\vec{r}/r^3$ をP変換，C変換，CP変換すると，それぞれどうなるか．また，原点を速度 $\vec{v}$ で運動している電荷 q が $\vec{r}$ の場所に発生する磁場 $\vec{B} = q\vec{v}\times\vec{r}/r^3$ をP変換，C変換，CP変換すると，それぞれどうなるか．

2 レプトンの反応

　レプトンは，単独で取り出し，質量を直接観測できる．また，電磁相互作用と弱い相互作用しかしないため，精度の高い測定と反応確率の計算が可能である．理論と実験の高精度の比較により，レプトンの研究は，素粒子物理の理解に大きく寄与してきた．本章では，レプトンのよく理解された反応の例を紹介するとともに，後の章への準備を行う．

2.1 電磁相互作用による散乱断面積

　荷電フェルミオンの電磁相互作用は，量子電磁力学 (quantum electrodynamics, QED) で表すことができる．相対論的なフェルミオンどうしの電磁相互作用による散乱の断面積は，フェルミオンの運動を記述するディラック方程式と，電磁場を記述するクライン・ゴルドン方程式を組み合わせて計算することができる．強い相互作用も弱い相互作用も，その運動学の形式は電磁相互作用と似ているため，よく理解されている電磁相互作用を通してその本質を学ぶことができる．

　レプトンは，スピン 1/2 のフェルミオンであり，その時空内の発展は相対論的な運動方程式であるディラック方程式により規定される．ディラック方程式の正エネルギーの平面波解は，次式で表される（付録 C.4.3 項参照）．

$$\psi(x) = \sqrt{\frac{E+m}{2m}} \begin{pmatrix} u \\ \vec{p}\cdot\vec{\sigma}u/(E+m) \end{pmatrix} e^{-i(Et-\vec{p}\cdot\vec{x})} = we^{-ipx} \tag{2.1}$$

ここで，u は 2 成分スピノールで，スピン方向を表す．w は，2 つの 2 成分スピノールと規格化定数をまとめて書いたもので，4 成分スピノールである．

2.1.1　散乱の取り扱い

　図 2.1 に示すような電荷 ze，質量 m のフェルミオン (ψ) と電荷 Ze，質量 M のフェルミオン (Ψ) の散乱，

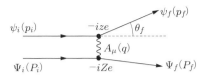

図 2.1 電磁相互作用による $\psi_i(p_i) + \Psi_i(P_i) \to \psi_f(p_f) + \Psi_f(P_f)$ 散乱のファインマン図
q は移行 4 元運動量 $(q = p_i - p_f)$. Ψ_i が 4 元運動量 $-q$ の光子 A_μ を発生し, ψ_i はそれを吸収することで ψ_f に散乱される様子を示している. Ψ_i 自身は $-q$ の運動量を失うことにより反跳される.

$$\psi_i(p_i) + \Psi_i(P_i) \to \psi_f(p_f) + \Psi_f(P_f) \tag{2.2}$$

を考える. ここで, p_i, P_i は散乱前の 4 元運動量, p_f, P_f は散乱後の 4 元運動量[1]を表す. 波動関数は, ディラック方程式の平面波解で以下のように表す.

$$\psi_k = w_k e^{-ip_k x}, \quad \Psi_k = W_k e^{-iP_k x}; \quad k = i, f \tag{2.3}$$

粒子 ψ は相対論的な速度で運動しており, 標的粒子 Ψ は最初静止しているとする. この場合, 4 元運動量はそれぞれ

$$\begin{aligned} p_i &\sim E_i(1, \vec{e}_i), \quad p_f \sim E_f(1, \vec{e}_f), \\ P_i &= (M, \vec{0}), \quad P_f \sim (M + E_i - E_f, E_i \vec{e}_i - E_f \vec{e}_f) \end{aligned} \tag{2.4}$$

になる. ここで, $\vec{e}_i, \vec{e}_f$ はそれぞれ入射粒子方向と散乱粒子の方向の単位ベクトルである. また, $P_f^2 = M^2$ から, 散乱角 θ_f と E_f には次の関係がある.

$$\frac{E_f}{E_i} = \frac{1}{1 + 2(E_i/M)\sin^2(\theta_f/2)} \tag{2.5}$$

散乱断面積は, 式 (C.191) から,

$$\frac{d\sigma}{d\Omega} = 4Z^2 z^2 \alpha^2 \frac{m^2 E_f^2}{E_i^2} \frac{\left|[\overline{w_f}\gamma_\mu w_i][\overline{W_f}\gamma^\mu W_i]\right|^2}{(q^2)^2} \tag{2.6}$$

で与えられる. $[\overline{w_f}\gamma_\mu w_i]$ などは散乱の前後でのスピンの変化を表す. これに移行運動量

$$q^2 = (p_i - p_f)^2 \sim -4E_f E_i \sin^2(\theta_f/2) \tag{2.7}$$

を入れると

$$\frac{d\sigma}{d\Omega} = \frac{Z^2 z^2 \alpha^2 m^2 \left|[\overline{w_f}\gamma_\mu w_i][\overline{W_f}\gamma^\mu W_i]\right|^2}{4E_i^4 \sin^4(\theta_f/2)} \tag{2.8}$$

---

1 4 元運動量については付録 B を参照.

になる．スピンの変化は，入射粒子のスピン (s_i, S_i) に偏極がなく，終状態のスピン (s_f, S_f) を区別しない場合，始状態のスピンの組み合わせを平均し，終状態のスピンの和をとり，

$$\left|[\overline{w_f}\gamma_\mu w_i][\overline{W_f}\gamma^\mu W_i]\right|^2 \to \frac{1}{4}\sum_{s_i,s_f,S_i,S_f}\left|[\overline{w_f(s_f)}\gamma_\mu w_i(s_i)][\overline{W_f(S_f)}\gamma^\mu W_i(S_i)]\right|^2$$

$$\sim \frac{E_i E_f}{m^2}\left(\cos^2\frac{\theta_f}{2} - \frac{q^2}{2M^2}\sin^2\frac{\theta_f}{2}\right) \tag{2.9}$$

になり，散乱断面積は最終的に

$$\left(\frac{d\sigma}{d\Omega}\right)_{\text{Dirac}} = \frac{(Zz\alpha)^2\cos^2(\theta_f/2)}{4E_i^2\sin^4(\theta_f/2)}\frac{E_f}{E_i}\left(1 - \frac{q^2}{2M^2}\tan^2\frac{\theta_f}{2}\right) \tag{2.10}$$

になる．これはディラック散乱断面積とよばれ，第 5 章での核子によるレプトンの散乱実験で利用される．

2.1.2 反粒子と電子-陽電子対消滅反応

　電子-陽電子衝突実験は，ビームエネルギーを有効に利用でき，反応も単純なので，素粒子を研究するために非常に強力な方法である．本項では，電子-陽電子衝突反応の断面積を計算するとともに，反粒子の理解を行う．電子-陽電子衝突実験の基本となる $e^- + e^+ \to \mu^- + \mu^+$ 反応のファインマン図を図 2.2(a) に示す．重心系から見た場合，それぞれの粒子のエネルギーは次のようになる．

$$e^-(E) + e^+(E) \to \gamma^*(2E) \to \mu^-(E) + \mu^+(E) \tag{2.11}$$

ディラック方程式は反粒子そのものは扱っていないため，この反応を直接取り扱う

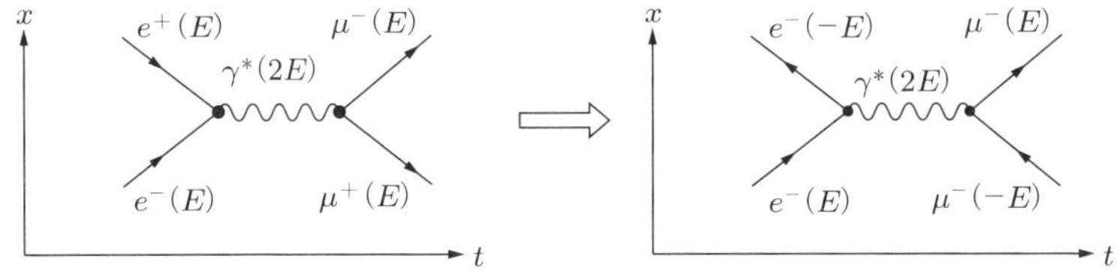

(a) $e^-(E) + e^+(E) \to \mu^-(E) + \mu^+(E)$ 　　(b) $e^-(E) + \mu^-(-E) \to e^-(-E) + \mu^-(E)$

図 2.2 電子-陽電子衝突反応 （a）エネルギー E の電子と陽電子が衝突後消滅し，エネルギー $2E$ の仮想光子になり，それが，エネルギー E の μ 粒子と反 μ 粒子に対生成する様子を表す．
（b）(a) で反粒子を時間を遡る負エネルギーの粒子と解釈した図．この場合，エネルギー E の電子がエネルギー $2E$ の仮想光子を発生し，自分自身のエネルギーは $-E$ になり，時間をさかのぼるように散乱される．時間をさかのぼって入射してきた負エネルギーの μ 粒子がこの光子を吸収して，エネルギー E の μ 粒子になり，散乱されると解釈できる．

ことはできない.しかし,ディラック方程式には,負エネルギーの解がある.そのため,$+E$ のエネルギーをもつ電子が $+2E$ の光子を発生し,$-E$ のエネルギーをもつ電子状態に散乱される過程を考えることができる.散乱後の電子が $-E$ のエネルギーと $-e$ の電荷を反応点から持ち去ると考えると,これは $+E$ のエネルギーと $+e$ の電荷をもつ陽電子が反応点に入り,$+E$ のエネルギーの電子と対消滅してエネルギーが $+2E$ の光子を発生することと事情は同じである.このとき,反応のダイアグラムは,図 2.2(b) のように書き換えられる.矢印の方向は反応点への出入りを表すが,負エネルギーの電子は反応後,時間を逆行して反応点から出てくると解釈できる.このように考えると,電子と陽電子の対消滅反応は,電子の散乱を別の視点から見たものであると自然に理解できる.

図 2.2(b) の終状態では,エネルギーが $+2E$ の仮想光子は,時間を逆行して入射してくる.エネルギー $-E$ の μ^- に吸収され,μ^- のエネルギーは $+E$ になり,時間を順行して反応点から出ると解釈できる.したがって,この反応は,

$$e^-(E) + \mu^-(-E) \to e^-(-E) + \mu^-(E) \tag{2.12}$$

のように $e^-(E)$ と $\mu^-(-E)$ が散乱し,$e^-(-E)$ と $\mu^-(E)$ になる反応であると解釈できる.より一般的に考えると,陽電子は 4 元運動量 p_{e^+} を反応点に持ち込むのだから,対応する負エネルギーの電子は,$-p_{e^+}$ を反応点から持ち出すと考えることができる.その結果,反粒子を含んだ散乱振幅は,式 (C.191) で

$$\psi_i \to e^-(p_{e^-}), \quad \psi_f \to e^-(-p_{e^+}), \quad \Psi_i \to \mu^-(-p_{\mu^+}), \quad \Psi_f \to \mu^-(p_{\mu^-}) \tag{2.13}$$

と置き換えたものと同等になる.

$$\mathcal{M}_{ee\to\mu\mu} \propto e^2 \frac{\left|[\overline{e^-(-p_{e^+})}\gamma_\nu e^-(p_{e^-})][\overline{\mu^-(p_{\mu^-})}\gamma^\nu \mu^-(-p_{\mu^+})]\right|}{[p_{e^-} - (-p_{e^+})]^2} \tag{2.14}$$

この反応は相対論的 ($E \gg m_\mu$) であると考えると,反応の重心系での電子と μ 粒子の 4 元運動量は,

$$p_{e^-} = E(1,\vec{e}_e), \quad p_{e^+} = E(1,-\vec{e}_e), \quad p_{\mu^-} = E(1,\vec{e}_\mu), \quad p_{\mu^+} = E(1,-\vec{e}_\mu) \tag{2.15}$$

と表せる.ただし,$\vec{e}_{e/\mu}$ はそれぞれ,e^- と μ^- の運動量方向の単位ベクトルで,$\vec{e}_e \cdot \vec{e}_\mu = \cos\theta$ とする.移行運動量の 2 乗 (q^2) は,

$$q^2 = [p_{e^-} - (-p_{e^+})]^2 = 4E^2 \tag{2.16}$$

になる．さらに，始状態のスピンの平均をとり，終状態のスピンを足し合わせることにより，

$$\left(\frac{d\sigma}{d\Omega}\right)_{ee\to\mu\mu} = \frac{\alpha^2}{16E^2}(1+\cos^2\theta) \tag{2.17}$$

になる．これを立体角で積分すると，全反応断面積を求めることができる．

$$\sigma_{ee\to\mu\mu} = \frac{\alpha^2}{16E^2}\int_0^{2\pi}d\phi\int_1^{-1}(1+\cos^2\theta)d\cos\theta = \frac{\pi\alpha^2}{3E^2} \sim \frac{20\,[\mathrm{nb}]}{(E\,[\mathrm{GeV}])^2} \tag{2.18}$$

終状態がクォーク対の場合 ($e^+e^- \to q\bar{q}$) は，クォークの電荷を Q_q として，

$$\sigma(e^+e^- \to q\bar{q}) = 3 \times Q_q^2 \frac{\pi\alpha^2}{3E^2} = Q_q^2 \frac{\pi\alpha^2}{E^2} \tag{2.19}$$

となる．係数の 3 は，カラーとよばれる自由度（第 4 章参照）が 3 つあるためである．これらの断面積は e^+e^- 衝突実験でよく利用される．

2.2 レプトンと弱い相互作用

弱い相互作用はフェルミオンが $W^\pm$ や Z^0 粒子を媒介することにより生じる．たとえば，$W^\pm$ と μ^- 粒子の結合は，

$$\mathcal{M} = -ig_W[\overline{\nu_{\mu L}}\gamma^\kappa \mu_L^-]W_\kappa \tag{2.20}$$

である[2]．これは，μ^- が W^- を放出して ν_μ になると解釈できる．ここで，下付きの L は，カイラリティが左巻きの状態であることを示す．$W^\pm$ ボソンは，右巻きのフェルミオンと左巻きの反フェルミオンとは結合しないという特徴をもつ．

2.2.1 μ 粒子の崩壊

μ 粒子の崩壊 ($\mu^- \to e^-\nu_\mu\overline{\nu_e}$) をファインマン図で表すと，図 2.3 のようになる．まず，4 元運動量 $p_\mu = (m_\mu, \vec{0})$ をもった μ_L^- 粒子が，4 元運動量 q をもった重い W^- 粒子を生成し，4 元運動量 $p_\nu = p_\mu - q$ のニュートリノ $\nu_{\mu L}$ に変化する．この W 粒子が $e^- + \overline{\nu_e}$ に崩壊するのだから，$e^- = w_e e^{-ip_e x}$, $\overline{\nu_e}(p_{\bar{\nu}_e}) = \nu_e(-p_{\bar{\nu}_e}) = w_{\nu_e}(-p_{\bar{\nu}_e})e^{ip_{\bar{\nu}_e}x}$ を使い，反応の振幅は，

$$\mathcal{M}_{\mu\to e\nu\bar{\nu}} = -g_W^2 \frac{[\overline{w_e}\gamma_\nu w_{\nu_e}(-p_{\bar{\nu}_e})][\overline{w_{\nu_\mu}}\gamma^\nu w_\mu]}{q^2 - M_W^2} \tag{2.21}$$

---

[2] 本章で定義する g_W, g'_Z と第 11 章で導入される $U(1)$ と $SU(2)$ のゲージ場の結合定数の g, g' とは，$g_W = g/\sqrt{2}$, $g'_Z = \sqrt{g^2 + g'^2}/2$ の関係がある．

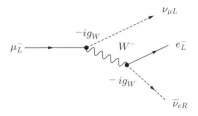

図 2.3 μ 粒子の崩壊 $\mu^- \to e^- \nu_\mu \bar{\nu}_e$

になる（式 (C.196) 参照）．μ 粒子の崩壊の場合，$q^2 \sim m_\mu^2 \ll M_W^2$ なので分母は $-M_W^2$ に近似でき，崩壊の振幅は，

$$\mathcal{M}_{\mu \to e \nu \bar{\nu}} = \frac{g_W^2}{M_W^2}[\overline{w_e}\gamma_\nu w_{\nu_e}][\overline{w_{\nu_\mu}}\gamma^\nu w_\mu] \tag{2.22}$$

になる．**フェルミ定数**

$$G_F \equiv \frac{1}{2\sqrt{2}}\frac{g_W^2}{M_W^2} \tag{2.23}$$

を使うと，

$$\mathcal{M}_{\mu \to e \nu \bar{\nu}} = 2\sqrt{2}G_F[\overline{w_e}\gamma_\nu w_{\nu_e}][\overline{w_{\nu_\mu}}\gamma^\nu w_\mu] \tag{2.24}$$

のように表すことができる．これに具体的な波動関数を入れ，運動量の積分を行うと，μ 粒子の崩壊幅は次のように計算される．

$$\Gamma_\mu = \frac{\hbar}{\tau_\mu} = \frac{G_F^2 (m_\mu c^2)^5}{192\pi^3} \tag{2.25}$$

μ 粒子の寿命 (τ_μ) は実験により精度よく測定することが可能で，これから G_F が次のように決定されている[3]．

$$G_F = 1.1664 \times 10^{-5}\,\text{GeV}^{-2} \tag{2.26}$$

2.2.2 $e^+e^- \to Z^0 \to \mu^+\mu^-$ 反応

Z^0 は，弱い相互作用を媒介する中性のスピン 1 のボソンである．Z^0 粒子とフェルミオンの結合の強さは右巻きと左巻きのカイラリティによって異なり，

$$\mathcal{M}_{Zff} = -ig_Z C_L^f [\overline{f_L}\gamma^\nu f_L]Z_\nu - ig_Z C_R^f [\overline{f_R}\gamma^\nu f_R]Z_\nu \tag{2.27}$$

と表される．また，一般にこの結合は，フェルミオンの種類 f により異なる．標準理論によると，C_L^f, C_R^f は，**ワインバーグ角**とよばれる混合角 θ_W の関数になる（詳細

---

[3] 消費税（2016 年時点）が 2 重にかけられた ($1.08^2 = 1.1664$) と考えると覚えやすい．

は表 11.1 参照). 式 (2.27) は,次のように 1 つにまとめることができる.

$$\mathcal{M}_{Zff} = -ig_Z[\bar{f}\gamma^\nu(C_L^f f_L + C_R^f f_R)]Z_\nu = -ig_Z[\bar{f}\gamma^\nu \eta_Z^f f]Z_\nu;$$
$$\eta_Z^f = \frac{1}{2}\left[(C_L^f + C_R^f) - (C_L^f - C_R^f)\gamma^5\right] \tag{2.28}$$

$e^+e^- \to Z^0 \to f\bar{f}$ の反応のファインマン図は図 2.4(a) で表され,その振幅は,

$$\mathcal{M}_{ee\to Z\to ff} = -g_Z^2 \frac{\overline{[w_f(E)]}\gamma^\nu \eta_Z^f w_f(-E)][\overline{w_e(-E)}\gamma_\nu \eta_Z^e w_e(E)]}{q^2 - M_Z^2} \tag{2.29}$$

である.標準理論によると,$e = \sqrt{2}g_W \sin\theta_W = g_Z \sin 2\theta_W$,$M_W = M_Z \cos\theta_W$ の関係があるため,

$$\frac{g_Z^2}{M_Z^2} = \frac{g_W^2}{2M_W^2} = \sqrt{2}G_F \tag{2.30}$$

により,g_Z^2/M_Z^2 は G_F で表される.Z^0 の質量は大きく,多くのフェルミオン-反フェルミオン対に崩壊するため,寿命は $\tau_Z \sim 10^{-25}$s 程度と非常に短い.これは次式のように質量に $\Gamma_Z/2 = 1/(2\tau_Z)$ の虚数成分が存在すると解釈できる(C.2.1 項参照).

$$M_Z \to M_Z + i\frac{\Gamma_Z}{2} \tag{2.31}$$

この場合,

$$|q^2 - M_Z^2|^2 \to \left|q^2 - \left(M_Z + \frac{i\Gamma_Z}{2}\right)^2\right|^2 \sim 4M_Z^2\left[(q - M_Z)^2 + \frac{\Gamma_Z^2}{4}\right] \tag{2.32}$$

になる.ただし,$q \sim M_Z \gg \Gamma_Z$ とした.これを使い,式 (2.29) から反応断面積のエネルギー依存性を計算すると,$q^2 = 4E_e^2$ とおいて,

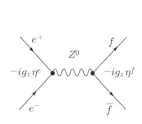

(a) $e^+e^- \to Z^0 \to f\bar{f}$ のファインマン図

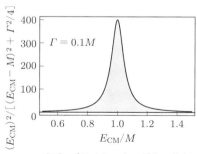

(b) ブライト・ウィグナー分布

図 2.4 Z^0 ボソンを経由した電子-陽電子消滅反応 (b) 質量分布の例.E_{CM} は,重心系エネルギー,M は質量,Γ は質量幅を表す.ここでは,$\Gamma = 0.1M$ の場合をプロットしている.

$$\sigma_{ee\to Z\to ff}(2E_e \sim M_z) \sim \frac{(G_F M_Z^2)^2}{96\pi} \frac{\hat{\Gamma}_e \hat{\Gamma}_f}{(2E_e - M_Z)^2 + \Gamma_Z^2/4} \tag{2.33}$$

とブライト・ウィグナーの質量公式が導かれる．ただし，$\hat{\Gamma}_f = (C_L^f)^2 + (C_R^f)^2$ とおいた[4]．この断面積は，図 2.4（b）のように $2E = M_z$ で最大になり，Γ_Z の幅（半値全幅）をもつ．つまり，虚数質量の物理的影響は，その粒子の質量に幅ができることである．これはまた，不確定性原理の帰着でもある．τ の寿命をもつ素粒子の質量（＝エネルギー）を測定しようとした場合，この素粒子を観測できる時間は $\delta t \sim \tau$ 程度であるため，そのエネルギーの測定値に $\delta E \sim \hbar/\delta t \sim \hbar/\tau$ の原理的な不確定性が生じることになる．この性質は普遍的なもので，寿命が短すぎて直接測定できない励起状態などは，質量の幅からその寿命を決定する場合もある．

第 10 章では，Z^0 粒子の幅を利用したニュートリノのフレーバー数の測定について解説する．

2.3 ポジトロニウム

ポジトロニウム（Ps と書くことが多い）は，図 2.5 のように電子と陽電子が電磁相互作用で結びついた状態で，その性質は量子電磁力学 (QED) により定量的によく理解されている．次章以降で学ぶメソンは，クォークと反クォークが強い相互作用で結びついた状態であるため，ポジトロニウムによく似た性質をもつ．メソンの性質を理解しやすくするため，本節でポジトロニウムの特徴について学んでおこう．

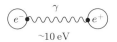

図 2.5 ポジトロニウムの構造

2.3.1 空間部分の波動関数

ポジトロニウム中の電子の運動を表すシュレディンガー方程式は，

$$i\frac{d\psi(t,\vec{r})}{dt} = \left[-\frac{1}{2\mu_P}\vec{\nabla}^2 - \frac{\alpha}{r}\right]\psi(t,\vec{r}) \tag{2.34}$$

である．ただし，$\vec{r}$ は陽電子から電子を見た座標ベクトル（$\vec{r} = \vec{r}_{e^-} - \vec{r}_{e^+}$）で，$r = |\vec{r}|$ である．また，μ_P は電子–陽電子の換算質量（$\mu_P = m_e/2$）である．式 (2.34) は，換算質量以外は，水素原子のシュレディンガー方程式とまったく同じ構造をしているた

---

[4] 各 f に対する具体的な値は表 11.2 に示している．

め，ポジトロニウムの空間部分の波動関数は，水素原子のそれをそのまま利用できる．

$$\psi_{\text{Ps}}^{n\ell m}(t,\vec{r}) = R_{n\ell}(r) Y_\ell^m(\theta,\phi) e^{-iE_n t} \tag{2.35}$$

n は動径方向の励起を表す主量子数である．ℓ は軌道角運動量で，$0 \leq \ell < n$ の関係がある．m は軌道角運動量の z 成分で，$|m| \leq \ell$ の関係がある．エネルギーは n のみに依存し，軌道角運動量には依存しない[5]．Y_ℓ^m は球面調和関数で，$R_{n\ell}$ は，ポテンシャルの形に依存する．今後出てくる $n=1$ の場合，$\ell=0, m=0$ に限られ，その場合は，

$$Y_0^0 = \frac{1}{2\sqrt{\pi}}, \quad R_{10}(r) = \frac{2}{\sqrt{a_P^3}} e^{-r/a_P} \tag{2.36}$$

となる．a_P はポジトロニウムの軌道の半径を示すパラメータで

$$a_P = \frac{1}{\mu_P \alpha} = \frac{2}{m_e \alpha} \sim 1.06 \times 10^{-10} \text{ m} \tag{2.37}$$

と，水素原子の倍の大きさをもつ．エネルギーレベルは，

$$E_n = -\frac{\alpha^2 m_e}{4n^2} = -\frac{6.8}{n^2} \text{ eV} \tag{2.38}$$

である[6]．図 2.6 は，ポジトロニウムの実際のエネルギーレベルを示す．全体のレベル構造のパターンは，水素原子のエネルギーレベルの構造と一致する．電子と陽電子はスピン $1/2$ をもつため，$n=1, \ell=0$ の状態には，合成スピンが，$S=0$ と $S=1$ の 2 つの状態が存在する．図 2.6 によると，この 2 つの状態の間のエネルギーの差は，次のようになる．

$$\Delta E = E(^3S_1) - E(^1S_0) = 842\,\mu\text{eV} \tag{2.39}$$

この違いは，以下に説明するように，2 つのスピンの磁気相互作用と電子－陽電子の対消滅・対生成反応により生じると考えられる．

2.3.2 磁気双極子相互作用

スピン $1/2$ のディラックフェルミオンである電子と陽電子は，式 (C.86) で示されるように次のような磁気双極子モーメントをもつ．

$$\vec{\mu}_{e^\mp} = \mp \mu_B \hat{s} = \mp \frac{e}{2m_e} \hat{s} \tag{2.40}$$

ここで，$\hat{s}$ はスピンベクトルの単位ベクトルである．μ_B はボーア磁子とよばれ，

---

[5] これはポテンシャルが $1/r$ に比例する特別な場合の特徴で，後に見る QCD ポテンシャルの場合は，エネルギーレベルは軌道角運動量にも依存する．
[6] エネルギーレベルなどは，文献 [p2] を参考にした．

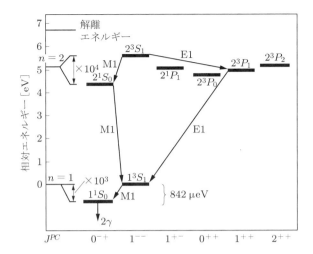

図 2.6 ポジトロニウムのエネルギーレベル 微細構造分離は 1000 倍以上に拡大しているため、実際のスケールではこの図では違いが見えない。エネルギーレベルの記号 "$n^{(2S+1)}L_J$" の n は主量子数. L は電子-陽電子間の軌道角運動量を表し, $L = S, P$ はそれぞれ $\ell = 0, 1$ に対応する. 左上の S は電子-陽電子の合成スピン, 右下の J はポジトロニウムの全角運動量を表す. 表 2.1 参照 [7].

5.788×10^{-5} [eV/T] の大きさをもつ. ポジトロニウム中の陽電子の磁気双極子モーメントは, 電子の場所に, 磁気モーメントに比例する磁場を発生する.

$$\vec{B}_{e^+} = K_D \vec{\mu}_{e^+} = K_D \frac{e}{2m_e} \hat{s}_{e^+} \tag{2.41}$$

K_D は, 電子と陽電子間の距離などを反映した比例係数で, QED により $K_D = -\alpha^3 m_e^3/(12\pi)$ と計算されている. この磁場と電子の磁気モーメントの相互作用により, エネルギーレベルの変化が生じる.

$$\Delta E = (\vec{\mu}_- \cdot \vec{B}) = -\pi K_D \frac{\alpha}{m_e^2}(\hat{s}_{e^+} \cdot \hat{s}_{e^-}) \tag{2.42}$$

この古典的エネルギーの関係を量子化するため, エネルギーを時間微分の虚数倍に置き換え ($E \to id/dt$), 単位スピンベクトルをパウリ行列のベクトルに置き換え ($\hat{s} \to \vec{\sigma}$), 波動関数を作用させて運動方程式をつくる.

$$i\frac{d}{dt}\psi_S = A_D(\vec{\sigma}_+ \cdot \vec{\sigma}_-)\psi_S \tag{2.43}$$

ここで,

---

[7] $\ell = 0, 1$ の状態を表す S, P と, 合成スピンの S, パリティの P を混同しないように注意する必要がある.

$$A_D \equiv -\frac{\pi K_D \alpha}{m_e^2} = \frac{\alpha^4 m_e}{12} \sim 121\,\mu\text{eV} \tag{2.44}$$

である.

付録C.4.7から, 式(2.43)の運動方程式の結果, この系のエネルギー固有状態とエネルギー(E)と対応する合成スピン(S)は,

$$\begin{aligned} |S=1\rangle &= |\Uparrow\Uparrow\rangle,\quad \frac{|\Uparrow\Downarrow\rangle + |\Downarrow\Uparrow\rangle}{\sqrt{2}},\quad |\Downarrow\Downarrow\rangle;\quad E_1 = A_D \\ |S=0\rangle &= \frac{|\Uparrow\Downarrow\rangle - |\Downarrow\Uparrow\rangle}{\sqrt{2}};\quad E_0 = -3A_D \end{aligned} \tag{2.45}$$

であることがわかる.

これから, ポジトロニウムの $S=0$ と $S=1$ の状態の間の磁気双極子相互作用によるエネルギー差は,

$$\Delta E_D = E_1 - E_0 = 4A_D = 483\,\mu\text{eV} \tag{2.46}$$

になる[8].

2.3.3 対消滅・対生成の影響

合成スピン S が1のポジトロニウムの内部では, 図2.7のように $e^+e^- \leftrightarrow \gamma^* \leftrightarrow e^+e^-$ の反応が生じていると考えられる. 光子のスピンは1であるため, この反応は, $S=0$ の状態では生じない. この反応の振幅 B_A は, QEDにより計算され,

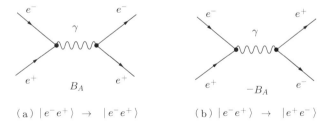

(a) $|e^-e^+\rangle \to |e^-e^+\rangle$ (b) $|e^-e^+\rangle \to |e^+e^-\rangle$

図2.7 $S=1$ の場合の, 電子と陽電子の対消滅・対生成による $|e^+e^-\rangle$ と $|e^-e^+\rangle$ 状態の変化
図(b)の過程は, 図(a)の過程の終状態の電子と陽電子を入れ替えたものなので, 振幅の符号が逆になる.

---

[8] 水素原子の場合, 陽子の磁気双極子モーメントは陽電子の1/660であり, 水素原子の半径はポジトロニウムの半分なので, $^3S_1$ と $^1S_0$ 間のエネルギー差は, $483\,\mu\text{eV} \times 2^3/660 = 5.9\,\mu\text{eV}$ である. このエネルギーに対応する電磁波の波長は, $\lambda = hc/(5.9\,\mu\text{eV}) = 21\,\text{cm}$. これが天文学で重要な水素の21 cm線である.

$$B_A = \frac{\alpha^4}{8} m_e \sim 181 \ \mu\mathrm{eV} \tag{2.47}$$

である．

ポジトロニウム中で電子と陽電子が対消滅・対生成した場合，図 2.7 のように，電子と陽電子の位置が交換する場合がある．このため，電子と陽電子の電荷部分の波動関数は，

$$\psi_C(t) = D_1(t) \left| e^+ e^- \right\rangle + D_2(t) \left| e^- e^+ \right\rangle \tag{2.48}$$

で表すことができ，その運動方程式は，

$$\frac{d}{dt} \begin{pmatrix} D_1 \\ D_2 \end{pmatrix} = -iB_A \begin{pmatrix} 1 & -1 \\ -1 & 1 \end{pmatrix} \begin{pmatrix} D_1 \\ D_2 \end{pmatrix} \tag{2.49}$$

である．この解から，エネルギー固有状態の波動関数は，

$$\begin{aligned} \psi^-_{S=1}(t) &= \frac{\left| e^+ e^- \right\rangle - \left| e^- e^+ \right\rangle}{\sqrt{2}} \frac{\left| \Uparrow \Downarrow \right\rangle + \left| \Uparrow \Downarrow \right\rangle}{\sqrt{2}} e^{-i(2B_A + A_D)t} \\ \psi^+_{S=1}(t) &= \frac{\left| e^+ e^- \right\rangle + \left| e^- e^+ \right\rangle}{\sqrt{2}} \frac{\left| \Uparrow \Downarrow \right\rangle + \left| \Uparrow \Downarrow \right\rangle}{\sqrt{2}} e^{-iA_D t} \end{aligned} \tag{2.50}$$

になる．しかし，フェルミオンの交換関係から，$\psi^+_{S=1}$ は禁止される（表 C.1 参照）．$\psi^-_{S=1}$ の状態を**オルソポジトロニウム** (o-Ps) とよぶ．

$S=0$ の状態は，対消滅–生成の効果はないので，波動関数は，表 C.1 より，

$$\psi^+_{S=0} = \frac{\left| e^+ e^- \right\rangle + \left| e^- e^+ \right\rangle}{\sqrt{2}} \frac{\left| \Uparrow \Downarrow \right\rangle - \left| \Downarrow \Uparrow \right\rangle}{\sqrt{2}} e^{3iA_D t} \tag{2.51}$$

になる．これを**パラポジトロニウム** (p-Ps) とよぶ．o-Ps と p-Ps のエネルギー差は式 (2.50) の第 1 式と式 (2.51) より，

$$\Delta E = (2B_A + A_D) - (-3A_D) = 4A_D + 2B_A = \frac{7}{12} \alpha^4 m_e = 845 \ \mu\mathrm{eV} \tag{2.52}$$

と計算され，観測値 (2.39) とよく一致する．

ここで，$(\left| e^+ e^- \right\rangle \pm \left| e^- e^+ \right\rangle)/\sqrt{2}$ の状態の物理的な意味を考えてみよう．もし，何らかの方法で $t=0$ に $\left| e^+ e^- \right\rangle$ という状態をつくったとしても，図 2.7 のプロセスにより，$\tau = \hbar/B_A \sim 10^{-12}$ s 程度後には $\left| e^- e^+ \right\rangle$ になっている可能性がある．この効果のため，このシステムのエネルギーは，$2B_A$ だけ異なる 2 つのエネルギー固有状態に分離する．そして，この 2 つのエネルギーを分離できるほどエネルギー分解能のよいシステムでは，不確定性原理により，時間を 10^{-12} s より正確に知ることは原理的にできない．そのため，ある瞬間に $\left| e^+ e^- \right\rangle$ の状態なのか $\left| e^- e^+ \right\rangle$ の状態なのかを知る

ことはできず，我々がいうことができるのは，そのエネルギー固有状態は，$|e^+e^-\rangle$ と $|e^-e^+\rangle$ が，$(|e^+e^-\rangle \pm |e^-e^+\rangle)/\sqrt{2}$ のように重ね合わさった状態であるということだけである．このような状況は，素粒子物理では頻繁に現れる．2つのスピン $S=1/2$ を合成してつくった，スピン $S=0$ と $S=1$ の状態，$(|\Uparrow\Downarrow\rangle \pm |\Downarrow\Uparrow\rangle)/\sqrt{2}$ も，事情はまったく同じである．

2.3.4 ポジトロニウムのスピン J，パリティ P，荷電パリティ C

パリティ変換に対して対称な状態は，パリティとよばれる保存量 ($P=\pm 1$) をもつ（C.10 節参照）．また，荷電反転に対して対称な状態は，荷電パリティとよばれる保存量 ($C=\pm 1$) をもつ．ポジトロンやメソンなどのように電磁相互作用や強い相互作用で結合した状態は決まったパリティや荷電パリティをもつため，スピン J を含めてそれらを J^{PC} と表現することが多い[9]．軌道角運動量が $\ell=0$ のときの，フェルミオン–反フェルミオン対 ($f\bar{f}$) の J^{PC} の値については，表 C.1 を参照のこと．

角運動量 ℓ が任意で，スピンや電子–陽電子の組み合わせまで入れたポジトロニウムの波動関数の基本状態は，式 (2.35) から，次のようになる．

$$|\psi_{\text{Ps}}^{n\ell m}\rangle = R_{n\ell}(r) Y_\ell^m(\theta, \phi) |S\rangle |C\rangle \tag{2.53}$$

ここで，$|S=1,0\rangle$ は，スピンの組み合わせの状態 (2.45)，$|C=\pm\rangle$ は，式 (2.50), (2.51) 中の電子–陽電子の組み合わせの状態を表す．付録 C.5 節の粒子の交換関係より，粒子の交換に対して波動関数の符号を変えなければならないが，EX を粒子の入れ替えの操作とすると，

$$\begin{aligned}\text{EX}|\psi_{\text{Ps}}^{n\ell m}\rangle &= R_{n\ell}(r) Y_\ell^m(\pi-\theta, \pi+\phi)(\text{EX}|S\rangle)(\text{EX}|C\rangle) \\ &= R_{n\ell}(r)[(-1)^\ell Y_\ell^m(\theta,\phi)][(-1)^{S+1}|S\rangle][C|C\rangle] = (-1)^{\ell+S+1} C |\psi_{\text{Ps}}^{n\ell m}\rangle\end{aligned} \tag{2.54}$$

になる．全体の係数が -1 になるため $C=(-1)^{\ell+S}$ でなければならない．パリティは，

$$P|\psi_{\text{Ps}}^{n\ell m}\rangle = R_{n\ell}(r) Y_\ell^m(\pi-\theta, \pi+\phi)|S\rangle(-|C\rangle) = (-1)^{\ell+1}|\psi_{\text{Ps}}^{n\ell m}\rangle \tag{2.55}$$

より，$P=(-1)^{\ell+1}$ なので，$C=(-1)^{S+1}P$ の関係がある．全角運動量は，次の可能性がある．

$$\begin{aligned}&\ell=0 \text{ のとき } J=S, \\ &\ell>0 \text{ のとき } J=\ell-S, \ell, \ell+S\end{aligned} \tag{2.56}$$

---

[9] $\pi^+=|u\bar{d}\rangle$ などのように C 変換に対する固有状態でない場合は，J^P を使う．

表 2.1 ポジトロニウムの量子状態　n は主量子数，ℓ は軌道角運動量，S は合成スピン，J は全角運動量，P はパリティ，C は荷電パリティを表す．図 2.6 も参照．この表は，フレーバーなしのメソンについても使用できる．$^1S_0$ などの記号については，図 2.6 のキャプション参照．

n	ℓ	S	J	P	C	J^{PC}	$n^{2S+1}L_J$	通称
1, 2	0	0	0	$-$	$+$	0^{-+}	$1^1S_0(p\text{-Ps}),\ 2^1S_0$	擬スカラー
1, 2	0	1	1	$-$	$-$	1^{--}	$1^3S_1(o\text{-Ps}),\ 2^3S_1$	ベクトル
2	1	0	1	$+$	$-$	1^{+-}	2^1P_1	軸性ベクトル
2	1	1	0, 1, 2	$+$	$+$	$0^{++}, 1^{++}, 2^{++}$	$2^3P_0,\ 2^3P_1,\ 2^3P_2$	-

表 2.1 に，ポジトロニウムの量子数をまとめる．これは，メソンの場合もまったく同様に成り立つ．

2.3.5 ポジトロニウムの崩壊

電磁相互作用は，荷電パリティを保存するので，$C = +1$ の p-Ps は 2γ に崩壊し[10]，$C = -1$ の o-Ps は 3γ に崩壊する[11]．図 2.8 に，p-Ps の崩壊過程の図を示す．

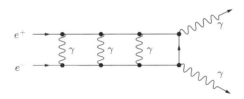

図 2.8　ポジトロニウムの崩壊のファインマン図
電磁ポテンシャルは光子の交換で表している．

実験により測定されたこれらの寿命 τ と QED による計算 $\tau = 1/\Gamma$ を比較してみよう．QED の計算によると，

$$\Gamma(\psi_{p\text{-Ps}} \to 2\gamma) = 4\pi \frac{\alpha^2}{m_e^2} |\psi_{\text{Ps}}(0)|^2 \tag{2.57}$$

である．$n = 1, \ell = 0$ のポジトロニウムの場合，式 (2.36) から

$$|\psi_{\text{Ps}}(0)|^2 = \frac{1}{\pi a_P^3} = \frac{m_e^3 \alpha^3}{8\pi} \tag{2.58}$$

であり，

$$\tau = \frac{1}{\Gamma(\psi_{p\text{-Ps}} \to 2\gamma)} = \frac{2}{m_e \alpha^5} \sim \frac{1}{5.3\,\mu\text{eV}} = 1.25 \times 10^{-10}\,\text{s} \tag{2.59}$$

---

[10] 1.4.1 項で説明しているように，光子の荷電パリティは -1 であり，n 個の光子の系の荷電パリティは $C_{n\gamma} = (-1)^n$ になる．
[11] エネルギー・運動量保存則を破るため，1γ には崩壊できない．

になる．これは実験値とよく一致する．o-Ps の場合は，

$$\tau = \frac{1}{\Gamma(\psi_{o\text{-}Ps} \to 3\gamma)} = \frac{9\pi}{2(\pi^2-9)m_e\alpha^6} \sim 1.37 \times 10^{-7}\,\text{s} \tag{2.60}$$

になる．これも実験値とよく一致する．

以上，ポジトロニウムの性質は QED で非常によく理解できた．式 (2.57) は，ポジトロニウムの寿命が，電子と陽電子の波動関数の重なり $|\psi_{Ps}(0)|^2$ に反比例していることを表す．$q\bar{q}$ の強い相互作用による束縛状態であるメソンでは，強い相互作用のため動径方向の波動関数を正確に知ることができず，この効果は**崩壊係数**としてパラメータ化される．

2.4 ニュートリノの混合と振動

素粒子の混合と振動は，広く生じている現象である．本節ではニュートリノ振動を例にとり，それらの現象について解説する．

ニュートリノには，弱い相互作用のほかに，図 2.9 に示すように，何らかの作用により自発的にそのフレーバーを変えるという反応も存在する[12]．図 (c) の，フレーバーを変える効果のため，たとえば，$\pi^+ \to \mu^+ + \nu_\mu$ の反応で生じた ν_μ が時間の経過とともに ν_e に変化する．図 (a)，(b) の α_e, α_μ はそれぞれ図 (c) の遷移がない場合の ν_e と ν_μ の元の質量を表している．

$t=0$ で ν_μ が発生してから時間 t が経過したときに ν_e の状態に変化している確率を計算してみよう．ニュートリノのフレーバーの基本状態を $|\nu_e\rangle$ と $|\nu_\mu\rangle$ と書くと，時刻 t での波動関数は一般に，

$$|\psi_\nu(t)\rangle = C_\mu(t)|\nu_\mu\rangle + C_e(t)|\nu_e\rangle \tag{2.61}$$

で表される．図 2.9 のような遷移がある場合，式 (2.61) の係数の間の関係式は，式 (C.103) と同様に，

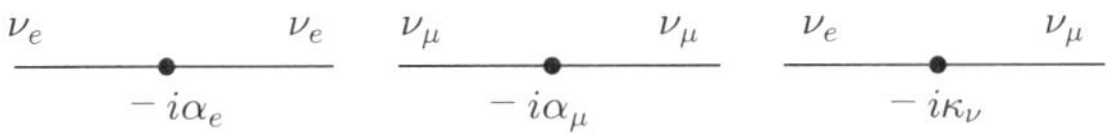

$\nu_e \quad\quad \nu_e$	$\nu_\mu \quad\quad \nu_\mu$	$\nu_e \quad\quad \nu_\mu$
$-i\alpha_e$	$-i\alpha_\mu$	$-i\kappa_\nu$
（a）遷移なし	（b）遷移なし	（c）遷移あり

図 2.9 ニュートリノのフレーバーの時間的変化

---

[12] この原因はまだ解明されておらず，この効果は標準理論には入っていない．

で与えられる．κ_ν が 0 でない場合，ν_e と ν_μ は質量固有状態ではなくなり，式 (C.102) のように，

$$\begin{pmatrix} |\nu_2\rangle \\ |\nu_1\rangle \end{pmatrix} = \begin{pmatrix} \cos\theta_\nu & \sin\theta_\nu \\ -\sin\theta_\nu & \cos\theta_\nu \end{pmatrix} \begin{pmatrix} |\nu_\mu\rangle \\ |\nu_e\rangle \end{pmatrix} \quad (2.63)$$

$$\frac{d}{dt}\begin{pmatrix} C_\mu(t) \\ C_e(t) \end{pmatrix} = -i\begin{pmatrix} \alpha_\mu & \kappa_\nu \\ \kappa_\nu & \alpha_e \end{pmatrix}\begin{pmatrix} C_\mu(t) \\ C_e(t) \end{pmatrix} \quad (2.62)$$

が質量固有状態になる．この混合角 θ_ν と質量固有状態の質量 $m_i; i=1,2$ は，

$$\tan 2\theta_\nu = \frac{2\kappa_\nu}{\alpha_\mu - \alpha_e}, \quad m_{1,2} = \frac{1}{2}\left((\alpha_\mu + \alpha_e) \mp \sqrt{(\alpha_\mu - \alpha_e)^2 + 4\kappa_\nu^2}\right) \quad (2.64)$$

で表される．エネルギー固有状態は，定義により，時間 t 後，

$$|\nu_i\rangle \to e^{-im_i t}|\nu_i\rangle; \quad i=1,\ 2 \quad (2.65)$$

になる状態である．式 (2.63) の関係を逆に解くと，

$$|\nu_\mu\rangle = \cos\theta_\nu |\nu_2\rangle - \sin\theta_\nu |\nu_1\rangle \quad (2.66)$$

になるので，この ν_μ 中には，$\cos\theta_\nu$ の重みの ν_2 成分がある．この $|\nu_2\rangle$ 状態は，時間 t 後では $|\nu_2\rangle e^{-im_2 t}$ になるが，式 (2.63) の関係から，ν_2 の中には $\sin\theta_\nu$ の重みの ν_e 成分があるので，$\nu_\mu \to \nu_2 \to \nu_e$ と ν_2 を経由して終状態が ν_e 状態になる振幅は，

$$\mathcal{M}_2(t) = \cos\theta_\nu \times e^{-im_2 t} \times \sin\theta_\nu = e^{-im_2 t}\sin\theta_\nu \cos\theta_\nu \quad (2.67)$$

になる．同様に，$\nu_\mu \to \nu_1 \to \nu_e$ と ν_1 を経由して終状態が ν_e 状態になる振幅は，

$$\mathcal{M}_1(t) = -\sin\theta_\nu \cos\theta_\nu e^{-im_1 t} \quad (2.68)$$

になる．$\nu_\mu \to \nu_e$ の過程で ν_1, ν_2 どちらを通過したかを知ることは原理的にできないので，その確率は，式 (C.41) および図 2.10 で示されるように，両方の振幅を足し合わせて絶対値の 2 乗をとることで計算できる．

$$P_{\nu_\mu \to \nu_e}(t) = |\mathcal{M}_2(t) + \mathcal{M}_1(t)|^2 = \sin^2 2\theta_\nu \sin^2 \frac{\Delta m_{21}}{2}t \quad (2.69)$$

ただし，$\Delta m_{21} = m_2 - m_1$ である．これは，$\nu_\mu \to \nu_e$ に変化する確率が最大 $\sin^2 2\theta_\nu$ で，角速度 $\omega = \Delta m_{21}$ で周期的に振動することを示す．これをニュートリノフレーバー振動，または単に**ニュートリノ振動**とよぶ．

ここまでの議論は，ニュートリノに限らず，一般の 2 状態系に対しても当てはまる．

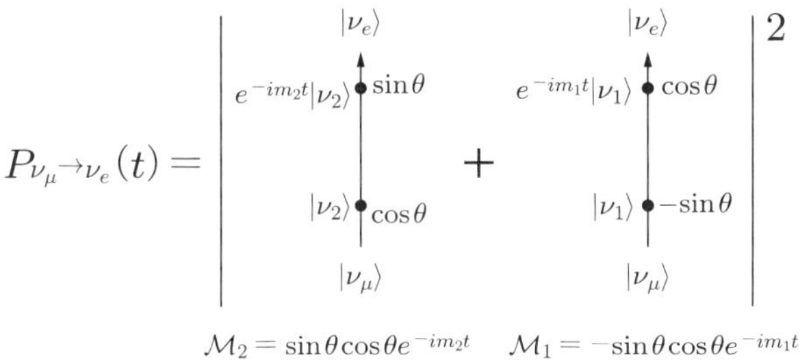

$$P_{\nu_\mu \to \nu_e}(t) = \left| \begin{array}{c} |\nu_e\rangle \\ e^{-im_2 t}|\nu_2\rangle \blacktriangle \sin\theta \\ \\ |\nu_2\rangle \blacktriangle \cos\theta \\ \\ |\nu_\mu\rangle \end{array} + \begin{array}{c} |\nu_e\rangle \\ e^{-im_1 t}|\nu_1\rangle \blacktriangle \cos\theta \\ \\ |\nu_1\rangle \blacktriangle -\sin\theta \\ \\ |\nu_\mu\rangle \end{array} \right|^2$$

$$\mathcal{M}_2 = \sin\theta\cos\theta e^{-im_2 t} \quad \mathcal{M}_1 = -\sin\theta\cos\theta e^{-im_1 t}$$

図 2.10 $\nu_\mu \to \nu_e$ の変化の確率 $\nu_\mu \to \nu_1 \to \nu_e$ のダイアグラムと $\nu_\mu \to \nu_2 \to \nu_e$ のダイアグラムを加え合わせて絶対値の 2 乗をとることで計算する.

ニュートリノの場合，質量が非常に小さく，普通の実験条件では相対論的に運動しているため，実験室系から見たニュートリノ上の時間の進みが大きく遅れ，振動周期は大幅に長くなる．ニュートリノのエネルギーが E_ν のとき，平均質量 $\overline{m}_\nu = (m_1 + m_2)/2$ の系のローレンツ係数は，

$$\gamma = \frac{E_\nu}{\overline{m}_\nu} = \frac{2E_\nu}{m_1 + m_2} \tag{2.70}$$

になる．そのため，実験室系から見たニュートリノ振動確率は次のように書ける．

$$P_{\nu_\mu \to \nu_e}(t) = \sin^2 2\theta_\nu \sin^2 \frac{\Delta m_{21}}{2} \frac{t}{\gamma} \to \sin^2 2\theta_\nu \sin^2 \frac{\Delta m_\nu^2 L}{4E_\nu} \tag{2.71}$$

ただし，$\Delta m_\nu^2 = m_2^2 - m_1^2$ である．実験的には，振動の時間依存性を測定するのではなく，距離÷エネルギー (L/E) の依存性を見るので，最後の式は，t ではなく $L(=ct)$ で表した．ニュートリノ振動については，第 10 章で実験も含めて詳しく解説する．

演習問題

2.1 τ レプトンの寿命は 2.9×10^{-13} s，質量は $m_\tau = 1.78\,\mathrm{GeV}/c^2$ である．式 (2.25) を用いて $\tau \to e\nu\nu$ の崩壊分岐比を求めよ．

2.2 式 (2.33) を使い，$\sigma_{ee \to Z \to \mu\mu}(2E_e = M_Z)$ を計算せよ．ただし，$\hat{\Gamma}_\mu = \hat{\Gamma}_e = 0.5$，$\Gamma_Z = 2.5\,\mathrm{GeV}$ とする．また，$\sigma_{ee \to \gamma^* \to \mu\mu}(2E_e = M_Z)$ の断面積と比較せよ．

2.3 式 (2.51) が，粒子の交換に対して反対称であることを示せ．

3 弱い相互作用と粒子の崩壊

本章では,荷電 π メソン,荷電 K メソン,中性子などの弱い相互作用による崩壊を取り上げる.中性 K メソンの崩壊については,特異な性質があるため第 9 章で詳しく解説する.また,弱い相互作用のパリティ対称性の破れの発見についても解説する.

荷電 π メソンも荷電 K メソンも強い相互作用をするハドロンであるが,その崩壊は弱い相互作用によって起こり,寿命は 10^{-8} s 程度である.これは電磁相互作用で 2 個の γ 線に崩壊する中性 π メソンの寿命 ($\sim 10^{-16}$ s) や,強い相互作用の時間スケール (10^{-23} s) に比べて極めて長い.

3.1 クォークの質量固有状態とカビボ理論

2.4 節のニュートリノ振動で説明したように,ニュートリノ間にはフレーバーを変える効果が存在し,その結果,ニュートリノの質量固有状態はフレーバー固有状態が混合した状態になった.まったく同じように,標準理論では,d, s, b クォークの間にも,フレーバーを変える効果が存在し,その結果,質量固有状態はフレーバー固有状態が混合した状態になる.質量固有状態とフレーバー固有状態を区別する必要がある場合,フレーバー固有状態は,d', s', b' のように書く.d', s' 間の遷移は,図 3.1 のように示される.この遷移の結果,質量固有状態は,ニュートリノの場合の式 (2.63) と同様に,

$$\begin{pmatrix} |s\rangle \\ |d\rangle \end{pmatrix} = \begin{pmatrix} \cos\theta_C & \sin\theta_C \\ -\sin\theta_C & \cos\theta_C \end{pmatrix} \begin{pmatrix} |s'\rangle \\ |d'\rangle \end{pmatrix} \tag{3.1}$$

のようなフレーバー固有状態の重ね合わせとなる.このフレーバー状態の混合は提唱

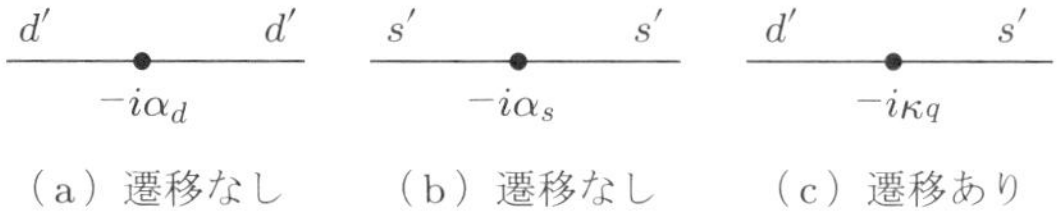

図 3.1 d, s クォークのフレーバーの時間的変化

(a) 遷移なし $\quad -i\alpha_d \quad d' \bullet d'$
(b) 遷移なし $\quad -i\alpha_s \quad s' \bullet s'$
(c) 遷移あり $\quad -i\kappa_q \quad d' \bullet s'$

者の名前から**カビボ理論**とよばれ，θ_C を**カビボ角**とよぶ．カビボ角とクォーク質量は，

$$\tan 2\theta_C = \frac{2\kappa_q}{\alpha_s - \alpha_d}, \quad m_{s,d} = \frac{1}{2}\left[(\alpha_s + \alpha_d) \pm \sqrt{(\alpha_s - \alpha_d)^2 + 4\kappa_q^2}\right] \quad (3.2)$$

で表される．この混合の結果，W^- とクォークの結合は，図 3.2 のようになる．実験的には，$\sin\theta_C = 0.23$ と測定されており，$s \to u$ の崩壊は，$\sin^2\theta_C \sim 0.05$ に抑制される．

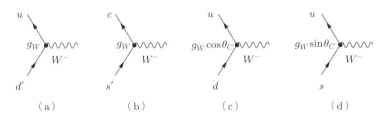

図 3.2　d, s クォークと W の結合

歴史的には，まずカビボ (Cabibbo) が，弱い相互作用と結合する d' クォークは，質量固有状態である d クォークと s クォークの混合状態であることを提唱し，s クォークが崩壊する確率が小さい理由を説明した．後に，グラショー (Glashow) などが，4つ目のクォークである c クォークが存在し，3.3.1 項で説明するように，FCNC（フレーバー変換中性カレント）により $K \to \pi ll$ へ崩壊する分岐比が非常に小さいことを説明できることを示し，c クォークの存在を予言した．

3.2　荷電 π メソンの崩壊

荷電 π メソンの質量は 140 MeV で，電荷をもつハドロンの中で最も軽い．このため，強い相互作用で別のハドロンに崩壊することはなく，弱い相互作用で崩壊し，終状態には常に荷電レプトンとその対であるニュートリノが含まれる．その様子を図 3.3 にファインマン図で示す．

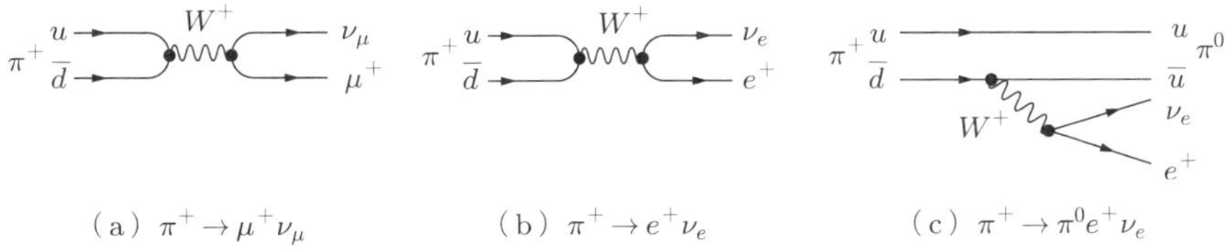

図 3.3　クォークで表した π^+ の崩壊　W は弱ボソンを表す．(a), (b) はレプトニック崩壊，(c) はセミレプトニック崩壊とよばれる．

表 E.4 に，π^+ メソンの特徴と崩壊モードおよび分岐比の観測値を示す．π^- メソンは π^+ メソンの反粒子なので，崩壊後の粒子もすべて対応する反粒子となる．以下では π^+ について述べる．

表 E.4 に示すように，π^+ の崩壊モードは $\mu^+\nu$ がほぼ 100% である．この崩壊は終状態がレプトンのみなので，$e^+\nu$ と合わせてレプトニック崩壊という．また，π^+ は $\pi^0 e^+\nu_e$ にも崩壊する．この崩壊は中性子のベータ崩壊と同じ過程であり，終状態がレプトンとハドロンからなるので，セミレプトニック崩壊という．この崩壊は π^+ と π^0 の質量差がわずか ($4.5\,\mathrm{MeV}/c^2$) なため，終状態のとり得る位相空間が小さく，分岐比は極めて小さい．

図 3.3 からわかるように，荷電 π メソンの崩壊は，弱い相互作用を媒介する荷電 W ボソンが関与する $u \leftrightarrow d$ の遷移であり，まず，π^+ 中のクォーク対が消滅して仮想 W^+ になり，その後 W^+ が $\mu^+ + \nu_\mu$ に崩壊することにより生じる．したがって，この崩壊の振幅は，式 (2.22) での議論のように次式で表される．

$$\mathcal{M}(\pi^+ \to \mu^+\nu) \propto g_W^2 \langle \mu^+\nu | W^+ \rangle \langle W^+ | \pi^+ \rangle \propto \frac{g_W^2}{M_W^2} \tag{3.3}$$

π^+ は質量固有状態のクォークからできている（$|\pi^+\rangle = |u\overline{d}\rangle$）．$\pi^+$ をフレーバー固有状態のクォークで表すと，

$$|\pi^+\rangle = |u\overline{d}\rangle = \cos\theta_C |u\overline{d'}\rangle - \sin\theta_C |u\overline{s'}\rangle \tag{3.4}$$

なので，

$$\langle W^+ | \pi^+ \rangle = \langle W^+ | (\cos\theta_C |u\overline{d'}\rangle - \sin\theta_C |u\overline{s'}\rangle) = \cos\theta_C \langle W^+ | u\overline{d'}\rangle \tag{3.5}$$

となる．ここで，$\langle W^+ | u\overline{s'}\rangle = 0$ を使った．π^+ 粒子中のクォークは束縛状態なので，その崩壊幅を，

$$\Gamma_{\pi \to \mu\nu} \propto |\mathcal{M}(\pi^+ \to \mu^+\nu)|^2 \to \frac{G_F^2}{8\pi} f_\pi^2 \cos^2\theta_C m_\mu^2 M_\pi \left(1 - \frac{m_\mu^2}{M_\pi^2}\right)^2 \tag{3.6}$$

のように，**崩壊係数** f_π を用いて表す（2.3.5 項参照）．f_π は u クォークと $\overline{d}$ クォークの波動関数の空間的な重なり，式 (2.57) の $|\psi(0)|^2$ に対応し，いまの場合，約 $130\,\mathrm{MeV}$ である．M_π，m_μ はそれぞれ π メソンと μ 粒子の質量である．これらの数値を代入すると，$\Gamma \approx 2.5 \times 10^{-8}\,\mathrm{eV}$，すなわち π メソンの寿命が $\tau = 1/\Gamma \approx 30\,\mathrm{ns}$ と求められる．電子と μ 粒子は，質量が違うだけで W ボソンとの結合は同じであることがわかっている．これをレプトンユニバーサリティーという．すると，式 (3.6) で m_μ を m_e に置き換えることにより，$\pi^+ \to e^+\nu$ 崩壊の崩壊レートが求められる．その値は

m_e と m_μ の違いから容易にわかるように，$\pi^+ \to \mu^+\nu$ 崩壊レートに比べて 4 桁も小さい．分岐比のこの大きな違いはヘリシティ抑制とよばれている．これについては本章の後半で触れる．

3.3　荷電 K メソンの崩壊

荷電 K メソンのクォーク成分は $K^+ = (u\bar{s})$，$K^- = (\bar{u}s)$ である．s クォークを含むことが π メソンとの最大の違いである．s クォークは u クォークや d クォークに比べ重いため，K メソンの質量は π メソンに比べ重く，約 $500\,\text{MeV}/c^2$ である．K メソンは s クォークを含むハドロンでは最も軽く，その崩壊は弱い力による s クォークの消滅を伴う反応である．表 E.5 に荷電 K メソンの特徴と崩壊モードを示す．おもな崩壊モードは μ 粒子とニュートリノへのレプトニック崩壊である．荷電 K メソンは π メソンの 3 倍以上の質量をもつため，π メソンと荷電レプトンを含むセミレプトニック崩壊や，π メソンのみに壊れるモード（レプトンを含まないので，ノンレプトニック崩壊という）も存在する．

図 3.4 に K^+ メソンの崩壊のファインマン図を示す．すべて W ボソンの放出による $\bar{s} \to \bar{u}$ の変化である．図 3.4(a) の $K^+ \to \mu^+\nu$ の崩壊のダイアグラムは，$\pi^+ \to \mu^+\nu$ の崩壊のダイアグラム図 3.3(a) によく似ている．違いは，d クォーク成分が s クォーク成分に入れ替わっていることである．K 粒子中の s クォークは質量固有状態であるため，フレーバー固有状態で表すと，

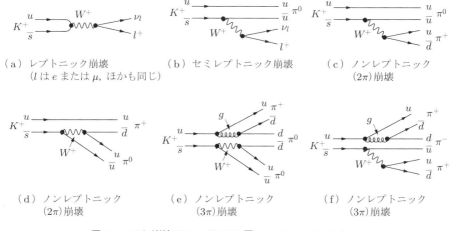

（a）レプトニック崩壊
　　（l は e または μ，ほかも同じ）

（b）セミレプトニック崩壊

（c）ノンレプトニック
　　（2π）崩壊

（d）ノンレプトニック
　　（2π）崩壊

（e）ノンレプトニック
　　（3π）崩壊

（f）ノンレプトニック
　　（3π）崩壊

図 3.4　K^+ 崩壊のファインマン図　g はグルーオンを表す．

$$|K^+\rangle = |\bar{s}u\rangle = \sin\theta_C |\overline{d'}u\rangle + \cos\theta_C |\overline{s'}u\rangle \tag{3.7}$$

となる．したがって，π^+ の崩壊の議論と同じプロセスにより，崩壊幅は，

$$\Gamma_{K\to\mu\nu} = \frac{G_F^2}{8\pi} f_K^2 \sin^2\theta_C m_\mu^2 M_K \left(1 - \frac{m_\mu^2}{M_K^2}\right)^2 \tag{3.8}$$

と表される．$f_K \sim 150$ MeV なので，K^+ と π^+ の崩壊幅の比は，

$$\frac{\Gamma_{K\to\mu\nu}}{\Gamma_{\pi\to\mu\nu}} = \tan^2\theta_C \frac{f_K^2 m_\pi^3 (m_K^2 - m_\mu^2)^2}{f_\pi^2 m_K^3 (m_\pi^2 - m_\mu^2)^2} \sim 1.2 \tag{3.9}$$

が予想される．測定値は，

$$\frac{\Gamma_{K\to\mu\nu}}{\Gamma_{\pi\to\mu\nu}} = \frac{\tau_\pi}{\tau_K} \frac{\mathrm{Br}(K\to\mu\nu)}{\mathrm{Br}(\pi\to\mu\nu)} \sim 1.3 \tag{3.10}$$

で予想と一致する．

図 3.4(e)，(f) に見るように，グルーオンはクォークの種類は変えない（u クォークは u クォーク，d クォークは d クォークのままである）．エネルギーが十分であれば，グルーオンはクォークと反クォークの対を生み出す．荷電 K メソンのノンレプトニック崩壊（図 3.4(c)～(f)）は，W ボソンとグルーオンの放出の仕方によって多くのファインマン図を描くことができる．しかし，本質は $s \to u$ あるいは $\bar{s} \to \bar{u}$ の変化であることに変わりはない．

3.3.1 崩壊の抑制

(1) GIM 機構と FCNC の抑制　弱い相互作用を引き起こすゲージ粒子の一種である Z^0 ボソンは，フレーバー固有状態である $d'\overline{d'}$ と結合する．この結合を $\langle d'|Z^0|d'\rangle$ と書くと，$|d'\rangle$ は質量固有状態の $|s\rangle$ と $|d\rangle$ の重ね合わせになっているため，

$$\begin{aligned}\langle d'|Z^0|d'\rangle &= (\cos\theta_C \langle d| + \sin\theta_C \langle s|)|Z^0|(\cos\theta_C |d\rangle + \sin\theta_C |s\rangle) \\ &= \cos^2\theta_C \langle d|Z^0|d\rangle + \sin^2\theta_C \langle s|Z^0|s\rangle + \sin 2\theta_C (\langle s|Z^0|d\rangle + \langle d|Z^0|s\rangle)/2\end{aligned} \tag{3.11}$$

になる．最後の項は，Z^0 粒子が質量固有状態の $|s\rangle$ を $|d\rangle$ に変える効果があるように見える．このような効果を FCNC（フレーバー変換中性カレント，flavor changing neutral current）とよぶ．しかし，もし FCNC が存在すれば，図 3.5(a) のように，$K^- \to \pi^- l^+ l^-$ のような崩壊が起きるはずだが，実際には，$K^\pm \to \pi^\pm e^+ e^-$ の崩壊の分岐比は 10^{-7} かそれ以下，$K^\pm \to \pi^\pm \nu\bar{\nu}$ の分岐比は 10^{-10} で強く抑制されている．この抑制の理由は，中性弱ボソン Z^0 による $K^- \to \pi^- l^+ l^-$ のハドロン部分の遷移振

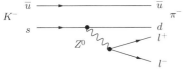
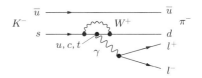

（a）禁止されているFCNC崩壊の例　　　（b）高次の電弱相互作用による崩壊

図 3.5　FCNC のダイアグラム

幅を式で表すと,

$$\langle \pi^-|H_W|K^-\rangle \propto \langle d|Z^0|s\rangle = \langle \cos\theta_C d' - \sin\theta_C s'|Z^0|\sin\theta_C d' + \cos\theta_C s'\rangle$$
$$= \sin\theta_C \cos\theta_C (\langle s'|Z^0|s'\rangle - \langle d'|Z^0|d'\rangle) = 0$$
(3.12)

のように $\langle s'|Z^0|s'\rangle$ の項まで含めると 0 になるためである．このように, $s \leftrightarrow d$ のようにフレーバーを変える中性カレントが存在しないことを, 提唱者の名から, **GIM 機構** (Glashow–Iliopoulos–Maiani) とよぶ．非常に小さいが有限の $K \to \pi ll$ の崩壊は, 図 (b) に示すような高次の電弱相互作用で初めて生じる[1]．

(2) $|\Delta I| = 1/2$ 則　　一般に, s クォークをもつハドロンの寿命は, 実験的に 10^{-10} s の程度であることが知られている．たとえば, Λ バリオン (uds) の寿命は 2.6×10^{-10} s, Σ^+ バリオン (uus) は 0.8×10^{-10} s, Ξ^0 バリオン (uss) は 2.9×10^{-10} s などである．これらの事実からすると, 荷電 K^+ メソンの寿命も 10^{-10} s の程度であり, $K_S \to \pi^+\pi^-, \pi^0\pi^0$ と同様に $K^+ \to \pi^+\pi^0$ が主崩壊モードになるのではないかと推測される．しかし, 実際の寿命は 10^{-8} s とずっと長く, K^+ の 2π 崩壊は何らかの抑制がはたらいていると考えられる．その結果, レプトニック崩壊が相対的に浮上し, $K^+ \to \mu^+\nu_\mu$ 崩壊が主崩壊モードになっているのである．この事実は $|\Delta I| = 1/2$ 則といわれる次の規則で説明される．

「s クォークを含むハドロンのノンレプトニック崩壊では, 崩壊前後の系のアイソスピン[2] (I) の大きさが 1/2 変化する過程が優先され, それ以外は抑制される.」

$K^+ \to \pi^+\pi^0$ 崩壊では, 始状態の K^+ が $I = 1/2$ であり, 終状態の $\pi^+\pi^0$ のアイソスピンは, 表 C.2 から, 軌道角運動量 $l = 0$ のときでは $I = 2$ である．したがって, $|\Delta I| = 3/2$ になり, この崩壊は抑制されるのである．これは近似的に成り立つ規則であり, 崩壊の振幅で約 1/20, 分岐比では約 1/400 に抑制されることが知られている.

1　図 3.5 (a) のような過程を最低次 (lowest order あるいは tree level) の過程といい, (b) のような過程を高次 (higher order) の過程という．
2　アイソスピンについては第 4 章で導入する．

$|\Delta I| = 1/2$ 則の起源は完全には理解されていない.

(3) ヘリシティ抑制　　ヘリシティ抑制とは,荷電πメソンと荷電 K メソンのようにスピンが $S=0$ の荷電粒子のレプトニック崩壊において,$e\nu$ 崩壊が $\mu\nu$ 崩壊に比べ強く抑制される現象である.例として $\pi^+ \to l^+ + \nu$ 崩壊を考える(l は e または μ).この崩壊で生じるニュートリノとレプトンのカイラリティは ν_L,l_R^+ である.ニュートリノの質量は 0 と考えてよいため,カイラリティとヘリシティは一致し,ニュートリノのヘリシティは 100% 負である.一方,π^+ のスピンは 0 なので,l^+ 粒子のヘリシティも 100% 負である.式 (C.157) によると,負のヘリシティ状態の中の右巻きカイラリティ状態の確率は,$P_{-R} = (1-\beta)/2$ であり,崩壊幅はこれに比例することになる.いまの場合,

$$\Gamma_{\pi \to \nu l} \propto \frac{1-\beta}{2} = \frac{m_l^2}{m_\pi^2 + m_l^2} \tag{3.13}$$

となる.このことは,l^+ の質量 m_l が小さいほど抑制が大きくなることを示す.位相空間因子を別にすると,$\pi^+ \to l^+ + \nu$ の崩壊確率は大体 m_l^2 に比例するといえる.位相空間因子を含めた正しい計算によると,$\pi^+ \to e^+ + \nu$ と $\pi^+ \to \mu^+ + \nu$ の崩壊比は,次式のようになる.

$$\frac{\Gamma_{\pi \to e\nu}}{\Gamma_{\pi \to \mu\nu}} = \left(\frac{m_e}{m_\mu}\right)^2 \left(\frac{m_\pi^2 - m_e^2}{m_\pi^2 - m_\mu^2}\right)^2 = 1.28 \times 10^{-4} \tag{3.14}$$

これは観測値 (1.23×10^{-4}) とよく一致する.すなわち,$\pi^+ \to e^+ + \nu$ は $\pi^+ \to \mu^+ + \nu$ に比べ約 4 桁小さくなる.荷電 K メソンでは m_π を m_K で置き換えればよく,$e\nu$ 崩壊の分岐比は $\mu\nu$ 崩壊に比べて約 5 桁小さくなる.これも計算値は 2.57×10^{-5} で観測値 (2.49×10^{-5}) とよく一致する.

ヘリシティー抑制は弱い相互作用にのみ起こる現象ではないことを記しておく.この現象は,崩壊後の粒子がとり得るカイラリティ状態が,角運動量保存則によって決まるヘリシティ状態と反対のときに常に起こる.たとえば,$\pi^0 \to e^+ e^-$ は電磁相互作用による微細構造因子 α^4 の強さの崩壊であるが,この崩壊分岐比 (6.5×10^{-8}) は α^2 の強さの $\pi^0 \to 2\gamma$ 崩壊(分岐比 100%)に比べて $\alpha^2 (10^{-4})$ よりも強く抑制されている.

3.4　中性子の崩壊

クォークの描像では,中性子の崩壊 $n \to pe^- \nu$ は弱い相互作用による $d \to u$ への

遷移であり，W ボソンの放出によりレプトン対（電子と反電子ニュートリノ）が生成される．ファインマン図で表すと，μ 粒子の崩壊（図 2.3）とよく似ていることがわかる（図 3.6）．原子核のベータ崩壊 $((A,Z) \to (A,Z+1) + e^- + \bar{\nu}_e)$ の本質もこれである．β 崩壊の振幅は，μ 粒子の崩壊の振幅の類推から以下のように書けると思われる．

$$\mathcal{M}_{n \to pe\nu} = \sqrt{2} G_F \cos\theta_C [\bar{e}_L \gamma_\mu \nu_{eL}][\bar{p}\gamma^\mu (1-\gamma_5) n] \quad (3.15)$$

ここで γ_5 は式 (C.61) で定義した 4×4 の行列である．しかし，実際は，核子は内部構造をもつため若干の補正を受け，

$$\mathcal{M}_{n \to pe\nu} = \sqrt{2} G_F \cos\theta_C [\bar{e}_L \gamma_\mu \nu_{eL}][\bar{p}\gamma^\mu (1-C_A\gamma_5) n] \quad (3.16)$$

になる．これから，中性子の β 崩壊の崩壊幅は，

$$\Gamma_{n \to pe\nu} \sim \frac{1.7 m_e^5 G_F^2 \cos^2\theta_C (1+3C_A^2)}{2\pi^3} \quad (3.17)$$

と計算される．中性子の寿命の実測値 $\tau_n = 1/\Gamma_{n \to pe\nu} = 880\,\text{s}$ から，$C_A \sim 1.3$ が得られる．

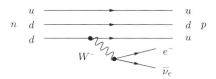

図 3.6　中性子の崩壊 $n \to pe^-\bar{\nu}_e$

3.5　パリティ対称性の破れ

第 1 章で述べたように，系の位置座標 $\vec{r}$ を $-\vec{r}$ に変換する操作をパリティ変換（P 変換）といい，この操作により粒子の運動や反応が変わって見えるかどうかが問題となることがある．もしこの変換で運動方程式が変わるのならば，それは変換前と後の 2 つの力学系が区別できることを意味する．日常の経験ではこのような力学現象はなく，重力，電磁気力の運動方程式は P 変換に対して不変である．たとえば，質点間にはたらくクーロン力や重力は $\vec{f}(\vec{r}) = k\vec{r}/r^3$ の形で表される．この力のもとで運動する質量 m の質点の運動方程式は，$m d^2\vec{r}/dt^2 = k\vec{r}/r^3$ であり，この式は明らかに P 変換に対して不変である．つまり，重力や電磁相互作用はパリティ対称性をもつ．また，強い相互作用もパリティ対称であることがわかっている．しかし，弱い相互作用ではこのパリティ対称性は最大限に破れている．

パリティは粒子の崩壊に関与する力について考察を行うのに役立つ．例として，η メソンの崩壊を考える．η メソンは質量が $548\,\mathrm{MeV}/c^2$ であり，電荷がなく $J^P = 0^-$ の粒子である．η 粒子は電磁相互作用により，分岐比 45% で 3 個の π メソン ($\pi^+\pi^-\pi^0$, $3\pi^0$) に崩壊するが，2 個の π メソンへの崩壊は見つかっていない．これは $\eta \to \pi\pi$ 崩壊がパリティを破る反応のため禁止されると考えるとうまく説明できる．全角運動量が $J = 0$ の 2 個の π メソン系のパリティは，表 C.2 のように $P = +1$ であり，η のパリティと異なるからである．

パリティの破れは弱い相互作用で崩壊する荷電 K メソンの崩壊に見ることができる．荷電 K メソンの J^P は 0^- であるが，異なるパリティ状態である 2π と 3π に崩壊する（前者のパリティは $P = +1$，後者のパリティは $P = -1$）．実は，1950 年代以前は両者は別々の粒子の崩壊と考えられていた．実験から，スピンは同じで，質量と寿命も測定誤差の範囲内で一致したが，それまで保存することが当然と考えられていたパリティが異なるためであった．T.D. Lee と C.N. Yang は，弱い相互作用ではパリティが破れている可能性を提唱し，実は，両者が同じ粒子の異なるパリティ状態への崩壊であるとした．そして，弱い相互作用で起こるほかのパリティの破れの現象を予言した．その 1 つが，原子核のベータ崩壊に現れる破れである．次節で見るように実験結果は予言どおりで，弱い相互作用によるパリティの破れが事実であることが判明し，K メソンにおける 2π と 3π 崩壊の問題も解決した．

3.6　^{60}Co 核のベータ崩壊におけるパリティの破れの発見

^{60}Co 核は $^{60}\mathrm{Co} \to {^{60}\mathrm{Ni}}^* + e^- + \overline{\nu}_e$ のようにベータ崩壊する．このときの電子の飛び出す向き（運動量の向き）と ^{60}Co 核のスピンの向きを図 3.7 に示す．この崩壊を P 変換した世界と比べてみよう．P 変換で電子の運動量の向きは逆になるが，原子核のスピンの向きは変わらない（スピンは角運動量 $\vec{r} \times \vec{p}$ と同じ変換性をもつ）．もしパリティが保存されるなら，図 3.7 の左側の崩壊と，これを P 変換した右側の崩壊は同じ確率で起こるはずであり，核スピンと同じ方向に出る電子の数と逆向きに出る電子の数の平均は同じになるはずである．

ウー (Wu) らは，^{60}Co 核に磁場を加えて核スピンを揃え，崩壊により核スピンと同じ向きに出る電子と逆向きに出る電子を観測し，その数を比べた．図 3.8 (a) に実験装置を示す．この実験では，熱による ^{60}Co 核のスピンの攪乱を防ぐため極低温技術が用いられた．実験のポイントは，真空中に保持した ^{60}Co 核のスピンが揃っていることをモニターできること，崩壊による電子の運動量の向きを検出できることである．実験の結果，図 (b) に示すように，核スピンと逆向きに出る電子が多いことが観測さ

3.6 ^{60}Co 核のベータ崩壊におけるパリティの破れの発見　45

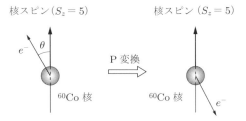

図 3.7 ^{60}Co 核のベータ崩壊事象を P 変換した事象　S_z は，スピンの z 方向成分．

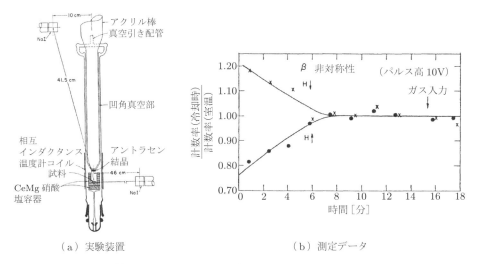

(a) 実験装置　　　　　　　　　　　　(b) 測定データ

図 3.8 ウーらによる ^{60}Co 核のベータ崩壊の実験　(a) 実験装置．コイルによる磁場をかけ，中心にある ^{60}Co のスピンを上または下方向に偏極し，β 崩壊により発生する β 線を 2 つの NaI 検出器で測定する．(b) 測定データ．横軸は時間．^{60}Co の偏極がない場合（$t > 8$ 分）に比較して，^{60}Co が偏極している間（$t < 6$ 分）は上下方向に非対称性が生じる．
([p3] より転載．©(1957) by APS)

れた[3]．すなわち，パリティ対称性は破れていることが発見された．なお，^{60}Ni のスピンは 4 であり，^{60}Co より 1 少なく，角運動量保存則によりこれを電子とニュートリノのスピンが持ち去る．実験から，電子は ^{60}Co のスピンと逆方向に出るので，電子のスピンは進行方向と逆向き（これを左巻きという）であり，ニュートリノ（正確には反電子ニュートリノ）のスピンは進行方向と同じ向き（右巻き）でなければならない．ニュートリノ（反ニュートリノ）のスピンの向きは，ゴールドハーバー (Goldhaber) らの実験によっても左巻き（右巻き）であることがわかった．

---

[3] ^{60}Co 核のスピンは，外部磁場により偏極されるため，この実験結果は結局，電子の放出方向が外部磁場の方向に対して非対称であることを示している．

演習問題

3.1 静止した π^+ が $\pi^+ \to l^+ + \nu$ 崩壊するとき崩壊後の l^+ の運動量 p を求めよ．ただし，π^+ と l^+ の質量をそれぞれ m_π, m_l とし，ニュートリノの質量はゼロとする．次に，l^+ の速度 β_l を求め，$(1-\beta_l)/2$ が $m_l^2/(m_\pi^2 + m_l^2)$ になることを確かめよ．

3.2 $|\Delta I| = 1/2$ 則を用いて Λ 粒子の $p\pi^-$ と $n\pi^0$ 崩壊の分岐比がほぼ $2:1$ であることを示せ．

3.3 電場 $\vec{E}$, 磁場 $\vec{B}$ 中を速度 $\vec{v}$ で運動している電荷 q の粒子にかかるローレンツ力は，$\vec{F} = q(\vec{E} + \vec{v} \times \vec{B})$ である．

(1) P 変換によりローレンツ力の大きさ $|\vec{F}|$ は変化しないことを示せ．

(2) もし $\vec{F} \propto \vec{B}$ のような力があり，この粒子にかかる力が $\vec{F} = q(\vec{E} + \vec{v} \times \vec{B}) + k\vec{B}$ だった場合，この力の大きさは P 変換，C 変換，CP 変換により，それぞれどうなるか．ただし，k は定数である．

4 ハドロンとその特性

第1章では，ハドロンは，クォークとクォーク，またはクォークと反クォーク間をグルーオンが媒介して形成される結合体であることを述べてきた．ここでは，最初に，これらのハドロンの基本的な物理量である質量，寿命，スピン，パリティなどがいかに測定されたかを述べ，次に多数発見されたハドロン共鳴状態の探索実験について述べる．

4.1 ハドロンの基本的物理量

4.1.1 質量測定

素粒子の質量は基本的な物理量の1つであり，その測定には種々の方法がある．素粒子の運動量 p とエネルギー E または速度 v がわかると，相対論の関係式（付録B参照）より，質量 m は次式で求めることができる．

$$mc^2 = \sqrt{E^2 - (pc)^2} = \frac{\sqrt{1-\beta^2}}{\beta} pc; \quad \beta = \frac{v}{c}, \; c = 光速 \tag{4.1}$$

安定した陽子や，$\pi^\pm$ メソンのような比較的長寿命の荷電粒子では，磁場によるローレンツ力を利用して運動量を測定し，その速度 v は，たとえば，**飛行時間差** (TOF) を用いて求め，式 (4.1) より質量を測定できる[1]．

強い相互作用で崩壊する不安定素粒子は，寿命が 10^{-23} s と極めて短く，すぐに崩壊するので，後で述べるように，崩壊後の粒子のエネルギー・運動量より不変質量（付録B参照）を算出し，その質量を求めることができる．

最近では，**メソン原子** (mesonic atom) を生成して π メソンなどの質量の高精度測定が行われている．また，ニュートリノ質量は，ν_e に対してはトリチウムの β 崩壊，ν_μ に対しては π 崩壊より発生する荷電粒子の運動量測定より質量上限値が測定されている．これらのニュートリノ質量の直接測定は第10章で述べる．ここでは，以下に示

---

[1] β が1に非常に近い高エネルギー粒子の場合は，質量の分解能が非常に悪くなるので，実際にはこの方法は用いられない．

す電子，μ 粒子，陽子，中性子の質量[2]をもとに，π メソンなどの比較的安定な粒子の質量測定実験を紹介する．

$$m_e = 0.510998928(11) \text{ MeV}/c^2, \quad m_\mu = 105.6583715(35) \text{ MeV}/c^2,$$
$$m_p = 938.272046(21) \text{ MeV}/c^2, \quad m_n = 939.565379(21) \text{ MeV}/c^2 \quad (4.2)$$

4.1.2 荷電 π メソンの質量

荷電 π メソンは，宇宙線実験で発見され，その質量は写真乾板や霧箱中の飛跡の測定より求められた．その後，加速器の開発が進み，人工的に大量の π メソンが生成可能になり，精度の高い質量測定が行われた．現在では，電子の代わりに荷電 π メソンを原子核の周りに捕捉させる **π メソン原子** (π^- mesonic atom) を生成し，そこから放出される X 線の波長を量子力学によるエネルギーレベルの算値と比較して，質量を求めている．

1998 年にスイスの PSI (Paul Scherrer Institute) で行われた実験[p4]では，図 4.1 に示すように，サイクロトロンでつくられた運動量 $85 \text{ MeV}/c$ の π^- ビームを N_2 ガス容器に入射し，π^- メソン–窒素原子を生成する．この π^- メソン–窒素原子が $5g$ 励起状態から $4f$ 状態に遷移するとき，4.055 keV の X 線 ($\lambda = 0.306 \text{ nm}$) を放射する．この X 線を円形状曲面の Si 結晶に入射する．入射 X 線はこの結晶の曲面で Bragg 反

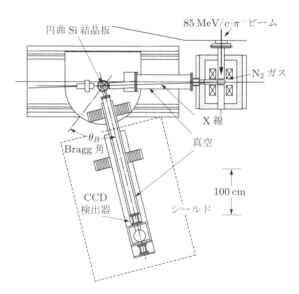

図 4.1 π メソン質量測定のクリスタルスペクロメータの概略図

---

2 ここでの質量は文献 [p1] より引用した．括弧内の数字は最後の 2 桁に含まれる誤差である．

射条件 $2d\sin\theta_B = \lambda$ を満たす角度 θ_B で反射し，曲面の中心に収束する．この点に CCD 検出器をセットし，X 線を測定する．角度 θ_B を変化させると Bragg 条件により波長が変化し，対応するエネルギーも変化する．回転角の精度は ± 0.12 秒で π 質量の 0.44 ppm に対応する．

π^- メソン窒素原子の放射 X 線のエネルギー分布を図 4.2 に示す．$5g-4f$ には 8600 事象がプロットされている．横軸は CCD のチャンネル数で表されるが，高精度で測定されている格子定数と 8.048 keV の銅蛍光でエネルギー較正される．この分布より，この遷移エネルギーは $E(5g-4f) = (4055.398 \pm 0.015)$ eV と測定された．この遷移エネルギーを量子電磁力学による計算に適合すると，π^- 質量は，

$$m_{\pi^-} = (139.57071 \pm 0.00053)\,\text{MeV}/c^2 \tag{4.3}$$

の値が得られた．文献 [p1] では，いままでの測定データの平均値として，

$$m_\pi = (139.57018 \pm 0.00035)\,\text{MeV}/c^2 \tag{4.4}$$

を与えている．このメソン原子生成による質量測定方法は，μ, K 粒子にも用いられている．

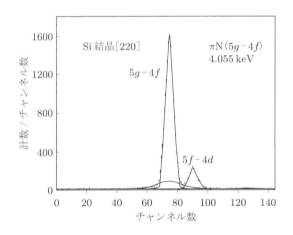

図 4.2 π^- メソン窒素原子の $5g-4f$ 遷移の γ のエネルギー分布

4.1.3 中性 π メソンの質量

π^0 メソンの崩壊は電磁相互作用による $\pi^0 \to \gamma + \gamma$ が主であるため，初期の π^0 質量測定のカウンター実験は，γ の角分布やエネルギー分布を駆使して測定された．最近では，π^0 を以下の反応，

$$\pi^-(\text{stop}) + p \rightarrow n + \pi^0 \tag{4.5}$$

で生成し，n の運動量，エネルギーを時間差 (TOF) を用いて測定し，高い精度の π^0 質量を測定している．

1986 年より 1990 年初頭にかけて PSI で行われた実験[p5] では，図 4.3 に示すように，120 MeV/c の π^- ビームを減速材を通して液体水素標的内で静止させ，反応 (4.5) より放出される中性子を液体シンチレーターで検出し，その速度を測定していた．いま，π^-, p, n, π^0 の質量，4 元運動量（エネルギー，運動量）を $m_i, p_i(E_i, \vec{p}_i); i = \pi^-, p, n, \pi^0$ とし，中性子の速度を v とすると，$\beta = v/c,\ \gamma = 1/\sqrt{1-\beta^2}$ を用いて，

$$E_n = m_n \gamma, \quad |\vec{p}_n| = \beta \gamma m_n \tag{4.6}$$

である．ここで，自然単位系 ($c=1$) を用いてエネルギー・運動量を表した．時間差の測定には，正確に知られているサイクロトロンの周期で校正された TDC を用いる[3]ため，系統的時間誤差を極めて小さくすることができるが，その TDC からの時間分布には，反応 (4.5) の π^0 からの γ と n の信号が混在する．この π^0 からの γ を除いた中性子の時間差 τ 分布の一例を図 4.4 に示す．この τ は，この γ を基準に測定されている．

解析の結果，中性子の速度は $v = 0.894266 \pm 0.000063$ cm/ns が得られている．また，反応直前の静止 π^-p 系には結合エネルギー E_B が存在するので，4 元運動量の保存則は，E_B を表す 4 元運動量を $p_B = (E_B, \vec{0})$ とし，

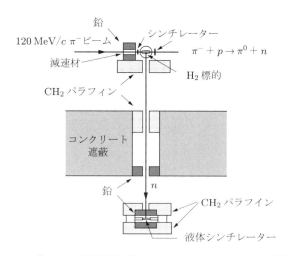

図 4.3　π^0 メソン質量測定に用いられたスペクトロメータの概略図

3　TDC は，Time to Digital Converter の略で，時間をディジタルデータに変換する電子回路．

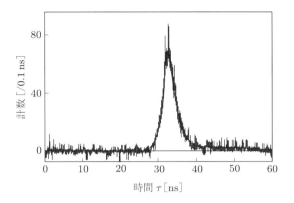

図 4.4　中性子の TOF 分布の例

$$p_{\pi^-} + p_p - p_B = p_n + p_{\pi^0} \tag{4.7}$$

と与えられる．$\vec{p}_{\pi^-} = \vec{p}_p = 0$ であるため，$\pi^- p$ の不変質量 $m_{\pi^- p}$ は，

$$m_{\pi^- p} = \sqrt{(p_{\pi^-} + p_p - p_B)^2} = m_{\pi^-} + m_p - E_B \tag{4.8}$$

となる．ここで，E_B は理論的に $E_B = 0.37 \pm 0.08\,\text{keV}$ と求められている．したがって，π^0 の不変質量 m_{π^0} は，式 (4.6) を用いて次のように求められる．

$$m_{\pi^0}^2 = p_{\pi^0}^2 = (p_{\pi^-} + p_p - p_B - p_n)^2 = m_{\pi^- p}^2 + m_n^2 - \frac{2m_{\pi^- p} m_n}{\sqrt{1-\beta^2}} \tag{4.9}$$

この測定を含め，現在では次のように精密に求められている．

$$m_{\pi^0} = 134.97373 \pm 0.00058\,\text{MeV}/c^2 \tag{4.10}$$

4.2　π メソンの量子特性

4.2.1　π メソンのスピンの決定

陽子，中性子はフェルミオンで，パリティは定義上 $P_p = P_n = +1$ と決められ，スピンは $S_p = S_n = 1/2$ である．重陽子 (d) は，陽子と中性子で構成され，その軌道角運動量は $\ell = 0$ が主で，スピン・パリティは $S_d = 1$, $P_d = +1$ である．これらのスピン・パリティを用いて，荷電 π メソンのスピンは，以下の散乱

$$p + p \;\to\; d + \pi^+ \tag{4.11}$$

と，それと同じ重心系エネルギーでの逆反応

$$\pi^+ + d \;\to\; p + p \tag{4.12}$$

の散乱断面積を比較して求められる．始状態と終状態をそれぞれ i と f で表し，この反応と逆反応の散乱振幅を M_{if}, M_{fi} とする．始状態と終状態の速度，3元運動量の大きさを v_i, p_i, v_f, p_f とし，入射粒子と標的のスピンが偏極していないとすると，散乱断面積 σ は入射粒子のスピン状態数で平均をとった散乱振幅の絶対値の2乗 $\overline{|M_{if}|^2}, \overline{|M_{fi}|^2}$ と，可能な終状態スピン S_f の状態数 $(2S_f+1)$ の積に，p_f^2 に比例する位相空間密度を掛け合わせ，粒子束 $v_i v_f$ で割った量に比例し，

$$\sigma(p+p \;\to\; d+\pi^+) \propto (2S_\pi+1)(2S_d+1)\frac{p_\pi^2}{v_i v_f}\overline{|M_{if}|^2} \tag{4.13}$$

$$\sigma(\pi^+ + d \;\to\; p+p) \propto \frac{1}{2}(2S_p+1)(2S_p+1)\frac{p_p^2}{v_i v_f}\overline{|M_{fi}|^2} \tag{4.14}$$

と与えられる．ここで，式 (4.14) の 1/2 は，終状態が同一陽子が 2 個であるために生じる効果を補正する因数である．強い相互作用の反応では，パリティと時間反転の対称性は保存し，**詳細平衡の原理** (principle of detailed balance) が満たされ，$\overline{|M_{if}|^2} = \overline{|M_{fi}|^2}$ が成り立つ．したがって，両反応の散乱断面積の比は次のように表される．

$$\frac{\sigma(\pi^+ + d \to p+p)}{\sigma(p+p \to d+\pi^+)} = \frac{1}{2} \cdot \frac{(2S_p+1)(2S_p+1)}{(2S_{\pi^+}+1)(2S_d+1)} \cdot \frac{p_p^2}{p_\pi^2} \tag{4.15}$$

ここで，S_p, S_d, S_π はそれぞれ陽子，重陽子，π メソンのスピンで，p_p, p_π は重心系での p, π の運動量である．

この反応断面積の関係式 (4.15) を用いて π^+ のスピンを求めるため，1953 年に Berkeley 184 インチサイクロトロンで，入射陽子エネルギー $T_p = 340\,\mathrm{MeV}$ で反応 (4.11) の実験が行われ，断面積 $\sigma(p+p \to d+\pi^+) = 0.18 \pm 0.06\,\mathrm{mb}$ を得た．一方，逆反応 (4.12) の断面積は，入射エネルギー $T_{\pi^+} = 29\,\mathrm{MeV}$ で $\sigma(\pi^+ + d \to p+p) = 3.1 \pm 0.3\,\mathrm{mb}$ と測定されていた．反応 (4.11), (4.12) の重心系エネルギー $E_{pp}, E_{\pi d}$ は，それぞれ $E_{pp} = 2.040\,\mathrm{GeV}$，$E_{\pi d} = 2.042\,\mathrm{GeV}$ でほぼ等しいので，断面積の比較が可能である．重心系での運動量は $p_p \approx 400\,\mathrm{MeV}/c$，$p_{\pi^+} \approx 82\,\mathrm{MeV}/c$ で，$S_p = 1/2, S_d = 1$ を用いて式 (4.15) より π^+ のスピンが求められ，$S_{\pi^+} = 0$ と決定された．次節で述べるように，π^+, π^0, π^- はアイソスピン $I = 1$ の電荷の異なる同一粒子と解釈できるので，π^0, π^- のスピンも π^+ と同様に $S_\pi = 0$ であると考えられる．

4.2.2 π メソンのパリティの決定

(1) π^+ メソンのパリティ　π^+ のパリティは，反応 (4.12) より次のように決定された．この反応では，入射 π 粒子はエネルギーが小さいため，重陽子の S 軌道 $L_i = 0$

に捕獲される．そのため，始状態の全角運動量は $J_i = S_d + L_i = 1$ で，パリティは $P_i = P_{\pi^+} P_d (-1)^{L_i} = P_{\pi^+}$ になる．角運動量，パリティは強い相互作用で保存されるので，終状態の全角運動量 $J_f = J_i = 1$，パリティ $P_f = P_i = P_{\pi^+}$ を満たす．また，2個の同種フェルミオンの波動関数はスピン状態と空間波動関数の積で表され，**パウリの排他原理** により全体で反対称になる．スピン $S_f = 0$ の場合，スピン波動関数は反対称であるため，空間波動関数は対称になり，軌道角運動量 $L_f = 0, 2, \ldots$ の偶数値をとる．そのため，$J_f = S_f + L_f \neq J_i$ でスピンの保存則を満たさない．一方，スピン $S_f = 1$ の波動関数は対称であるため，空間波動関数は反対称で $L_f = 1, 3, \ldots$ が可能で，$L_f = 1$ のとき $J_f = J_i$ を満たすことができる．したがって，終状態のパリティは $P_f = (P_p)^2 (-1)^{L_f} = -1$ となり，π^+ メソンのパリティは $P_{\pi^+} = -1$ で，$J^P = 0^-$ の擬スカラー粒子と決定された．

(2) π^- メソンのパリティ　π^- のパリティは，低エネルギー $\pi^- + d \to n + n$ 反応より求めることができる．この反応では，π^- は S 状態で d に吸収され，d は $2n$ に分解する．したがって，始状態の合成スピン $J_i = S_d = 1$，パリティ $P_i = P_{\pi^-} P_d (-1)^{L_i} = P_{\pi^-} \cdot 1 \cdot (-1)^0 = P_{\pi^-}$ になる．一方，終状態は，2個の同種フェルミオンなので，その波動関数は反対称であることが要請される．スピン $1/2$ の2個の中性子を合成すると，スピン 0 のときスピン部分は反対称となり，スピン 1 のとき対称となる．したがって，$J_f = J_i = 1$ になるためには2個の n のスピン状態が $S_f = 1$ で対称になり，軌道角運動量 $L_f = 1$ であればよい．よって，$P_{\pi^-} = P_f = (P_n)^2 (-1)^{L_f} = -1$ と求められる．

(3) 中性 π^0 メソンのパリティ　π^0 のパリティも荷電 π メソンと同様に -1 と想定されるが，次の π^0 の 2γ 崩壊と，それに続く物質内電場による $e^+ e^-$ 対生成，

$$\begin{array}{c} \pi^0 \to \gamma_1 \quad + \quad \gamma_2 \\ \hookrightarrow e^+ + e^- \hookrightarrow e^+ + e^- \end{array} \quad (4.16)$$

の測定より，そのパリティが実験的に確認された．

π^0 の重心系で2個の光子 γ_1, γ_2 の運動量を $\vec{k}, -\vec{k}$，光子の単位偏極ベクトルを $\vec{\varepsilon}_1, \vec{\varepsilon}_2$ とする．ここで，$\vec{\varepsilon}_1, \vec{\varepsilon}_2$ は光子の電場の方向を示し，$\vec{k}$ と直交し，$\vec{\varepsilon}_1 \cdot \vec{k} = \vec{\varepsilon}_2 \cdot \vec{k} = 0$ が成り立つ．π^0 はスピン 0 なので，その波動関数はスカラー量である．光子はボーズ統計を満たすので，2光子系の波動関数は γ_1, γ_2 の交換に対し対称である．2光子交換で対称なスカラー量を $\vec{k}, \vec{\varepsilon}_1, \vec{\varepsilon}_2$ の組み合わせで構成すると，最も簡単なものは $(\vec{\varepsilon}_1 \cdot \vec{\varepsilon}_2)$ と $(\vec{\varepsilon}_1 \times \vec{\varepsilon}_2) \cdot \vec{k}$ で，これらを用いると，

$$\begin{aligned}\psi_1(2\gamma) &\propto (\vec{\varepsilon}_1 \cdot \vec{\varepsilon}_2) \propto \cos\phi \\ \psi_2(2\gamma) &\propto (\vec{\varepsilon}_1 \times \vec{\varepsilon}_2) \cdot \vec{k} \propto \sin\phi\end{aligned} \qquad (4.17)$$

の2種類の波動関数が得られる．ここで，ϕ は2光子の偏極ベクトル $\vec{\varepsilon}_1$ と $\vec{\varepsilon}_2$ の間の角を示す．この角度分布は $W_i(\phi) = |\psi_i(2\gamma)|^2; i = 1, 2$ で与えられる．偏極ベクトルの向きは電場の向きになるので，対生成の e^+e^- はその電場方向に放出される．したがって，γ_1, γ_2 からの対生成の e^+e^- の崩壊面を測定して ϕ を求めることができる．空間反転に対して，$\psi_1(2\gamma)$ は符号を変えないのでパリティ $P = +1$ で，$W_1(\phi) \propto \cos^2\phi$ の角分布になるが，$\psi_2(2\gamma)$ は符号を変えるのでパリティ $P = -1$ で，角分布は $W_2(\phi) \propto \sin^2\phi$ になる．したがって，π^0 のパリティはこの角分布を測定することにより決定できる．この測定は，γ_1, γ_2 からの対生成の e^+e^- の崩壊面が観測できる泡箱実験で行われた．その結果を図 4.5 に示す．この角分布は $\sin^2\phi$ を示し，π^0 のパリティは $P = -1$ と確認された．したがって，π^+, π^0, π^- はすべて $J^P = 0^-$ の擬スカラー粒子であることがわかった．

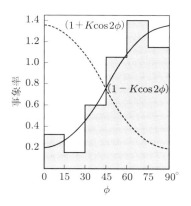

図 4.5　$\pi^0 \to 2\gamma$ 崩壊における角分布

4.2.3　荷電 π メソンの寿命

荷電 π メソンの寿命は，原子核乾板中の飛跡長より初めて測定された．その後，カウンター実験で静止 π メソンや飛行中の π の崩壊から寿命が測定され，測定精度が格段に向上した．

1995 年に TRIUMF で行われた実験では，加速器からの 500 MeV の陽子ビームを C または Be 標的に入射して π^+ を生成し，その崩壊より生成される μ を用いて寿命測定を行った．この反応で後方に生成される π^+ は，運動量が小さいため標的表面近傍でほとんど静止する．この静止 π^+ の崩壊から発生する μ^+ の時間分布を，4 個のプ

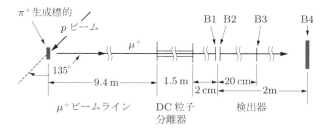

図 4.6 μ^+ ビームライン，静電粒子分離器，計測系の概念図

ラスチックシンチレーター B1〜B4 で測定した．この実験の各装置の配置概念図を図 4.6 に示す．

図 4.7 には，6×10^6 の μ 粒子崩壊事象の時間分布を示す．一定運動量の μ 粒子の時間減衰率は π 崩壊率に対応するので，この時間分布を 15 〜 170 ns の範囲で $N_\mu = N_0\, e^{-t/\tau_\pi}$ の関数にフィットし，π^+ の平均寿命 τ_π

$$\tau_\pi = 26.0231 \pm 0.0050\,(統計誤差) \pm 0.0084\,(系統誤差)\,\text{ns} \tag{4.18}$$

が得られた．

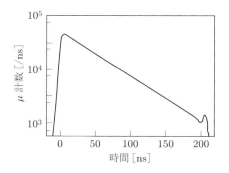

図 4.7 B1× B2 の同時計数による μ 粒子の計数率の時間分布

4.2.4 中性 π^0 メソンの寿命

中性 π^0 メソンの平均寿命は $\tau \sim 10^{-16}$ s で，崩壊までの飛程は平均 $c\tau \sim 0.025\,\mu\text{m}$ と非常に短く，原子核乾板での崩壊飛程の測定も容易ではなかった．1970 年代に入り，**プリマコフ効果**を利用して間接的な寿命測定が行われた．1950 年代後半に発表されたこの理論は，γ 線を原子核に照射し，その γ 線と原子核からの仮想 γ^* 線との反応 $\gamma^* + \gamma \to \pi^0$（$\pi^0$ 崩壊の逆過程）での π^0 生成断面積を求め，π^0 の寿命と

の関係式を示した．π^0 寿命はこの生成断面積を利用して計算されたが，この断面積は小さいため，π^0 寿命測定は容易ではなく，1974 年に発表された実験結果では寿命 $\tau = (8.2 \pm 0.4) \times 10^{-17}$ s を与えている．

1980 年代には，CERN の陽子シンクロトロン (PS) からの 450 GeV 陽子ビームを用いて高エネルギー π^0 を生成し，相対論効果により π^0 の崩壊までの飛距離が長くなることを利用して，その飛程を測定して π^0 の寿命を直接測定した．この実験では，図 4.8 に示すように，陽子ビームを厚さ 70 μm の 2 枚のタングステンフォイル（W 箔）に照射し，π^0 を生成する．仮に π^0 のエネルギーが 200 GeV，寿命が $\tau \sim 10^{-16}$ s だとすると，π^0 が崩壊するまでに飛ぶ平均距離は，$\gamma\beta c\tau \sim 40$ μm 程度になる．この π^0 の崩壊より発生する γ 線は，第 2 の W 箔で電子-陽電子対を発生し，その内の 150 GeV の陽電子を計測する．2 枚の W 箔間の距離 d は $5 \sim 250$ μm まで可変で，$d = 5$ μm では，生成された π^0 の何割かはそのまま第 2 W 箔を通過する．d を π^0 の平均崩壊飛距離以上にすると，第 2 W 箔より π^0 の崩壊 γ による電子-陽電子対が多数発生する．その陽電子の生成量 $Y(d)$ は，d の関数として，

$$Y(d) = N[A + B(1 - e^{-d/\lambda})] \tag{4.19}$$

と表される．ここで，N は規格定数，A, B は定数で，A はバックグラウンド，B は π^0 の数を表す．λ は π^0 の平均崩壊距離である．実験では d の値を変えて得られた測定値と $Y(d)$ を比較して π^0 の平均寿命 τ を求めた．詳細な解析の結果，π^0 の寿命 τ は，次のように測定された．

$$\tau = (0.897 \pm 0.022(\text{統計誤差}) \pm 0.017(\text{系統誤差})) \times 10^{-16} \text{ s} \tag{4.20}$$

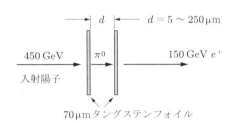

図 4.8　π^0 寿命測定実験のタングステンフォイルの標的配置図

4.3　ハドロンとアイソスピン

アイソスピンの概念は最初に原子核物理で導入された物理量であるが，素粒子物理でも強い相互作用で保存する量子数の 1 つとして用いられている．いま，スピン

(J)・パリティ (P) が同じ $J^P = 1/2^+$ の陽子と中性子を考えると，その質量差は $\Delta m = m_n - m_p \approx 1.3\,\mathrm{MeV}/c^2$ で陽子質量の $\sim 1/1000$ と小さく，また後で述べるように，核力の特性も非常によく似ていることから，陽子，中性子は同じ粒子の異なった電荷の状態と考えることができる．このような 1 つの粒子の異なった状態を表す量子数として，アイソスピン $\vec{I}$(大きさ I) が導入された[4]．アイソスピン I はアイソ空間のベクトルとして表され，異なる電荷を $\vec{I}$ の第 3 成分 I_3 で表して区別する．空間スピンベクトルと同じように，アイソスピン $\vec{I}$ をもつ粒子は，I_3 の値が $(I, I-1, \ldots, 1-I, -I)$ の範囲で $2I+1$ 個の異なる電荷をもつことができ，状態を $|I, I_3\rangle$ で表す．陽子のアイソスピン状態は，$|1/2, +1/2\rangle$，中性子は，$|1/2, -1/2\rangle$ である．スピン $S = 1/2$ の粒子の場合と同じように，そのアイソ空間の状態は 2 成分スピノールで以下のように表される．

$$|p\rangle = \left|\frac{1}{2}, +\frac{1}{2}\right\rangle = \begin{pmatrix} 1 \\ 0 \end{pmatrix}, \quad |n\rangle = \left|\frac{1}{2}, -\frac{1}{2}\right\rangle = \begin{pmatrix} 0 \\ 1 \end{pmatrix} \quad (4.21)$$

陽子，中性子間の質量差は，u, d クォークの質量と電荷の違いにより生じ，強い相互作用の効果は同じであると考える．また，pp, pn, nn 散乱の断面積は電磁相互作用の効果を除くと同じになることが実験的に知られている．このように，同じアイソスピン I で異なった電荷 I_3 をもつ核子間の力が同じであることを**荷電独立性** (charge independence) という．強い相互作用で荷電独立性が成り立つことは，アイソスピンの対称性が成り立つことを意味する．

pn 系の基本状態は，$|pn\rangle$，$|np\rangle$ の 2 つあり，重陽子の状態は，この 2 つの基本状態の重ね合わせになっている．$\pi^\pm$ の交換により，$pn \leftrightarrow np$ の遷移があるため，この系のエネルギー固有状態は，$|pn\rangle \pm |np\rangle$ になっている．重陽子はスピン・パリティが $J^P = 1^+$ の陽子-中性子系の安定した束縛状態である．

p-n 間の軌道角運動量を ℓ とすると，この系のパリティは $P = (-1)^\ell$ なので，$(\ell, S) = (0, 1), (2, 1)$ の 2 つの可能性があるが，一般に ℓ は小さいほうが安定なので，$(\ell, S) = (0, 1)$ の状態が主である．したがって，表 C.1 より，重陽子の波動関数は

$$\Psi_D = \frac{|pn\rangle - |np\rangle}{\sqrt{2}} |\Uparrow\Uparrow\rangle \quad (4.22)$$

が主である．式 (4.22) のアイソスピン合成構造は，スピン $S = 1/2$ の 2 粒子合成の $S = 0$ の構造と同形なので，

$$\frac{|pn\rangle - |np\rangle}{\sqrt{2}} = |I = 0, I_3 = 0\rangle \quad (4.23)$$

---

[4] $\vec{I}$ は数学的なアイソ空間のベクトルで，時空とは関係ないが，スピンベクトル $\vec{S}$ と同様に取り扱える．

と，重陽子のアイソスピンは $I=0$ と結論される．

$J^P = 0^-$ の $\pi^\pm, \pi^0$ メソンも質量が $m \sim 135, 140\,\text{MeV}/c^2$ とほぼ同じで，強い相互作用の範囲で違いはないので，$I=1$ で，$I_3 = 1, 0, -1$ の同種類の粒子と考える．

$$|\pi^+\rangle = |1, +1\rangle, \quad |\pi^0\rangle = |1, 0\rangle, \quad |\pi^-\rangle = |1, -1\rangle \tag{4.24}$$

4.4 ハドロン・共鳴状態の発見

4.4.1 バリオン

1950年代に入り，次々と新粒子が発見された．最初に発見された新粒子は Δ バリオンである．この粒子は，1952年にフェルミ (E. Fermi) 達によりシカゴ大学170インチ サイクロトロンでの πp 散乱の全断面積測定実験で観測された．入射 π メソンと静止標的陽子の不変質量 $m_{\pi p}$ は，π の運動エネルギーを T_π として

$$m_{\pi p} = \sqrt{[m_p + (m_\pi + T_\pi)]^2 - p_\pi^2} = \sqrt{m_p^2 + m_\pi^2 + 2m_p(m_\pi + T_\pi)} \tag{4.25}$$

と表される．ここで，m_π, p_π, m_p はそれぞれ π の質量，運動量と陽子質量とした．この不変質量 $m_{\pi p}$ を横軸として散乱断面積をプロットすると，図4.9のように示され，$T_\pi \sim 180\,\text{MeV}$ に大きなピークが観測された．これは $m_{\pi p} = 1232\,\text{MeV}/c^2$ に対応し，当初は，これらは単なる πp 複合体の共鳴状態であると考えられた．

その後，このような πp 共鳴状態が $m_{\pi p} = 1525, 1688, 1920\,\text{MeV}/c^2, \ldots$ と次々と観測され，さらに，1960年代にクォーク模型による素粒子分類の進展に伴い，これら

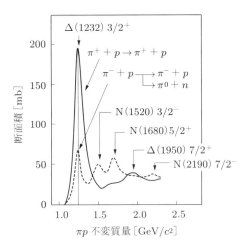

図 4.9　πp の不変質量分布

の共鳴状態は，その質量分布の中心に質量をもち，寿命が $\sim 10^{-23}$ s と極めて短い素粒子であると認識されるようになった．

Δ バリオンは，Δ^{++}，Δ^{+}，Δ^{0}，Δ^{-} の 4 つの電荷状態が確認されている．そのため，Δ バリオンのアイソスピンは，$I=3/2$ と考えられる．重心系エネルギーが Δ バリオンの質量での $\pi + p$ 散乱は，強い相互作用による

$$\begin{aligned} \pi^{+}+p &\to \Delta^{++} \to \pi^{+}+p \\ \pi^{-}+p &\to \Delta^{0} \to \pi^{-}+p \\ \pi^{-}+p &\to \Delta^{0} \to \pi^{0}+n \end{aligned} \quad (4.26)$$

の過程が主になる．強い相互作用はアイソスピンの第 3 成分（電荷）によらないので，H_S を強い相互作用のハミルトニアンとして，$\langle I, I_3 | H_S | I, I_3 \rangle \equiv \langle I || H_S || I \rangle$ と書くことにする．πp 系のアイソスピン成分は，付録 D のクレブシュ・ゴルダン係数を用いて，

$$\begin{aligned} |\pi^{+}p\rangle &= \left|1,+1:\frac{1}{2},+\frac{1}{2}\right\rangle = \left|\frac{3}{2},+\frac{3}{2}\right\rangle \\ |\pi^{-}p\rangle &= \left|1,-1:\frac{1}{2},+\frac{1}{2}\right\rangle = \frac{1}{\sqrt{3}}\left|\frac{3}{2},-\frac{1}{2}\right\rangle - \sqrt{\frac{2}{3}}\left|\frac{1}{2},-\frac{1}{2}\right\rangle \\ |\pi^{0}n\rangle &= \left|1,\ 0:\frac{1}{2},-\frac{1}{2}\right\rangle = \sqrt{\frac{2}{3}}\left|\frac{3}{2},-\frac{1}{2}\right\rangle + \frac{1}{\sqrt{3}}\left|\frac{1}{2},-\frac{1}{2}\right\rangle \end{aligned} \quad (4.27)$$

なので，

$$\begin{aligned} \sigma(\pi^{+}p \to \pi^{+}p) &\propto |\langle \pi^{+}p| H_S |\Delta^{++}\rangle \langle \Delta^{++}| H_S |\pi^{+}p\rangle|^2 = \left|\left\langle \frac{3}{2}\right\| H_S \left\|\frac{3}{2}\right\rangle\right|^4 \\ \sigma(\pi^{-}p \to \pi^{-}p) &\propto |\langle \pi^{-}p| H_S |\Delta^{0}\rangle \langle \Delta^{0}| H_S |\pi^{-}p\rangle|^2 = \frac{1}{9}\left|\left\langle \frac{3}{2}\right\| H_S \left\|\frac{3}{2}\right\rangle\right|^4 \\ \sigma(\pi^{-}p \to \pi^{0}n) &\propto |\langle \pi^{0}n| H_S |\Delta^{0}\rangle \langle \Delta^{0}| H_S |\pi^{-}p\rangle|^2 = \frac{2}{9}\left|\left\langle \frac{3}{2}\right\| H_S \left\|\frac{3}{2}\right\rangle\right|^4 \end{aligned} \quad (4.28)$$

となる．したがって，次の関係が予想される．

$$\sigma(\pi^{+}p \to \pi^{+}p) : \sigma(\pi^{-}p \to \pi^{-}p) : \sigma(\pi^{-}p \to \pi^{0}n) = 9:1:2 \quad (4.29)$$

πp の共鳴状態観測の散乱実験は，ラザフォード散乱実験と実験原理は同じである．図 4.10 に示すように，加速器で生成された $\pi^{\pm}$ ビームは，磁石とコリメータを通してその運動量と π^{+} または π^{-} が選別される．この選別された入射 π 粒子を水素標的に照射する．入射粒子が標的で散乱されずに通過すると，カウンター C_1, C_2 で信号が検出されるが，散乱されると C_1 のみが信号を検出し C_2 には信号が検出されない．フェルミ達はこのように C_2 に信号が検出されない事象を散乱としてその個数を計測し，入射 π

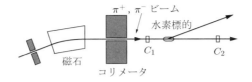

図 4.10 πp 散乱実験の設置概要図

ビーム束に対する割合を求め，散乱断面積を T_π の関数として測定し，$T_\pi \sim 180\,\mathrm{MeV}$ に共鳴状態を観測した．Δ バリオンの質量における断面積は，

$$\sigma(\pi^+ p \to \pi^+ p) = 195\,\mathrm{mb}$$
$$\sigma(\pi^- p \to \pi^- p) = 23\,\mathrm{mb} \qquad (4.30)$$
$$\sigma(\pi^- p \to \pi^0 n) = 45\,\mathrm{mb}$$

と測定されている．これから，

$$\sigma(\pi^+ p \to \pi^+ p) : \sigma(\pi^- p \to \pi^- p) : \sigma(\pi^- p \to \pi^0 n) = 9 : 1.1 : 2.1 \qquad (4.31)$$

がわかる．この比は式 (4.29) の比を再現し，この散乱が $I = 3/2$ の Δ バリオンを経由し，強い相互作用の反応では，アイソスピン対称性が成り立つことを示している．

図 4.9 に示すように，$\Delta(1232)$ より高い質量に，$I(J^P) = 3/2\,(7/2^+)$ の $\Delta(1950)$ や $I = 1/2$ で $J^P = 3/2^-$ の $N(1520)$，$J^P = 5/2^+$ の $N(1680)$，$J^P = 7/2^-$ の $N(2190)$ が発見されている．後に s クォークで理解されることになるストレンジネス S をもつバリオンであるハイペロン (hyperon) は，ストレンジネス $S = -1$ のハイペロンとして $\Lambda^0, \Sigma^0, \Sigma^\pm$，また，$S = -2$ のハイペロンとして Ξ^0, Ξ^- が発見された．これらはすべて $J^P = 1/2^+$ の粒子である．さらに，$S = -3$ のハイペロンとして $J^P = 3/2^+$ の Ω^- が発見され，SU(3) クォーク模型の仮想構成粒子 u, d, s の存在を確立する重要なデータを提供した．これらのハイペロンは，主として弱い相互作用で崩壊し，Δ バリオンのように粒子質量に観測できるような幅はない．寿命は，$10^{-10} \sim 10^{-20}\,\mathrm{s}$ と長く，崩壊までの飛程が観測可能な距離になる．そのため，このようなハイペロン粒子は，粒子飛跡測定に有利な原子核乾板や泡箱実験により数多く発見された．

4.4.2 メソン

1950 年代後半までには，ν, μ, e などのレプトンのほか，π, K メソンや Λ^0, Σ ハイペロンなどの比較的長寿命の素粒子が発見されていたが，1950 年後半に開発された泡箱粒子検出器により素粒子の世界は急激に広がり，次々と新しい共鳴状態が発見された．

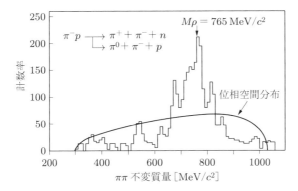

図 4.11 ρ メソンの発見を示す $\pi\pi$ 不変質量分布

最初に発見された π メソン複合系の共鳴状態は，1961 年に発表された ρ メソンである．実験は，米国 BNL (Brookhaven National Laboratory) のコスモトロン加速器 (Cosmotron) でつくられた運動量 $p = 1.9\,\mathrm{GeV}/c$ の π^- ビームを 14 インチ水素泡箱に入射し，以下の反応で生成された (π, π) の不変質量を測定した．

$$\pi^- + p \longrightarrow \pi^- + \pi^0 + p \tag{4.32}$$
$$\longrightarrow \pi^- + \pi^+ + n \tag{4.33}$$

泡箱には磁場 $B \sim 2\,\mathrm{T}$ がかけられ，泡箱の液体水素中を通過する荷電粒子の軌道は曲げられ，その粒子飛跡に沿ってイオン化が起こる．粒子通過の瞬間に液体水素を泡箱ピストンで減圧し過飽和状態すると，イオン化された粒子飛跡の後に，細かい泡が発生する．その瞬間を少なくとも 2 台のカメラで写真撮影する．その写真をプロジェクターで投影し，素粒子反応の飛跡を測定し，大型プログラムコードを用いて反応の立体再構成をする[5]．

このようにして立体構成された荷電粒子の飛跡より曲率 R が測定され，運動量 p が $p\,[\mathrm{GeV}/c] = 0.3B\,[\mathrm{T}] \cdot R\,[\mathrm{m}]$ より求められる．中性粒子の飛跡は測定できないが，荷電粒子の質量を仮定しエネルギー・運動量保存則を用いると，各反応で 1 個までの中性粒子 n, π^0 の 4 元運動量が求められる．これらの 4 元運動量を用いて，$(\pi^+\pi^-), (\pi^-\pi^0)$ の不変質量をプロットしたのが図 4.11 である．

図に示す位相空間分布は，もし，2π 生成反応のハミルトニアン H に特別な相互作用がないとき，すなわち $H =$ 一定のときの $m_{\pi\pi}$ 分布を示す．$m_{\pi\pi} = 760\,\mathrm{MeV}/c^2$ のピークは，明らかにこの位相空間分布曲線から突き抜けているので，新しい 2π 系の共

---

[5] 立体再構成された空間精度は $\sim 200\,\mu\mathrm{m}$ と非常によく，飛跡の濃さが $1/\beta^2$ に比例することから，粒子識別も可能であること，また実際の素粒子反応を肉眼で確認できる利点をもっていた．

鳴状態であると結論された．また，$\pi^+ p$ 反応，

$$\pi^+ + p \to \pi^+ + \pi^0 + p \tag{4.34}$$

の $m_{\pi\pi}$ 分布においても，同じ $m_{\pi\pi}$ 質量値にピークが観測され，この共鳴状態は質量 $m_{\pi\pi} = 760\,\mathrm{MeV}/c^2$ に幅 $\Gamma \cong 150\,\mathrm{MeV}$ をもち，ρ メソンと名づけられた．ρ メソンは，電荷 ρ^+, ρ^0, ρ^- の状態があり，

$$\rho^+ \to \pi^+ + \pi^0, \quad \rho^0 \to \pi^+ + \pi^-, \quad \rho^- \to \pi^0 + \pi^- \tag{4.35}$$

のように崩壊することが観測され，ρ メソンのアイソスピン $I=1$ と想定された．質量幅より ρ メソンの寿命は $\tau \sim 10^{-23}\,\mathrm{s}$ と求められる．

次に，ρ メソンのスピン・パリティ J^P を考える．ρ^0 生成と崩壊のファインマン図をクォーク描像で図 4.12(a) に示した．

この ρ^0 生成・崩壊過程では，入射粒子 π^- と交換粒子 π^+ が衝突して ρ^0 を生成し，π^- と π^+ に崩壊すると見ることができる．これを ρ^0 の重心系での $\pi\pi$ 散乱として考えると，図 4.12(b) のように示すことができる．π メソンはスピンをもたないため，入射 π と散乱 π の間に生成される軌道角運動量 ℓ は ρ^0 メソンのスピンに等しい．いま，図 4.12(b) に示すように，入射 π^- の方向を z 軸とし，この軸と散乱 π^- とで形成される面内に x 軸をとると，散乱 π^- の極座標角は $(\theta, \phi) = (\theta, 0)$ となり，ρ^0 メソンのスピン $J = \ell$ は z 軸と垂直方向に偏極され，その波動関数 $\psi(\theta, \phi)$ は $\psi(\theta, 0) \propto Y_\ell^0(\theta, 0)$ と与えられる．その角分布 $W(\theta) \propto |\psi(\theta, 0)|^2$ は，$W(\theta) \propto |Y_\ell^0(\theta, 0)|^2$ と表される．

実験では，ρ^0 質量領域で崩壊 $\pi^+\pi^-$ の重心系での散乱角 θ を求め，その角分布を測定した．図 4.13 にその $\pi\pi$ 散乱の角分布を示す．ρ 質量領域 $m_{\pi\pi} = 720 \sim 800\,\mathrm{MeV}/c^2$ では $W(\theta) \propto |Y_1^0|^2 \propto \cos^2\theta$ であることから，$\ell = 1$ と結論され，ρ のスピンは $J = \ell + S = 1$ (S は π のスピン)，パリティは $P = (-1)^\ell P_\pi P_\pi = -1$ と決定された．

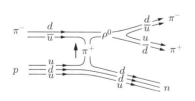 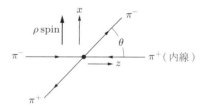

(a) $\pi^- p \to \pi^- + \pi^+ + n$ のクォーク表示　　(b) ρ の重心系での $\pi^-\pi^+$ 散乱

図 4.12　ρ メソンの生成と崩壊のクォーク表示

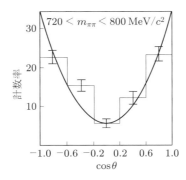

図 4.13 ρ メソンのスピンを決定した崩壊粒子の角分布

演習問題

4.1 運動量 $1\,\mathrm{GeV}/c$ の正電荷の粒子ビームには陽子, K^+, π^+ の粒子が混在している.このビームが長さ $10\,\mathrm{m}$, ギャップ $5\,\mathrm{cm}$ の平行板に垂直に $10\,\mathrm{kV}$ の電圧を加えた質量分離器を通過するとき,質量分離器の出口における各粒子の曲がり角 $\Delta\theta$ と変位 Δy を求めよ.

4.2 中性子は電荷をもたないが,その磁気モーメント $\vec{\mu}_n$ により不均一な磁場 $\vec{B}(\vec{x})$ でわずかながら曲げることができる.磁場中の磁気双極子モーメントのポテンシャルエネルギーは,$U = \vec{\mu}_n \cdot \vec{B}$ なので,中性子が受ける力は,

$$\vec{F} = -\vec{\nabla}U = -\vec{\nabla}(\vec{\mu}_n \cdot \vec{B}(\vec{x}))$$

で与えられる.図 4.14 に示す不均一磁場内に運動量 $0.1\,\mathrm{keV}/c$ の中性子を $x=y=z=0$ より y 軸方向に入射するとき,$y=1\,\mathrm{m}$ における曲がり角 $\Delta\theta$ を求めよ.ただし,$z=0$ の面内で $\vec{B}=(0,0,B_0+\hat{B}x)$,$\hat{B}=1\,\mathrm{T/m}$ とする.さらに,中性子の磁気モーメントは $\vec{\mu}_n=(0,0,\mu_n)$, $\mu_n=6.0\times10^{-14}\,\mathrm{MeV/T}$ とする.

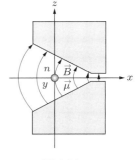

図 4.14

4.3 運動量 $135\,\mathrm{GeV}/c$ の π^0 メソンが 2 個の光子に崩壊する場合を考える.π^0 の平均寿命が $8.5\times10^{-17}\,\mathrm{s}$ として,崩壊するまでに走る平均距離を求めよ.崩壊後の 2 個の光子の実験室系での最小の開き角を求めよ.

4.4 ρ^0 メソンが $J_z=0$ の状態で生成されたとすると,ρ^0 の静止系で,$\rho^0 \to \pi^+ + \pi^-$ の π^+ 粒子の角度分布は $Y_\ell^m(\theta,\phi)$ でどのように表されるか.また,最初の ρ^0 のスピンの方向が $J_z=+1$ のときはどうなるか説明せよ.

5 核子のパートン構造とQCD

ハドロンのうちで安定なものは,陽子と原子核中の中性子などの核子である.そのため,ハドロンの構造を調べるために,核子をターゲットとして,高エネルギーレプトンの散乱実験が行われた.その結果,核子はパートンとよばれる,より基本的な粒子からなっていることが明らかとなった.現在では,パートンはクォークおよびグルーオンであることがわかっている.それだけではなく,核子中ではグルーオンにより常にクォーク–反クォーク対が生まれたり消えたりしているというダイナミックな構造をもつことも明らかになっている.これらの描像は,QCDにより理解できる.

5.1 物質の構造と散乱公式

かつて核子(陽子・中性子)は,素粒子であり大きさはないと思われていたが,おもに電子をプローブとする散乱実験でその大きさが測定され,さらに内部構造が明らかになってきた.本節では基本的な散乱断面積の紹介を行う.

5.1.1 ラザフォード散乱

まず,最も単純な点状(大きさの無視できる)荷電粒子どうしのクーロン散乱過程を扱う.エネルギー E のビーム粒子(電荷は e)が静止している標的粒子(電荷 Ze)に入射し,角度 θ で散乱したとする(図5.1).粒子のスピンの効果は無視し,ターゲットの質量は散乱粒子のエネルギーに比べ十分大きいとする(この場合,標的粒子は散乱後も静止している).入射粒子の速度が相対論的極限でのラザフォード散乱の断面積は,以下のようになる.

$$\left(\frac{d\sigma}{d\Omega}\right)_{\text{Rutherford}} = \frac{Z^2\alpha^2}{4E^2\sin^4(\theta/2)} \tag{5.1}$$

ここで,α は微細構造定数である.実際のラザフォードの実験では,プローブは α 粒子,ターゲットは金の原子核であった.

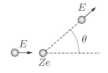

図 5.1 散乱実験

5.1.2 電子スピンの効果

次に，ビーム粒子（電子[1]を想定している）のスピン 1/2 の効果を取り入れる．電磁相互作用は高エネルギーではヘリシティを保存するため，電子のヘリシティが反転する $\theta = \pi$ 方向への散乱が抑制される．これは，次項のモット散乱で，標的の質量が無限大の場合に相当する．

$$\left(\frac{d\sigma}{d\Omega}\right)_{\text{Mott}}^{M\to\infty} = \left(\frac{d\sigma}{d\Omega}\right)_{\text{Rutherford}} \cdot \cos^2\frac{\theta}{2} \tag{5.2}$$

$M \to \infty$ は，標的粒子が十分重く動かないことを示している．

5.1.3 標的粒子の反跳を考慮した場合

次に，ターゲット粒子が有限の質量 M をもち，反跳される効果を取り入れる．散乱後のビーム粒子のエネルギーを E' とするとエネルギー・運動量保存により θ が決まると E' も決まり，以下の関係がある．

$$E' = \frac{E}{1 + 2(E/M)\sin^2(\theta/2)} \tag{5.3}$$

すなわち，標的粒子もエネルギーを得て運動をする．このとき散乱断面積は

$$\left(\frac{d\sigma}{d\Omega}\right)_{\text{Mott}} = \left(\frac{d\sigma}{d\Omega}\right)_{\text{Mott}}^{M\to\infty} \cdot \frac{E'}{E} \tag{5.4}$$

のように修正される．これをモット散乱断面積とよぶ．

5.1.4 ディラック散乱

電子を入射粒子とし，さらにターゲット粒子（たとえば陽子）もスピン 1/2 をもつとする[2]．この場合，2 つの粒子の磁気モーメントどうしの相互作用の項が加わり，これをディラック散乱という．

---

[1] ラザフォード散乱は，正電荷どうしなので斥力がはたらき，電子と原子核の場合は引力がはたらくが，散乱公式は同じになる．
[2] 実際は，陽子には大きさがあるのでこの式は陽子を点電荷とみなせるような低エネルギー散乱のみで成り立つ．大きさをもたないフェルミオンどうし，たとえば，電子と μ 粒子の散乱はディラック散乱とみなすことができる．

$$\left(\frac{d\sigma}{d\Omega}\right)_{\text{Dirac}} = \left(\frac{d\sigma}{d\Omega}\right)_{\text{Mott}} \left(1 + \frac{Q^2}{2M^2}\tan^2\frac{\theta}{2}\right) \tag{5.5}$$

ここで，Q^2 は運動量移行 (momentum transfer squared) とよばれる量で，入射粒子の散乱前後の4元運動量の差（図 5.2 の $q = k - k'$）の大きさを表す．Q^2 は，実験の測定量を用いて，以下のように表される．

$$Q^2 = -q^2 = -(k-k')^2 = 4EE'\sin^2\frac{\theta}{2} \tag{5.6}$$

ここで，交換されているのは仮想 (virtual) 光子であるので，$q^2 < 0$ であることに注意しよう（その符号を変えて正の値にしたものを Q^2 とよぶ）．プローブである仮想光子の「波長」は $\lambda \approx h/Q$ で与えられるので，Q^2 が大きい散乱ほど，小さい空間分解能でターゲットを見ていることになる（短距離での反応）．古典電磁気学で点電荷間のクーロン力が r^{-2} の依存性をもつのに対し，双極子モーメントどうしの力が r^{-4} に比例することを思い出そう．磁気モーメント間の力は小さな Q^2（遠距離）では無視できるが，大きな Q^2（短距離）で影響することは定性的にはこれに対応している．

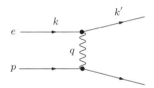

図 5.2 電子–陽子散乱のファインマン図

5.1.5 ターゲットが空間的広がりをもつ場合

いよいよ，陽子のような内部構造をもった標的の場合を考えよう．電子–陽子のディラック散乱は，次のように修正される [p6]．

$$\left(\frac{d\sigma}{d\Omega}\right) = \left(\frac{d\sigma}{d\Omega}\right)_{\text{Mott}} \left(\frac{G_{\text{E}}^2(Q^2) + \tau G_{\text{M}}^2(Q^2)}{1+\tau} + 2\tau G_{\text{M}}^2(Q^2)\tan^2\frac{\theta}{2}\right) \tag{5.7}$$

ただし，$\tau = Q^2/4M^2$ である．$G_{\text{E}}, G_{\text{M}}$ は形状因子 (form factor) とよばれる量で，大きさをもつ粒子の空間的広がりを表す．上の式が $G_{\text{E}} = G_{\text{M}} = 1$ の場合にディラック散乱に帰着することは容易に確かめられる．電気的形状因子 G_{E} は標的の電荷分布を反映する関数で，（素電荷で規格化した）電荷の位置空間での分布 $\rho(r)$ を運動量空間 ($\vec{q}$) にフーリエ変換したものになっている．

$$G_{\text{E}}(Q^2) = \int e^{-i\vec{q}\cdot\vec{r}}\rho(r)d^3\vec{r} \tag{5.8}$$

ただし，$Q^2 = |\vec{q}|^2$ である．ここでの $\vec{q}$ は 3 元運動量移行である．$Q^2 = 0$ のときの G_E の値は全電荷を表す．

$$G_{\mathrm{E}}(0) = \int \rho(r) d^3\vec{r} = \begin{cases} 1 & (陽子) \\ 0 & (中性子) \end{cases} \tag{5.9}$$

同様に，G_{M} は磁気的形状因子とよばれ，$Q^2 = 0$ の値は核子の（異常）磁気モーメントの値に一致する．

$$G_{\mathrm{M}}(0) = \begin{cases} 2.79 & (陽子) \\ -1.91 & (中性子) \end{cases} \tag{5.10}$$

電荷分布に δ 関数を代入 ($\rho(r) = \delta(r)$) すると，形状因子は定数 ($= 1$) になることに注意しよう．すなわち，点状粒子の場合，形状因子は Q^2 によらず一定である．

これまでさまざまな散乱が出てきたので，ここで表 5.1 にまとめておこう．

表 5.1　さまざまな散乱

散乱名	説明
クーロン散乱	スピンをもたない荷電粒子の，$V(r) \propto Ze/r$ のクーロンポテンシャルによる散乱．普通，非相対論的に取り扱い，標的粒子の反跳は無視する．
ラザフォード散乱	クーロン散乱と同じだが，歴史的な意味を強調したいときにこうよぶ．
モット散乱	スピン 1/2 の荷電粒子の，$V(r) \propto Ze/r$ の静電ポテンシャルによる散乱．
ディラック散乱	スピン 1/2 の荷電粒子の，スピン 1/2 の標的粒子による散乱．普通，相対論的に取り扱い，標的粒子が散乱により反跳される効果を考慮する．

5.2 核子の形状因子

式 (5.7) でわかるように，Q^2 をある値に固定して，縦軸をモット散乱で規格化した断面積，横軸を散乱角 $\tan^2(\theta/2)$ にとってグラフをつくると，データは直線に乗り，傾きが $2\tau G_{\mathrm{M}}^2(Q^2)$，$y$ 切片が $[G_{\mathrm{E}}^2(Q^2) + \tau G_{\mathrm{M}}^2(Q^2)]/(1+\tau)$ になることがわかる（ローゼンブルースの方法：図 5.3(a)）．ただし，式 (5.3) の関係から θ と E' は独立ではないので，θ を変えながら Q^2（式 (5.6)）が一定のデータをとるには，ビームの入射エネルギー E を変える必要がある．

ホフスタッター (Hofstadter) らは，さまざまなビームエネルギーで電子–陽子弾性散乱のデータをとり，陽子の形状因子を求めた（1955 年）．その結果，図 5.3(b) のように，G_{E}^p も G_{M}^p も次の式で表されるような双極子型の形状因子 (dipole form factor)

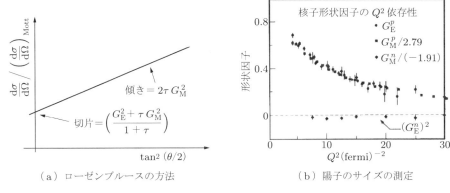

(a) ローゼンブルースの方法　　(b) 陽子のサイズの測定

図 5.3　核子の形状因子の測定　　([p7] より転載. ©The Nobel Foundation)

であることがわかった[3].

$$G_E^p \sim \frac{G_M^p}{2.79} \sim \frac{1}{(1+Q^2/0.71\,\text{GeV}^2)^2} \tag{5.11}$$

これをフーリエ逆変換すると，電荷（および磁気モーメント）の空間分布は指数関数 $\rho = \rho_0 e^{-ar}$ で分布していることに相当していることがわかる ($a = \sqrt{0.71}\,\text{GeV} = 4.3\,\text{fm}^{-1}$)．そこから分布半径の標準偏差 $r_{\text{rms}} \equiv \sqrt{\langle r^2 \rangle}$ を求めると，$r_{\text{rms}} = \sqrt{12}/a \sim 0.8\,\text{fm}$ となる．これが，実験で求められた陽子の大きさである．前節の最後で述べたように，陽子が点状であれば形状因子は Q^2 によらず定数であったはずであるが，図 5.3(b) のように高い Q^2 で形状因子が低下することが，陽子が点状ではなく有限の大きさをもつ証拠になった．高い Q^2 の散乱では電子がより陽子の中心に近い部分を探っていることになる．標的が大きさをもつ場合，プローブがその中心に近づくほど「内部」にある電荷のみを見て「外部」にある電荷を見ないのは，古典電磁気学のガウスの法則からの類推で理解できるであろう．標的の中心部分にある電荷のみが散乱にかかわるようになるため，散乱の強さ（断面積）が減ってくるわけである．

5.3　深非弾性散乱

加速器の技術が進み，より高いエネルギーの電子ビームを用いて核子散乱および原子核散乱の実験が行われるようになった．このような高エネルギーの電子が当たると，陽子は散乱後に陽子のままでいる確率は少なくなり，重い共鳴状態やばらばらのハドロンの集合になる現象が見えてくる（非弾性散乱）．

3　電荷のない中性子の場合，G_M^n は正の値をとり双極子型となったが，G_E^n はほぼ 0 に等しい結果となった．

5.3 深非弾性散乱

図 5.4(a) のように陽子がハドロン系の終状態 X になったとき，その不変質量 W は以下のように書ける．

$$W^2 \equiv M_X^2 = (p+q)^2 = M^2 + 2p \cdot q - Q^2 = M^2 + 2M(E - E') - Q^2$$
$$\equiv M^2 + 2M\nu - Q^2 \tag{5.12}$$

ここで，$p = (M, 0, 0, 0)$（M は陽子質量）であることに注意しよう．$\nu \equiv E - E'$ は標的の静止系でのビームから標的へのエネルギー移行である．弾性散乱の場合は，式 (5.3) より散乱角と散乱後のエネルギーは独立ではない．したがって，Q^2（式 (5.6)）と ν の間にも $Q^2 = 2M\nu$ の関係が成り立ち（演習問題 5.2），終状態の質量 W は当然陽子質量 M になる．しかし，終状態の不変質量が自由になれば，θ と E' は断面積を指定する独立な 2 変数となる．一般に，$W > M$ なので $2M\nu > Q^2$ が成り立つ．終状態が特定の共鳴状態，たとえば Δ バリオンになった場合は準弾性散乱とよばれ，W の分布にピークが現れ（$W = M_\Delta$, $Q^2 = 2M\nu + M^2 - M_\Delta^2$），$\pi N$（$N$ は核子）などに崩壊する．

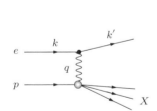
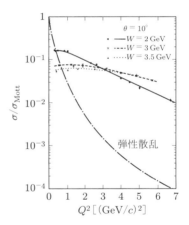

（a）深非弾性散乱のファインマン図　　（b）MIT-SLAC 実験によるパートンの発見

図 5.4　深非弾性散乱実験　((b): [p8] より転載．ⒸThe Nobel Foundation)

もっと W が大きくなると，終状態はいくつかのハドロンの集まりとなり，W は連続的に分布する．1969 年の MIT–SLAC 実験で，フリードマン (Friedman)，ケンドール (Kendall)，テイラー (Taylor) らは，W が核子の共鳴状態より十分大きいとき（$W > 3\,\text{GeV}$），Q^2 が大きい部分で弾性散乱のように断面積が落ちず，形状因子が一定の値になっていくことを発見した（図 5.4(b)）．前節で述べたように，これは標的が点状の構成物と散乱していることを意味している．エネルギーを上げて空間分解能

が上がっていくにつれ，0.8 fm の大きさをもった陽子の内部に点状の粒子が見えはじめたことに相当する．いってみれば，原子の内部に原子核を発見したラザフォードの実験が核子の内部で再現されたわけである．このような現象が見られる大きな W，高い Q^2（$Q^2 >$ 数 GeV^2）の散乱を**深非弾性散乱**（Deep Inelastic Scattering; DIS）という．次節では，DIS の断面積の表式から，それが表す物理的描像を考えよう．

5.4 クォーク・パートン模型

非弾性散乱の場合，終状態を指定する力学的変数は 2 つになることは前節で述べた．(E', θ) の代わりにそれらの関数である (Q^2, ν) を用いて書くと，断面積は次のようになる．

$$\frac{d^2\sigma}{dQ^2 d\nu} = \frac{4\pi\alpha^2}{Q^4} \frac{E'}{E} \cos^2 \frac{\theta}{2} \left(W_2(Q^2, \nu) + 2W_1(Q^2, \nu) \tan^2 \frac{\theta}{2} \right) \quad (5.13)$$

W_1, W_2 が核子（ハドロン）の内部構造の情報を担っている．ファインマン (Feynman) は図 5.5 のように，核子内の点状の構成要素（パートン）が電子と弾性散乱をしている模型を提唱した（パートン模型）．このパートンが担っていた 4 元運動量の，陽子の 4 元運動量に対する割合を x とすると $(0 < x < 1)$，終状態のパートンの 4 元運動量は $(xp + q)$ となる．ここで，パートンが質量をもたない存在（あるいは質量を無視できるほど高エネルギーで散乱している近似といってもよい）とすると，

$$(xp + q)^2 = x^2 M^2 + 2xp \cdot q - Q^2 \sim 2xp \cdot q - Q^2 \sim 0 \quad (5.14)$$

より $x = Q^2/2p \cdot q = Q^2/2M\nu$ となる．この変数をビヨルケンの x とよぶ．もう一つ，次式で表される無次元変数 y を導入しておく．k は入射電子の 4 元運動量 $(E, 0, 0, E)$ である（ビーム方向を z 軸にとり，電子の質量は無視する）．

$$y = \frac{p \cdot q}{p \cdot k} = \frac{M\nu}{ME} = 1 - \frac{E'}{E} \quad (5.15)$$

すなわち，y は標的の静止系でのエネルギー移行の割合を表す $(0 < y < 1)$．ep 系の

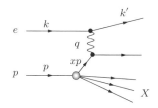

図 5.5　クォーク・パートン模型

重心系での全エネルギーを s と書くと,

$$s = (k+p)^2 = (E+M)^2 - E^2 = 2ME + M^2 \tag{5.16}$$

より, Q^2, x, y の間には $Q^2 = 2MExy = (s-M^2)xy$ (ビームエネルギーが陽子質量を無視できるほど大きい場合は, さらに単純に $Q^2 = sxy$) の関係があり, 独立な変数は 2 つだけであることに注意する.

さらに, $F_2 = \nu W_2, F_1 = MW_1$ の 2 つの構造関数を導入すると, ビームエネルギーが陽子質量より十分大きい場合, 断面積は Q^2, x, y を用いて以下のように書ける.

$$\frac{d^2\sigma}{dxdQ^2} = \frac{4\pi\alpha^2}{Q^4}\left[(1-y)\frac{F_2(x,Q^2)}{x} + y^2 F_1(x,Q^2)\right] \tag{5.17}$$

F_2, F_1 が陽子の内部構造を反映する. パートン模型によれば, 深非弾性散乱は電子と個々のパートンとの弾性散乱の重ね合わせであり, パートンとクォークを同じものとみなすと, 構造関数はクォークの種類 (フレーバー) ごとの存在密度関数 (Parton Distribution Function; PDF) を用いて以下のように書ける [b15]4.

$$\begin{aligned}F_2(x,Q^2) &= \sum_q xe_q^2 q(x,Q^2) \\ &= x\left[\frac{4}{9}u(x,Q^2) + \frac{1}{9}d(x,Q^2) + \frac{4}{9}\bar{u}(x,Q^2) + \frac{1}{9}\bar{d}(x,Q^2) + \cdots\right]\end{aligned} \tag{5.18}$$

クォークが静的な存在であれば, 構造関数は観測しているスケール Q^2 によらず一定のクォーク分布関数 $q(x)$ の重ね合わせで表され, x のみの関数 $F_2(x,Q^2) = F_2(x)$ となる (ビヨルケンスケーリング). 実際に, 初期の x が比較的大きい領域のデータ ($x \gtrsim 0.1$) では, それが確認された. 最も単純には, 陽子を構成する (uud) クォークが等しく運動量を分けていて, PDF は 1/3 にピークする描像が想像できる (図 5.6(a)). さらに, クォークどうしがグルーオンの交換で力を及ぼし合っていて運動量が変化している場合, 1/3 の周りに広がりをもって分布する様子が観測されるはずである (図 5.6(b)). また, パートンにはクォークだけでなくグルーオンも存在し, グルーオンがさらにクォーク–反クォーク対に変化するようなダイナミックな陽子構造である場合では (図 5.6(c)), 単純に陽子を構成する (uud) 価クォーク (valence quark) だけでなく, $q\bar{q}$ の海 (sea) クォークが小さい x の部分にたくさん見えてくる. このパートンの相互作用は次章で説明する QCD の帰結であり, 見ているスケール Q^2 によって構造関数・PDF が変化することを意味している (スケーリングの破れ, scaling violation).

次節では, さまざまな方法の実験によって PDF がどのように測定されてきたかを

---

4 クォークがスピン 1/2 をもつ場合, $F_2 = 2xF_1$ の関係が成り立つ (Callan–Gross の関係式).

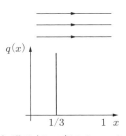 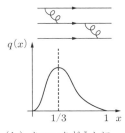 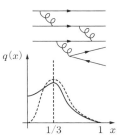

（a）陽子中に 3 個のクォークが静的に存在する場合　（b）クォークどうしに相互作用がある場合　（c）グルーオンも存在しクォークの海が生まれる場合

図 5.6　パートンの分布関数 (PDF)

見てみよう．

5.5　さまざまなレプトン－核子散乱実験から得られたパートン分布関数

前節で見たように，電子－陽子散乱実験から得られる構造関数 F_2^{ep} は，以下のクォーク分布関数から成り立つ（重いクォークであるチャーム，ボトム，トップの寄与は無視するものとする）．

$$F_2^{ep}(x) = x\left\{\frac{4}{9}[u(x) + \bar{u}(x)] + \frac{1}{9}[d(x) + \bar{d}(x) + s(x) + \bar{s}(x)]\right\} \quad (5.19)$$

標的を中性子にした場合はどうなるだろうか（実験的には自由な中性子標的は用意できないので，核子間束縛が比較的小さい重陽子を用いて測定し，陽子の分を差し引く）．陽子と中性子のクォーク構成は u と d を交換したものになっているので，中性子の中の u クォーク分布 $u^n(x)$ は陽子の中の d クォーク分布 $d^p(x)$ に等しく，逆も同様に

$$u^n(x) = d^p(x) \equiv d(x), \quad d^n(x) = u^p(x) \equiv u(x) \quad (5.20)$$

を仮定する（荷電対称性）．添字を付けないものは陽子の中の分布関数という約束にする．s クォークの分布は陽子と中性子で同じことも仮定している．そうすると，電子－中性子散乱の断面積は次のように書ける．

$$F_2^{en}(x) = x\left\{\frac{4}{9}[d(x) + \bar{d}(x)] + \frac{1}{9}[u(x) + \bar{u}(x) + s(x) + \bar{s}(x)]\right\} \quad (5.21)$$

さらに，この両者を平均したものを「核子の構造関数」F_2^{eN} と書く．

$$F_2^{eN}(x) = \frac{F_2^{ep} + F_2^{en}}{2} = x\left\{\frac{5}{18}[u(x) + \bar{u}(x) + d(x) + \bar{d}(x)] + \frac{1}{9}[s(x) + \bar{s}(x)]\right\} \quad (5.22)$$

5.5 さまざまなレプトン–核子散乱実験から得られたパートン分布関数

加速器技術の発展により，高エネルギーの陽子加速器（CERN やフェルミ研究所など）がつくられ，2次ビームとして得られる μ 粒子やニュートリノのビームと核子（や原子核）の散乱実験が精力的に行われた．μ 粒子の場合は，質量以外は電子と同じ荷電レプトンであるので，測定される構造関数は上記の電子散乱で得られるものと基本的に同じ（電磁プローブ＝仮想光子で探る核子構造）であるが，ニュートリノ散乱の場合は，弱い相互作用しかしないので本質的に異なる．この場合，プローブは仮想 W ボソンであり，入射するニュートリノの種類によって反応するクォークが選択的に寄与することになる（図5.7に一例を示す）．

$$\begin{aligned}\nu_\mu + d \to \mu^- + u, \quad \nu_\mu + \bar{u} \to \mu^- + \bar{d} \\ \bar{\nu}_\mu + u \to \mu^+ + d, \quad \bar{\nu}_\mu + \bar{d} \to \mu^+ + \bar{u}\end{aligned} \quad (5.23)$$

すなわち，ν ビームの場合は電荷が負のクォークと反応し μ^- を生じるが，$\bar{\nu}$ ビームの場合は電荷が正のクォークと反応し μ^+ を生じる．このとき，F_2 には電荷 e_q でなく弱い相互作用の結合定数が現れることに注意しよう（W との結合の場合，$u, \bar{u}, d, \bar{d}$ でどれも同じ）．これも双方のビームで測定した平均をとり，さらに陽子と中性子の平均（ニュートリノ実験は通常鉄などの重い標的を使うため，測定した断面積は近似的に陽子と中性子の和になっている）をとると，

$$F_2^{\nu N}(x) = x\left[u(x) + \bar{u}(x) + d(x) + \bar{d}(x) + s(x) + \bar{s}(x)\right] \quad (5.24)$$

が得られる [5]．このことから，ニュートリノ散乱と電子（μ 粒子）散乱で求めた F_2 の比は，$s(\bar{s})$ クォークの影響を無視できる領域で

$$\frac{F_2^{\nu N}}{F_2^{eN}} \sim \frac{18}{5} \quad (5.25)$$

となることが予想される．実際に，これは実験データで確認された．これらのことから，分数電荷をもつクォークが実際にパートンとして核子の中に存在することが，事実として受け入れられるようになった．

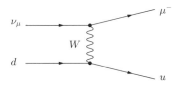

図5.7 ニュートリノによる荷電流反応

---

[5] ν ビームと $\bar{\nu}$ の差をとることで valence クォークの分布 $xF_3^{\nu N} = x\left[u(x) - \bar{u}(x) + d(x) - \bar{d}(x)\right]$ が得られる．

実際には前節の最後で述べたように，核子内にはグルーオンも存在し，クォークと反クォークが担う陽子の運動量の割合は約半分である．また，構造関数も Q^2 の関数として緩やかに変化する（$F_2(x) \to F_2(x,Q^2)$；スケーリングの破れ）．これらのことは次章の QCD の解説で再び触れる．

1990 年代になって，電子–陽子衝突型加速器 HERA がドイツの DESY に建設され，広い範囲の Q^2, x にわたって構造関数が測定された．最新のパートン分布関数の一例を図 5.8 に示す．LHC のような，最高エネルギーの陽子衝突加速器で新粒子の生成断面積を予言する場合，標準模型の定数に加えてこのようなパートン分布関数の情報が必須になってくる．

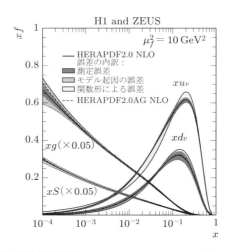

図 5.8 最新の PDF 測定結果 u_v, d_v は u, d クォークのうち valence クォークを構成する部分 ($u_v = u - \bar{u}, d_v = d - \bar{d}$)．$S$ は海クォークの総和，g はグルーオン．S, g は x が小さい領域では値がとても大きくなるので，0.05 倍にスケールして示している．
（[p9] より転載）

5.6 量子色力学 (QCD)

前節までの議論で，核子はクォークからできていることが明らかになった．標準理論では，クォークはグルーオンが結びつけていると考え，その力学は，量子色力学 (Quantum Chromo–Dynamics(QCD)) により説明される．本節では，標準模型の一翼を担うこの QCD について述べる．QCD はクォーク間にはたらく強い相互作用を記述する力学であり，強い相互作用は電磁相互作用や弱い相互作用とは異なる特徴をもっている．

5.6.1 カラーの力学

2つのクォーク間にはたらく電磁気力を考えてみよう（図5.9(a)）. 仮想光子の交換によって相互作用が媒介され, クォークと光子の結合定数は電荷 e_q ($+(2/3)e$ または $-(1/3)e$) であり, それがはたらく力の強さを決める. すなわち, 微細構造定数 $\alpha (= e^2/4\pi\varepsilon_0\hbar c)$ が電磁相互作用の強さを特徴づける量となる. 強い相互作用も同様に, クォークがもつ「カラー（色電荷）」という量子数の間にはたらき, ゲージボソンであるグルーオンによって媒介されると考える. カラーには3種類があり, 色の3原色になぞらえて R, G, B と名づける（このことで色力学とよばれるが, 可視光の物理とはまったく無関係である）. 反クォークは $\overline{R}, \overline{G}, \overline{B}$ の反カラーをもっている. 非常に特異な性質は, グルーオンもカラーをもっており, 反応の前後でクォークがカラーを変えることがあるということである. たとえば, 図(b)のように R のカラーをもつクォークと B のカラーをもつクォークの間で $R\overline{B}$ (または $\overline{R}B$) のグルーオンを交換し, それぞれのカラーが交換されると考える. 標準理論では, グルーオン (g) は次のような8種類が存在すると考えられる[6]（詳細は C.9 節参照）.

$$g_{R\overline{B}}, \quad g_{R\overline{G}}, \quad g_{B\overline{R}}, \quad g_{B\overline{G}}, \quad g_{G\overline{R}}, \quad g_{G\overline{B}}$$
$$g_- = \frac{g_{R\overline{R}} - g_{G\overline{G}}}{\sqrt{2}}, \quad g_+ = \frac{g_{R\overline{R}} + g_{G\overline{G}} - 2g_{B\overline{B}}}{\sqrt{6}} \quad (5.26)$$

この, 力を媒介するゲージボソンも相互作用の「電荷」をもっているという性質は電磁相互作用にはないものであり（光子は電荷をもたない）,「非アーベリアン（非可換群）」とよばれる群のもつ対称性で記述される理論に特徴的な性質である. この性質のため, 図 5.9(c) のようなグルーオンの3点結合が可能になる（電磁相互作用のみではこういうことは起こらないが, 電弱相互作用は非アーベル群で記述されるので, $WW\gamma$, WWZ 結合が存在する）.

さらに QCD では, 観測可能な状態として存在できるのはカラーが中性（白色）に

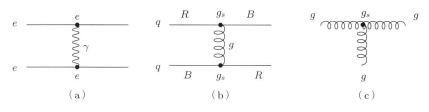

図 5.9 グルーオンの結合

---

[6] 最後の2つの状態が, カラーの対称性を破っているように見えるがそうではない. これは, 便宜上この表現を選んでいるだけで, たとえば, g_+ 中の B と G を入れ替えた状態がグルーオンの状態であると考えても物理効果はまったく同じである.

なったハドロンのみであるとする．反対のカラーを打ち消し合ったクォーク–反クォーク対であるメソン，または RGB 3色のクォークが重ね合わさって白色となったバリオンのみとなる[7]．クォーク単体，グルーオン単体を直接観測できないのはこのように説明される．クォークに3種類のカラー量子数（自由度）が備わっていることは次のような実験事実からも類推される．たとえば，Δ^{++} というハドロン（共鳴状態）が存在し，u クォーク3つでできていると考えられている．この状態はスピン 3/2 なので，3つのクォークのスピンは同じ向きをもっていると考えられる．もしクォークにほかの量子数が備わっていないなら，これはパウリの排他原理に反することになる．3つのクォークがそれぞれ R, G, B という異なる量子数をもっていることで，このような状態の存在が可能になるわけである（6.5.1項参照）．また，e^+e^- コライダーで $e^+e^- \to \gamma^* \to q\bar{q} \to$ ハドロンの断面積を測定し，$e^+e^- \to \gamma^* \to \mu^+\mu^-$ の断面積と比べてみる．この両者の比（R とよぶ）は生成可能なクォークの電荷を用いて，u, d, s, c, b が生成可能なエネルギー領域 ($2E_b > 10\,\text{GeV}$) では $R = 3 \times (-1/3)^2 + 2 \times (2/3)^2 = 11/9$ になると予想される．しかし，図 5.10 に示されるように，実験結果はその3倍の $R = 11/3$ に近い値が得られた．これも，クォークには3色が存在し，生成し得るクォークの種類が3倍になったと考えることでうまく説明できる．

核内での強い相互作用も，根源的にはグルーオンによってクォーク間にはたらく QCD に由来すると考えられる．しかし，低エネルギーでの核子どうしの反応や原子核の構造を議論するときは，核子が独立した系として（素粒子のように）存在し，その間の力が π メソンによって運ばれるという湯川の考え方を，いまでも有効理論として使うことができる．

5.6.2 QCD と核子構造

前節で議論した核子内のクォーク・パートン構造は，QCD によってどう理解されるであろうか．核子内でクォークは常にグルーオンの放出，吸収を行っており，グルーオンも核子の運動量の担い手となる．実際，グルーオンの担う運動量の割合は全体の半分程度であると測定されている．放出されたグルーオンはほかのクォークに吸収される前に $q\bar{q}$ 対に変化することもある（図 5.11）．このようにして，より小さな運動量を担う（low-x の）パートンの割合が増えてくる．このようなダイナミックな様子は，核子内部のより小さな領域を観測することで初めて見えてくるものであり，空間分解

---

[7] カラーの中性状態（中性カラー状態）については 6.6 節で解説する．$qq\bar{q}\bar{q}$ であるテトラクォーク，$qqqq\bar{q}$ であるペンタクォークも中性となり得るが，確実な実験的証拠は得られていない．また，グルーオンのみから構成されるグルーボールとよばれるハドロンの可能性も指摘されているが，実験的には確認されていない．

5.6 量子色力学 (QCD)

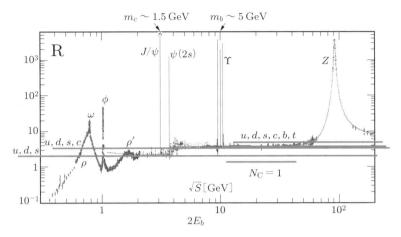

図 5.10 $R = \sigma(e^+e^- \to q\bar{q} \to \text{hadrons})/\sigma(e^+e^- \to \mu^+\mu^-)$ のビームエネルギー依存性
$N_c = 1$ の線はカラーが 1 種類のみの場合の予測値．R の測定値は，カラー自由度が存在することを示している．（[p1] より転載）

（a）クォークからのグルーオン放出　　（b）グルーオンが新たなクォーク対を生成

図 5.11 QCD による核子構造の描像

能の逆数 Q^2 が大きくなるにつれて核子の構造が変化して見えることを示している．すなわち，構造関数 $F_2(x, Q^2)$ は Q^2 の関数でもあり，x のみの関数で近似できるとしたビヨルケンスケーリングは成り立たなくなる（スケーリングの破れ）．

図 5.12 に，HERA で測定された構造関数を Q^2 の関数として示す．x が大きい領域 $(x \sim 0.1)$ ではスケーリングがほぼ成り立っているが，x が小さくなるにつれて，強いスケーリングの破れが観測されているのがわかる．これが上で議論した，分解能を上げて小さい領域を見ると（核子を拡大して見ると）低い運動量を担うクォークやグルーオンがどんどん増えていくように見えるという描像である．これは数学的に厳密に QCD の発展方程式[8] として記述されており，ある Q^2 の値で定義された構造関数が，クォークからのグルーオン放出，グルーオンのクォーク対への分岐の確率を用いて高い Q^2 でどう発展していくかを予言できる．

このように，x が低くなればなるほど，パートンの数は増えていくことになるが，これ

8　DGLAP(Dokshitzer – Gribov – Lipatov – Altarelli – Parisi) 方程式 [b15]．

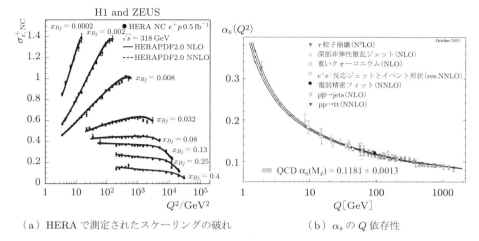

(a) HERA で測定されたスケーリングの破れ　　(b) α_s の Q 依存性

図 5.12　QCD 効果の実験的測定 (a) 縦軸は reduced cross section とよばれる量だが，ほぼ F_2 を表していると思ってよい．x が大きな領域では F_2 は Q^2 によらずほぼフラットだが，小さな x では F_2 は急激に増加する Q^2 の関数となる．
((a): [p9] より転載) ((b): [p1] より転載)

が無限に続くことはないと考えられている．あるところでパートンの飽和 (saturation) が起こり，新しい QCD のダイナミクスによって記述されると考えられているが，現在測定されている x の範囲 ($x \sim 10^{-4}$ くらいまで) では，まだ飽和の兆候 (パートン分布関数がある x 以下で頭打ちになる現象) は見えていない．

5.6.3　漸近的自由性と閉じ込め

電磁相互作用の微細構造定数 α に対応するものを強い結合定数 α_S とよぶ．「強い」相互作用なので，α_S の値は $\alpha \sim 1/137$ に比べて大きい．1973 年に，グロス (Gross)，ポリツァー (Politzer)，ウィルチェック (Wilczek)[9] は，この結合定数が高エネルギー極限で小さくなり，クォークが自由に振る舞うようになることを提唱した．これを漸近的自由性 (asymptotic freedom) とよぶ．逆に，高エネルギー領域では小さな値 (たとえば，$\alpha_S(m_Z) \sim 0.1$) である結合定数は，低エネルギー領域 (ハドロンの質量である 1 GeV 程度) では，0.3 くらいにまで大きくなる (図 5.12(b))．結合定数がエネルギー領域 (すなわち，力の伝わる距離) によって変化することを，結合定数が「走る」(running coupling constant) と表現する．電磁相互作用でもそれは起こっているが，高エネルギーで結合が若干強くなる方向である (m_Z の領域で $\alpha \sim 1/128$ になる)．QCD の場合は逆に高エネルギー，つまり距離が短くなるほど相互作用が弱くな

9　2004 年ノーベル物理学賞を共同受賞．

5.6 量子色力学 (QCD)

るという特異な性質を示す．低エネルギーで結合定数が大きくなることが，クォークのハドロン内での閉じ込め (confinement) という QCD に特有な現象を生み出している．この奇妙な性質は，図 5.9(c) のグルーオンの自己結合により，図 5.13 のように，グルーオンの横方向の分布が制限され，1 次元の紐状になり，クォークと反クォークがこの紐に結ばれているという描像を考えると感覚的にわかりやすい．

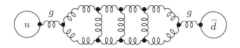

図 5.13 クォークと反クォーク間のグルーオンによる 1 次元の「紐」

図 5.14 のように，クォークを取り出そうとクォーク間の距離を離していくにつれて，この紐に蓄えられるエネルギーが大きくなる．ついにはそのエネルギーは新たなクォーク−反クォーク対をつくるのに十分なほど大きくなり，紐が切れて 2 つのメソンに分離してしまい，自由なクォークは決して現れない．このようにして，カラーの力によってクォークやグルーオンがハドロン内に閉じ込められる．

図 5.14 クォークの閉じ込め

このようなハドロンのエネルギー領域では，α_S が 1 に対して無視できないほど大きいので，摂動計算が使えなくなる非摂動論的 QCD (non-perturbative QCD) の領域とよばれる．個々のハドロンの質量，ハドロン内でのパートン分布関数などは，電弱相互作用と違って摂動計算で精密に予言することができず，実験結果を再現するようなさまざまな有効理論を構築する努力が行われている．大規模な計算機を用いた格子 QCD 計算も行われているが，すべての実験事実を正確に再現するには至っていない．

これに対して，LHC などのコライダーで起こる高エネルギーでの QCD 反応では，α_S が 1 より十分小さいので摂動論的 QCD (perturbative QCD) を適用できる．たとえば，図 5.15(a) のように LHC での pp 衝突でグルーオンの中間状態を経て 3 つのパートンが終状態に現れる過程を考える．最初に，陽子の中からある運動量をもったクォーク−反クォークを取り出す確率は，パートン分布関数が必要で，ここは非摂動論的なので実験から求める必要がある．次の $q\bar{q} \to g \to q\bar{q}g$ の過程は摂動計算が可能で，かなりよい精度で反応の行列要素 (matrix element) を求めることができ，終状態のパートンの角分布やエネルギー分布を予言することができる．実験的には，これらの終状態のクォークやグルーオンはそのまま測定器に届くことはなく，いくつかのハ

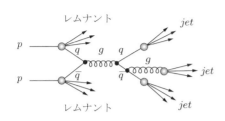
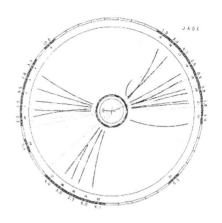

（a）LHC での陽子－陽子衝突におけるジェット生成過程　　（b）3 ジェットイベント

図 5.15　高エネルギーコライダー（衝突型加速器）における QCD 過程
（a）レムナントとは，陽子のうち衝突したパートン以外の残りの部分をいう．
（b）DESY の e^+e^- コライダー PETRA での JADE 実験で観測された．
((b): [p10] より転載．ⓒ(1982) by APS)

ドロンに変化 (hadronize) した結果，近接したハドロンの束として飛跡検出器やカロリメータで測定され，「ジェット」とよばれる集合体として観測される（図 5.15(b) 参照）．このジェットは，おおもとのパートンのエネルギーや角度情報をかなりよい精度で保存しているため，ジェットの測定量を理論と比べることで QCD の検証が可能になる．実際，グルーオンの存在やそのスピンは，このような 3 ジェット事象を研究することにより明らかになった．パートンがジェットになるときにいくつの（どの種類の）ハドロンがいくつ発生してどのようにエネルギーが分配されるかは，ジェット軸に垂直な方向への低エネルギーな過程，すなわち非摂動論的な部分であり，破砕関数 (fragmentation function) として実験的に求められている．

演習問題

5.1 厚さ 1 μm の金の薄膜に 5 MeV のエネルギーの α 粒子を入射した．ラザフォード散乱により，$\theta > 90°$ に散乱される確率を求めよ．

5.2 式 (5.3) の関係を求めよ．また，これにより弾性散乱において $Q^2 = 2M\nu$ が成り立つことを示せ．

5.3 距離 r 離れた 2 つの電荷 Q の間にはたらく力は，電場の広がりが紐状（1 次元）の場合，距離によらないことを，ガウスの法則を用いて説明せよ．

6 ハドロンのクォーク模型

　これまで，ハドロンのさまざまな特性を学び，ハドロンはクォークとグルーオンの複合状態であることが示された．本章では，ハドロンの特性がクォーク模型によってどのように理解できるかを考えていくことにする．クォーク模型は，QCDの定性的な性質をうまく取り入れて，ハドロンのさまざまな特性を説明することに成功している．しかし，QCDから直接これらの性質を導くことはできておらず，今後の課題となっている．ハドロンがもつ特性には，さまざまな量子力学的効果が関連しているため，その理解は量子力学を実感するための格好の題材でもある．

6.1　ハドロンのクォーク構造

　第1章で紹介したように，メソンとバリオンは，図6.1のように，クォークがグルーオンによって結合している状態であると考えられる．あるいは，メソンやバリオンの内部では，グルーオンが強い相互作用によるポテンシャル（QCDポテンシャル）をつくり，クォークがそのポテンシャル内に閉じ込められていると考えることもできる．普通，我々は素粒子を質量により分類しているため，このクォークシステムの質量固有状態を求めることが，ハドロン構造の理解のためには重要である．

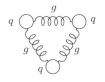

（a）メソンのクォーク構造　　（b）バリオンのクォーク構造

図6.1　ハドロンのクォーク構造

6.2 クォークの質量

クォークや反クォークは，グルーオンを媒介して結合し，ハドロン内に留まり，単独では観測されない．ハドロンの質量は，構成するクォークの裸の質量の総和にこの結合エネルギーを加えた値になり，その大きさは同じクォーク構成でもハドロンのスピンやアイソスピンにより異なる．これからその原因を具体的に探っていく．素粒子物理では，クォークの質量として，**カレント質量**とよばれる QCD のパラメータとして定義される質量と，**構成質量**とよばれるポテンシャルエネルギーをまとった質量の2種類を取り扱う．

6.2.1 構成質量

クォークは単独で取り出せないので，その質量を直接測定することはできないが，単純に考えると，たとえば，陽子，中性子は (uud), (udd) のクォーク構成なので，$m_d - m_u \simeq m_n - m_p = 1.3\,\mathrm{MeV}/c^2 \ll m_p$ であり，陽子質量を $m_p = 0.94\,\mathrm{GeV}/c^2$ として $m_u \sim m_d \sim m_p/3 = 0.3\,\mathrm{GeV}/c^2$ と推測できる．また，$\Lambda(uds)$ のクォーク構成より，s クォークの質量は $m_s = m_\Lambda - m_u - m_d \sim 0.5\,\mathrm{GeV}/c^2$ が得られる．このように，バリオン質量がクォーク質量の和になっていると仮定して得られるクォーク質量を**構成質量** (constituent mass) という．この質量を用いて Ξ^0 の質量を予想すると，$m_{\Xi^0} = 2m_s + m_u \sim 1.3\,\mathrm{GeV}/c^2$ となり，測定値 $(1.32\,\mathrm{GeV}/c^2)$ をよく再現する．この質量の推測値の精度のよさが，Ω^- バリオン発見の重要な鍵となった．6.5.5 項で示すように，バリオンの磁気双極子モーメントも構成質量を用いるとよく再現できる．

一方，クォーク構成質量を用いて $(u\bar{d})$ クォーク構成の π^+ の質量を求めると，$\sim 0.6\,\mathrm{GeV}/c^2$ となり測定値を再現できないため，軽いメソンでは，構成質量の描像はうまく成り立っていないように見える．また，ρ^+, π^+ の質量の大きな違いは，$(u\bar{d})$ の合成スピンが $J = 1$ か 0 の違いだけなので，同じクォーク構成でも結合エネルギーは大きくスピンに依存することを示唆している．

6.2.2 カレント質量

QCD では，クォーク質量はグルーオンとの相互作用の理論に含まれる質量パラメータとして入っている．クォークは単独で取り出せないため，その質量を直接測定することはできない．また，測定可能な物理データから質量を計算する場合も使用する計算方法によって異なった値になる．表 1.1 には，$\overline{\mathrm{MS}}$ 質量とよばれている値を示し

た[1]．これに対応する質量は「カレント質量」とよばれている．u, d クォークのカレント質量は，構成質量と比較してかなり小さい．

6.3 メソンの構造

6.3.1 クォーク構成

メソンは，クォークと反クォークが強い相互作用により結びついたものである．u, d, s クォークおよびその反クォークからなる組み合わせとそれに対応する代表的なメソンを表 1.4 に示した．この表のメソン中のクォーク間の軌道角運動量は $\ell = 0$ であるが，軌道角運動量が 0 より大きいメソンも存在する．

6.3.2 QCD ポテンシャル

5.6 節で説明したように，クォークはカラーをもち，グルーオンは $g_{R\bar{B}}$ のように，カラーと反カラーをもつ．このカラー荷により，クォークとグルーオンは結合する．図 6.2 にグルーオン交換によるクォークのカラーの変化の例を示す．クォークと反クォークのカラー荷の符号は相対的に逆なので，この振幅は負になり，相互作用による力は引力になる．ほかにもダイアグラムが存在し，ポテンシャルが負の質量固有状態は，次のようになる．

$$|\psi(q\bar{q})\rangle = |q\bar{q}\rangle \frac{|R\bar{R}\rangle + |G\bar{G}\rangle + |B\bar{B}\rangle}{\sqrt{3}} \tag{6.1}$$

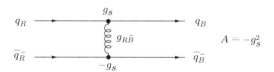

図 6.2 $q\bar{q}$ のグルーオン交換によるカラーの変化

重いクォークと反クォークメソンを結びつけている強い相互作用のポテンシャルは，実験的に

$$V_S(r) \sim -\frac{4}{3}\frac{\alpha_S}{r} + kr \tag{6.2}$$

の形であると測定されている．これを図示すると，図 6.3 のようになる．$\alpha_S \equiv g_S^2/4\pi$

---

[1] くりこみ方法の 1 つである Modified Minimal Subtraction ($\overline{\text{MS}}$) による．スケールパラメータ (μ) $\sim$ 2 GeV での計算結果．

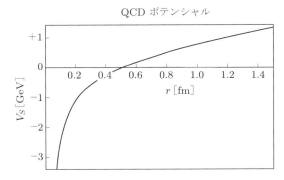

図 6.3 $\alpha_S = 0.2$, $k = 1\,\mathrm{GeV/fm}$ としたときの強い相互作用によるポテンシャル

は電磁相互作用の微細構造定数 α に対応する強い相互作用の結合定数を表し，その有効的な強さは，5.6.3 項で示したようにエネルギーに依存する．

式 (6.2) の kr の項は，長距離では 2 つのクォーク間にはたらく力がクォーク間の距離によらないことを示す．これは力線が 1 次元の場合，ガウスの法則から予想される性質である．k は，ばね定数のようなもので[2]，実験的に $k \sim 1\,\mathrm{GeV/fm}$ 程度であることが測定されている．これは，2 つのクォークを $1\,\mathrm{fm}$ 引き離すのに $1\,\mathrm{GeV}$ のエネルギーが必要であることを意味する．この項があるため，電磁相互作用の場合と異なり，クォークにいくらエネルギーを与えてもクォークが自由になることはないと理解されている．これを**クォークの閉じ込め**とよぶ．

6.3.3 メソンの波動関数

メソン中のクォークと反クォークの結びつきは，ポジトロニウムの中で電子と陽電子が電磁相互作用により結びついている状況と非常によく似ている．そのため，2.3 節で説明したポジトロニウムの構造の類推から，多くのことを理解することができる．

クォークの束縛状態の空間部分の波動関数 ψ_M は，式 (2.34) のようなシュレディンガー方程式を満足すると考えられる．

$$i\frac{d}{dt}\psi_M = \left[-\frac{1}{2\mu_q}\vec{\nabla}^2 + V_S(r)\right]\psi_M \tag{6.3}$$

ここで，μ_q は 2 つのクォークの換算質量，V_S は QCD のポテンシャルを表す．ポジトロニウムのシュレディンガー方程式 (2.34) との違いは，換算質量と，ポテンシャルの形だけである．式 (6.2) のように QCD ポテンシャルは等方的なので，シュレディンガー方程式は，ポジトロニウムの場合と同じように，r による部分と (θ,ϕ) による

---

2 正確にいうと，ばねの場合ポテンシャルエネルギーは $V \propto r^2$ なので異なる．

部分に分離できる．その結果，方向成分の波動関数はポジトロニウムのそれとまったく同じになるため，メソンの波動関数は次のように表される．

$$\psi_M(t,\vec{x}) = \mathcal{R}_{n\ell}(r) Y_\ell^m(\theta,\phi) e^{-iMt} |q\bar{q}'\rangle \tag{6.4}$$

ここで，Y_ℓ^m は球面調和関数で，ℓ は軌道角運動量の大きさを，m は軌道角運動量の z 成分を表す．$\mathcal{R}_{n\ell}(r)$ は動径方向の分布で，ポテンシャル $V_S(r)$ の形に依存する．QCD の場合，一般に解析的に $\mathcal{R}_{n\ell}(r)$ を求めることはできないが，$\mathcal{R}_{n\ell}(r)$ の詳細を知らなくても，メソンの性質のかなりの部分を理解することができる．波動関数が式 (6.4) のように表されるということは，この状態が決まった角運動量をもつことを意味する．また，ポテンシャル (6.2) は r の小さいところで $1/r$ に比例するため，ポジトロニウムと似たエネルギーレベルのパターンをもつと予想される．図 6.4 に，$c\bar{c}$ メソンの質量と角運動量の関係を示す．ポジトロニウムのエネルギーレベル図 2.6 と比較すると，パターンがよく似ていることがわかる．$c\bar{c}$ メソンについては，7.2.2 項で詳しく説明する．

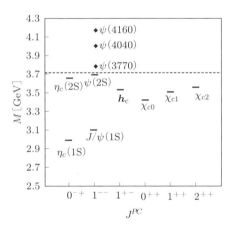

図 6.4 $|c\bar{c}\rangle$ 状態のエネルギーレベル　J はスピン，P はパリティ，C は荷電パリティ，縦軸は質量を表す．図 2.6 のポジトロニウムのレベル構造とよく似ている．点線は $D+\overline{D}$ への崩壊の閾値．これより重い場合，強い相互作用により $D\overline{D}$ に崩壊するため，質量幅が大きくなる．メソンの種類については 7.2 節で説明する．

6.4　軽いメソンのクォーク構造

本節では，u, d, s などの軽いクォークで構成されたメソンについて考える．u, d クォークの質量差は，強い相互作用の結合エネルギーと比較し小さいため，u, d クォークか

ら構成されたメソンの構造には，強い相互作用の影響が大きく反映される．一方，s クォークと u, d クォークの質量差は，強い相互作用ポテンシャルと同程度の大きさなので，s クォークを含んだメソンは，その質量差の影響と強い相互作用の影響が競合した効果を見ることができる．

6.4.1 $\pi^{\pm}, \rho^{\pm}$ メソン

$\pi^{\pm}$, $\rho^{\pm}$ などのメソンは，$|u\bar{d}\rangle$, $|d\bar{u}\rangle$ からなる．u, d クォークの質量はほぼ同じなので，$m_0 \sim 2m_d \sim 2m_u \sim m_u + m_d$ とする．$|u\bar{d}\rangle$, $|d\bar{u}\rangle$ は，図 6.5 のように，2つのクォークが，強い相互作用のポテンシャル V_S で結合している状態なので，波動関数を時間に依存しない基本状態と，時間依存する項に分け，

$$\psi^+(t) = C_{u\bar{d}}(t) |u\bar{d}\rangle, \quad \psi^-(t) = C_{d\bar{u}}(t) |d\bar{u}\rangle \tag{6.5}$$

と書くと，シュレディンガー方程式は，

$$i\dot{C}_{u\bar{d}}(t) = (m_0 + V_S)C_{u\bar{d}}(t), \quad i\dot{C}_{d\bar{u}}(t) = (m_0 + V_S)C_{d\bar{u}}(t) \tag{6.6}$$

になる．これらはただちに解けて，

$$C_{u\bar{d}}(t) = C_{u\bar{d}}(0)e^{-i(m_0+V_S)t}, \quad C_{d\bar{u}}(t) = C_{d\bar{u}}(0)e^{-i(m_0+V_S)t} \tag{6.7}$$

になる．したがって，$\pi^{\pm}$, $\rho^{\pm}$ のクォーク部分の波動関数は，次式となる．

$$\psi^+(t) = C_{u\bar{d}}(0) |u\bar{d}\rangle e^{-i(m_0+V_S)t}, \quad \psi^-(t) = C_{d\bar{u}}(0) |d\bar{u}\rangle e^{-i(m_0+V_S)t} \tag{6.8}$$

これらの質量は，元のクォークの質量と強い相互作用ポテンシャルの和，$m_0 + V_S$ になる．スピンが 0 と 1 の場合のポテンシャルエネルギーの差は，

$$\Delta V_S = V_S(S=1) - V_S(S=0) = m_{\rho^{\pm}} - m_{\pi^{\pm}} \sim 630\,\text{MeV} \tag{6.9}$$

程度になる．この違いは，2.3.2 項で説明した，ポジトロニウムの場合のスピンに付随する磁気双極子モーメントどうしの相互作用によるエネルギーレベルの差の類推から理解することができる．QCD によるグルーオンとクォークの結合 $-ig_S[\bar{\psi}\gamma_\mu\psi]G^\mu$ は，光子と電子の結合 $-ie[\bar{\psi}\gamma_\mu\psi]A^\mu$ と同じ形をしている．したがって，電磁相互

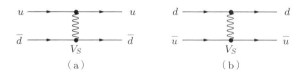

図 6.5 u, d クォーク間の遷移　波線は 1 本のグルーオンではなく，総合的な効果を表す．

用の項から生まれる電子の磁気双極子モーメント ($\mu_e = e/2m_e$) に対応するクォークの「強い双極子モーメント」($\mu_S = g_S/2m_q$) が存在すると考えられる。双極子モーメントは質量に逆比例し，2つの双極子モーメント間のポテンシャルエネルギーは，

$$V \propto \frac{\mu^2}{r^3} \propto \frac{g^2}{m^2 r^3} \quad (6.10)$$

と距離の3乗に逆比例するので，メソン中のクォーク間の距離を $r_m = 0.5\,\text{fm}$ と仮定し，クォーク質量として構成クォーク質量 ($m_q \sim 300\,\text{MeV}$) を使うと，クォーク間の強い双極子ポテンシャルは，式 (2.46) で示したポジトロニウムの磁気双極子モーメントによるエネルギー分離 ΔE_D を用いて，次のように推定することができる．

$$\begin{aligned}
\Delta V_S &= \Delta E_D \times \left(\frac{\alpha_s}{\alpha}\right)\left(\frac{m_e}{m_q}\right)^2 \left(\frac{a_\text{P}}{r_m}\right)^3 \\
&\sim 5 \times 10^{-4}\,\text{eV} \times \left(\frac{1}{0.01}\right)\left(\frac{0.5\,\text{MeV}}{300\,\text{MeV}}\right)^2 \left(\frac{10^{-10}\,\text{m}}{5 \times 10^{-16}\,\text{m}}\right)^3 \sim 1\,\text{GeV}
\end{aligned}$$
(6.11)

ただし，a_P は式 (2.37) で示したポジトロニウムの半径である．$Q^2 \sim m_\text{meson}^2 < 1\,\text{GeV}^2$ なので，図 5.12(b) から $\alpha_s \sim 1$ とした．このような非常に雑な仮定にもかかわらず，式 (6.9) の値とオーダーが合っている．ハドロン中のクォークの双極子モーメントを計算する場合，カレントクォーク質量でなく構成クォーク質量を使うほうが一般的によく合う．なぜ構成クォーク質量を使うとよく合うのか，理由はわかっていない．

6.4.2 $\pi^0, \rho^0, \omega, \eta$ メソン

$\pi^0, \rho^0, \omega, \eta$ などのメソンは同じ種類のクォークと反クォークが結合した状態である．これらのポテンシャルでは，図 6.6(a) のグルーオン交換のダイアグラムのほかに，図 (b) のような，対消滅のダイアグラムも存在する．一般に，この2種類のダイ

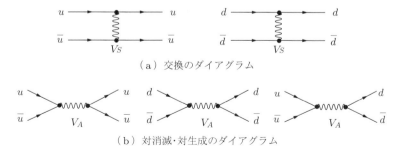

(a) 交換のダイアグラム

(b) 対消滅・対生成のダイアグラム

図 6.6　u-$\bar{u}$，d-$\bar{d}$ クォーク間の遷移　波線は1本のグルーオンではなく，総合的な効果を表す．

アグラムの振幅は異なるため，対消滅の振幅を V_A と書く．対消滅のダイアグラムでは，$|u\bar{u}\rangle \leftrightarrow |d\bar{d}\rangle$ のように，クォークの種類が変換するダイアグラムも存在する．そのため，波動関数は一般に，$|u\bar{u}\rangle$ と $|d\bar{d}\rangle$ の混合状態，

$$\psi^0(t) = C_{u\bar{u}}(t)|u\bar{u}\rangle + C_{d\bar{d}}(t)|d\bar{d}\rangle \tag{6.12}$$

になり，2 成分のシュレディンガー方程式は，これらのダイアグラムの振幅を全部加えて，

$$i\frac{d}{dt}\begin{pmatrix} C_{u\bar{u}} \\ C_{d\bar{d}} \end{pmatrix} = \begin{pmatrix} m_0 + V_S + V_A & V_A \\ V_A & m_0 + V_S + V_A \end{pmatrix} \begin{pmatrix} C_{u\bar{u}} \\ C_{d\bar{d}} \end{pmatrix} \tag{6.13}$$

になる[3]．これから，質量固有状態の波動関数は，

$$\begin{cases} \psi^0_+(t) = \dfrac{|u\bar{u}\rangle + |d\bar{d}\rangle}{\sqrt{2}} e^{-i(m_0 + V_S + 2V_A)t} \\ \psi^0_-(t) = \dfrac{|u\bar{u}\rangle - |d\bar{d}\rangle}{\sqrt{2}} e^{-i(m_0 + V_S)t} \end{cases} \tag{6.14}$$

になる（演習問題 6.1）．

ψ^0_- と式 (6.8) の $\psi^\pm$ は同じ質量 $m_0 + V_S$ をもつため，それぞれ π^0，$\pi^\pm$ あるいは ρ^0，$\rho^\pm$ と対応づけることができる．ψ^0_+ はこれとは質量が異なる η，あるいは ω 粒子に対応する[4]．これから，対消滅・対生成の遷移振幅の大きさは，

$$\begin{aligned} V_A(S=1) &= \frac{m_\omega - m_{\rho^0}}{2} \sim 4\,\mathrm{MeV}/c^2 \\ V_A(S=0) &= \frac{m_\eta - m_{\pi^0}}{2} \sim 200\,\mathrm{MeV}/c^2 \end{aligned} \tag{6.15}$$

と，スピンが 1 と 0 の場合で大きく異なる．これは次のように理解される．

$|u\bar{u}\rangle \leftrightarrow |d\bar{d}\rangle$ の転換は，図 6.7 に示すように，π^0 のようにスピン 0 のメソンの場合，最低 2 本のグルーオンが必要で，ρ^0 のようにスピン 1 のメソンの場合，最低 3 本のグ

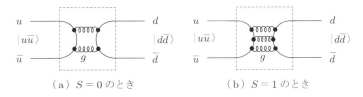

(a) $S=0$ のとき　　(b) $S=1$ のとき

図 6.7　スピン 0 のメソンと，スピン 1 のメソン中の $q\bar{q}$ の対消滅と対生成

---

[3] 簡単のために時間依存性だけを考える．
[4] 実際の η 粒子は，後述するようにさらに $|s\bar{s}\rangle$ との混合になっている．

ルーオンが必要である．したがって，$V_A(S=0) \propto \alpha_S^2$，$V_A(S=1) \propto \alpha_S^3$になる．さらに，グルーオン 1 本あたりの平均エネルギーは，π^0 の消滅の場合 70 MeV，ρ^0 の消滅の場合 250 MeV と大きいため，ρ^0 の場合の α_S は，π^0 の場合より小さい．以上で，$S=1$ の V_A は $S=0$ の V_A よりかなり小さいことが定性的に理解される．

6.4.3 ρ^0, ω, ϕ メソンのクォーク構造

ポテンシャルエネルギー (6.15) によると，$V_A(S=1)$ は，s クォークと u, d クォークの質量差 (~ 100 MeV) より十分小さいので，s クォークと u, d クォークシステムの混合は非常に小さい．この場合，$|s\bar{s}\rangle$ は単独で質量固有状態となる．$S=1$ のメソンのクォーク部の波動関数と質量をまとめると次のようになる．

$$m_\rho = m_0 + V_S; \quad |\rho^0\rangle = \frac{|u\bar{u}\rangle - |d\bar{d}\rangle}{\sqrt{2}}, \quad |\rho^+\rangle = |u\bar{d}\rangle, \quad |\rho^-\rangle = |d\bar{u}\rangle$$
$$m_\omega = m_0 + V_S + 2V_A; \quad |\omega\rangle = \frac{|u\bar{u}\rangle + |d\bar{d}\rangle}{\sqrt{2}} \tag{6.16}$$
$$m_\phi = M_s + V_S' + V_A'; \quad |\phi\rangle = |s\bar{s}\rangle$$

ここで，M_s は，強い相互作用がない場合の $|s\bar{s}\rangle$ の質量，V_S', V_A' は，図 6.8 のような $|s\bar{s}\rangle$ 間の遷移振幅である．$m_0, V_A' \ll V_S \sim V_S' \sim 800$ MeV，$M_s \sim 2m_s \sim 200$ MeV（表 E.3 参照），$V_A \sim 4$ MeV とすれば，これらのメソンの質量を再現できる．

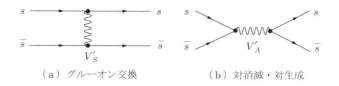

(a) グルーオン交換　　　(b) 対消滅・対生成

図 6.8 $|s\bar{s}\rangle$ の遷移　波線は 1 本のグルーオンではなく，総合的な効果を表す．

$V_A \sim 4$ MeV ということは，$|u\bar{u}\rangle \leftrightarrow |d\bar{d}\rangle$ の遷移が，10^{-22} s という非常に短い時間で生じていることを意味する．したがって，仮に $t=0$ で，$|u\bar{u}\rangle$ という状態をつくったとしても，10^{-22} s 後には $|d\bar{d}\rangle$ 成分が生じる．不確定性原理により，質量により ρ^0 粒子を同定できるほどエネルギー分解能がよいシステムでは，時間分解能は 10^{-22} s より悪いため，ρ^0 粒子中のクォークが $|u\bar{u}\rangle$ 状態なのか $|d\bar{d}\rangle$ 状態なのかを知ることは原理的にできない．つまり，純粋な $|u\bar{u}\rangle$ のエネルギー固有状態というのはあり得ないのである．式 (6.16) の

$$\frac{|u\bar{u}\rangle \pm |d\bar{d}\rangle}{\sqrt{2}} \tag{6.17}$$

という混合状態は，このような物理的状況を意味している．

以上で ρ^0, ω および ϕ のクォーク構造を理解することができたが，実験的にそれが正しいかどうかを確かめなければならない．ρ, ω, ϕ は，図 6.9 のようなダイアグラムで e^+e^- に崩壊する．ρ^0 と ω の中でのクォーク状態が $|u\bar{u}\rangle$ のとき崩壊したのか $|d\bar{d}\rangle$ のとき崩壊したのかは原理的に知ることができないため，その崩壊幅は，図 2.10 のように，重ね合わせの状態の和をとって 2 乗しなければならない．そのため，

$$\Gamma_\phi : \Gamma_\rho : \Gamma_\omega = \left|-\frac{e^2}{3}\right|^2 : \left|\frac{1}{\sqrt{2}}\left[\frac{2e^2}{3} - \left(-\frac{e^2}{3}\right)\right]\right|^2 : \left|\frac{1}{\sqrt{2}}\left[\frac{2e^2}{3} + \left(-\frac{e^2}{3}\right)\right]\right|^2$$
$$= 2 : 9 : 1 \tag{6.18}$$

が予想される（質量差は無視した）．一方，もし混合がなく，たとえば，$|\phi\rangle = |s\bar{s}\rangle$, $|\rho\rangle = |u\bar{u}\rangle$, $|\omega\rangle = |d\bar{d}\rangle$ の場合，

$$\Gamma_\phi : \Gamma_\rho : \Gamma_\omega = \left(-\frac{1}{3}\right)^2 : \left(\frac{2}{3}\right)^2 : \left(-\frac{1}{3}\right)^2 = 1 : 4 : 1 \tag{6.19}$$

が予想される．測定値は，$\Gamma_\phi : \Gamma_\rho : \Gamma_\omega = 2.3 : 11.3 : 1$ と混合がある場合を支持する．

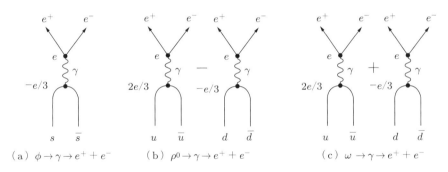

(a) $\phi \to \gamma \to e^+ + e^-$　　(b) $\rho^0 \to \gamma \to e^+ + e^-$　　(c) $\omega \to \gamma \to e^+ + e^-$

図 6.9 $V \to e^+e^-$ 崩壊のファインマン図　崩壊幅は (a) の場合 $e^2/9$ に比例し，(b) の場合 $e^2/2$ に比例し，(c) の場合 $e^2/18$ に比例する．

6.4.4　π^0, η, η' メソンのクォーク構造

式 (6.15) の $S = 0$ の状態の $V_A (\sim 200\,\text{MeV})$ は，s クォークと u, d クォークの質量差と同じ程度なので，図 6.10 のプロセスで $|s\bar{s}\rangle$ 状態も $|u\bar{u}\rangle$, $|d\bar{d}\rangle$ に混じってくる．この結果，質量固有状態は，

$$|\pi^0\rangle = \frac{|u\bar{u}\rangle - |d\bar{d}\rangle}{\sqrt{2}} \tag{6.20}$$

と，$(|u\bar{u}\rangle + |d\bar{d}\rangle)/\sqrt{2}$ と $|s\bar{s}\rangle$ の混合状態

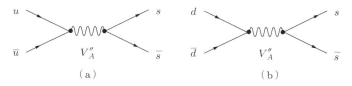

図 6.10 $|d\bar{d}\rangle$, $|u\bar{u}\rangle$ と $|s\bar{s}\rangle$ の混合　波線は 1 本のグルーオンではなく，総合的な効果を表す．

$$\begin{cases} |\eta\rangle = \cos\theta_P \dfrac{|u\bar{u}\rangle + |d\bar{d}\rangle}{\sqrt{2}} - \sin\theta_P |s\bar{s}\rangle \\ |\eta'\rangle = \sin\theta_P \dfrac{|u\bar{u}\rangle + |d\bar{d}\rangle}{\sqrt{2}} + \cos\theta_P |s\bar{s}\rangle \end{cases} \quad (6.21)$$

になる．この混合角の測定は一般に難しいが，いくつかの実験データをもとに $\theta_P \sim 36.5 \pm 0.8°$ と計算されている [p11]．

6.4.5 メソンのスピン J, パリティ P, 荷電パリティ C

メソン中のクォークの波動関数は，式 (6.4) で表され，方向成分の波動関数はポジトロニウムのそれと同じである．したがって，メソンはポジトロニウムと同様に決まったスピンとパリティをもつ．また，$|u\bar{u}\rangle$, $|d\bar{d}\rangle$, $|s\bar{s}\rangle$ などから構成される，中性フレーバーなしメソンの場合は，決まった荷電パリティ (C) ももつ．2.3.4 項のポジトロニウムと同じ議論からメソンのパリティは $P = (-1)^{\ell+1}$，中性メソンの荷電パリティは，$C = (-1)^{\ell+S}$ で与えられる．

我々が取り扱う比較的軽いメソンでは，ほとんどの場合 $\ell = 0$ なので，$J = S$ と考えてよい．いくつかのメソンの量子状態を表 6.1 にまとめる．とくに，ベクトルメソンの J^{PC} は，光子と同じであり，光子と転換し合うことができる．

表 6.1 メソンの量子状態　ℓ は軌道角運動量，S は合成スピン，J は全角運動量，P はパリティ，C は荷電パリティを表す．K^*, D, D^* などは，数種のメソンをひとまとめとして表した．

ℓ	S	J	P	C	J^{PC}	u, d	s	c
0	0	0	-1	$+1$	0^{-+}	π^0	η, η'	η_C
0	0	0	-1	-	0^-	$\pi^\pm$	$K^\pm$	D
0	1	1	-1	-1	1^{--}	ρ^0, ω	ϕ	J/Ψ
0	1	1	-1	-	1^-	$\rho^\pm$	K^*	D^*

6.5　バリオンの構造

バリオンは，クォークが 3 個強い相互作用で結合した状態である．たとえば，陽子

は $|uud\rangle$, 中性子は $|udd\rangle$ で表される. s クォークを含んだ状態, $|uus\rangle$, $|sss\rangle$ なども ある. クォークの順番を気にしなければ (たとえば, $|uds\rangle$ と $|dus\rangle$ を区別しなければ), u, d, s クォークからなるバリオンの種類は,

$$|uuu\rangle, \ |uud\rangle, \ |udd\rangle, \ |ddd\rangle, \ |uus\rangle, \ |uss\rangle, \ |sss\rangle, \ |dds\rangle, \ |dss\rangle, \ |uds\rangle \tag{6.22}$$

の 10 種類あるはずである. 図 6.11 (b) のように, スピン 3/2 のバリオンは確かに 10 種類存在するが, スピン 1/2 のバリオンでは, 図 6.11 (a) のように, $|uuu\rangle$, $|ddd\rangle$, $|sss\rangle$ というクォーク状態が欠損し, 8 種類しか存在しない. これはなぜだろうか? 逆に, スピン 3/2 のバリオンは, クォークのスピンの方向がすべて揃っているので, Δ^{++} バリオンのクォーク・スピン構造は $|u(\Uparrow)u(\Uparrow)u(\Uparrow)\rangle$ であると考えられる. クォーク間の軌道角運動量は $\ell = 0$ なので, これはパウリの排他原理 (付録 C.5 節) を破ることになる. なぜ Δ^{++} バリオンは存在できるのだろうか? さらに, スピン 1/2 のバリオンでは, Σ^0 バリオン, Λ バリオンのように $|uds\rangle$ というクォーク構造をもったバリオンが 2 種類存在する. この違いは何だろうか?

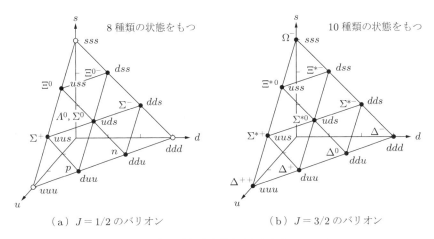

(a) $J = 1/2$ のバリオン (b) $J = 3/2$ のバリオン

図 6.11 3 種類のクォークのフレーバーの組み合わせを表したもの 3 つの軸はそれぞれ u, d, s クォークの数, n_u, n_d, n_s を表す. バリオンはクォーク 3 個からできているため, この空間内では, $n_u + n_d + n_s = 3$ の平面上にある.

6.5.1 スピン 3/2 のバリオン

クォークには, R, G, B の 3 つのカラー状態がある. たとえば, u クォークには u_R, u_G, u_B の 3 種類あり, uuu からなる Δ^{++} バリオンは図 6.12 のように $|(u_R \Uparrow)(u_G \Uparrow)(u_B \Uparrow)\rangle$ のような構造をしていると考えられる. この場合, 2 つのクォー

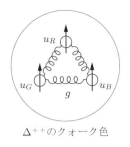
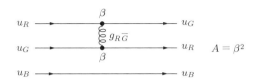

図 6.12 Δ^{++} バリオンのクォークとカラーの構造

図 6.13 グルーオンの交換によるバリオンのカラー構造の変化

クの状態は区別できるので，パウリの排他原理がはたらく対象とはならない．これが同じクォークとスピン状態を含む Δ^{++} バリオンの存在が可能な理由である．

次に，もう少し詳しく考えてみる．バリオン中のクォークは，QCD ポテンシャルにより結合している．QCD ポテンシャルはクォーク間でグルーオンを交換して生じる．グルーオンは，カラーと反カラーをもつため，グルーオンを交換する前後で図 6.13 のようにクォークのカラーの組み合わせが変化する．

$$|u_R u_G u_B\rangle \leftrightarrows |u_G u_R u_B\rangle \tag{6.23}$$

すると，メソンの $|u\bar{u}\rangle \leftrightarrows |d\bar{d}\rangle$ の変換のときの議論のように，最初 $|u_R u_G u_B\rangle$ から出発しても短い時間で $|u_G u_R u_B\rangle$ に変化し，我々はある瞬間にそのどちらの状態かを知ることができない．また，最初の 2 つのクォークのカラーの交換だけでなく，2 つ目のクォークと 3 つ目のクォークのカラーの交換，3 つ目のクォークと 1 つ目のクォークのカラーの交換なども存在するため，結局 Δ^{++} バリオン中のある時点でのカラーの構造は，

$$|u_R u_G u_B\rangle, \ |u_G u_R u_B\rangle, \ |u_G u_B u_R\rangle, \ |u_B u_G u_R\rangle, \ |u_R u_B u_G\rangle, \ |u_B u_R u_G\rangle \tag{6.24}$$

のどれかわからず，質量固有状態は，その重ね合わせ状態になっている．この場合，質量固有状態になる組み合わせも 6 種類ある．ここでパウリの交換原理（付録 C.5 節）より，3 つのクォークのうちの任意の 2 つのクォークを交換すると波動関数の符号が反転する**完全反対称性**を要求すると，許される質量固有状態は次のようになる．

$$|\Delta^{++}\rangle = |uuu\rangle |\uparrow\uparrow\uparrow\rangle \frac{|RGB\rangle - |GRB\rangle + |GBR\rangle - |BGR\rangle + |BRG\rangle - |RBG\rangle}{\sqrt{6}} \tag{6.25}$$

さらにこのカラー状態の強い相互作用のポテンシャルエネルギーは負であることを示

すこともでき[5]．この点でも式 (6.25) の状態がバリオンをつくることと矛盾しない．今後この反対称カラーの波動関数を $|C_A\rangle$ と書く．

s クォークを含めて，順番の違いを考慮すると，バリオンの可能なクォーク成分には，$3\times 3\times 3 = 27$ 通りの組み合わせ状態がある．クォークは，π メソンを交換することにより，順番の異なった状態間に図 6.14 のような遷移が生じる（$|su\rangle$ と $|us\rangle$ 間の遷移は K メソンの交換で生じる）．

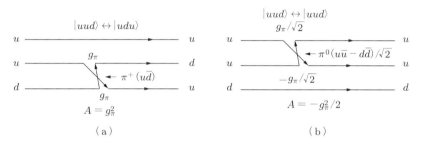

図 6.14 $|uud\rangle$，$|udu\rangle$ 間の遷移　結合の係数は，π メソンのクォーク構造に対応する．

g_π は，π メソンとクォークの有効結合定数であり，結合定数にかかっている係数は，伝播する π メソン中のクォーク成分の係数である．u, s, d の 3 つのクォークの質量やクォーク間の遷移振幅がすべて同じと仮定して，運動方程式を立てるとエネルギーレベルは 4 種類に分離し，それぞれのエネルギー中に 1，8，8，10 個の状態が含まれる[6]．これを次のように表現する．

$$3\times 3\times 3 = \mathbf{1}_A + \mathbf{8} + \mathbf{8} + \mathbf{10}_S \tag{6.26}$$

右下の添え字は，そのエネルギーの波動関数が任意の 2 つのクォークの入れ替えに対して完全反対称 (A)，完全対称 (S) であることを示す．「10」の中には，たとえば，$|uuu\rangle$ や $(|uud\rangle + |udu\rangle + |duu\rangle)/\sqrt{3}$ などが含まれる．これと完全反対称のカラー状態 $|C_A\rangle$ とを組み合わせることで，全体の波動関数を完全反対称化できる．これが我々が観測する 10 種類のスピン 3/2 のバリオンの状態である．

s クォークの質量は u, d クォークよりかなり大きいため，バリオンの質量は含まれる s クォークの数に依存する．スピン 3/2 のバリオンを s クォークの数で分類すると，$\Delta(qqq)$，$\Sigma^*(sqq)$，$\Xi^*(ssq)$，$\Omega(sss)$ の 4 種類ある．ここで，q は u または d クォークを表す．それぞれの質量差は，

5　たとえば，文献 [b6] の式 (J.5)．
6　このような計算には，たとえば，Mathematica などを使うと便利である．

$$m_{\Omega^-} - m_{\Xi^{-*}} = 138\,\text{MeV}, \quad m_{\Xi^{-*}} - m_{\Sigma^{-*}} = 148\,\text{MeV}$$
$$m_{\Sigma^{-*}} - m_{\Delta^-} = 155\,\text{MeV} \tag{6.27}$$

これから $m_s - m_d \sim 150\,\text{MeV}$ であることが推定される．歴史的には，Δ，Σ^*，Ξ^* の質量差から $|sss\rangle$ バリオンの質量が推定され，その質量に Ω^- バリオンが発見され，クォーク模型の正しさが確認された．

6.5.2 スピン 1/2 のバリオン

スピン 1/2 のバリオンには，陽子や中性子のように，なじみ深いバリオンがあり，さらに Λ や Σ^0 のように，ハイパー核物理にも重要なバリオンを含む．スピン 1/2 バリオンの重要な特徴の 1 つは，$|uuu\rangle$，$|ddd\rangle$，$|sss\rangle$ といった状態が存在しないことである．これがどのように理解できるか考えてみよう．

合成スピンが $S = 1/2$ で，スピン方向が $S_z = 1/2$ になる 3 つのクォークのスピンの組み合わせは，一般に

$$|\text{spin}\rangle = a(|\Uparrow\Uparrow\Downarrow\rangle - |\Downarrow\Uparrow\Uparrow\rangle) + b(|\Uparrow\Downarrow\Uparrow\rangle - |\Downarrow\Uparrow\Uparrow\rangle) \tag{6.28}$$

で表される．したがって，スピン 1/2 で上向きスピンの uuu バリオンの波動関数は，一般に次のように表される．

$$|\psi_{S=1/2}(123)\rangle = |uuu\rangle \left[a(|\Uparrow\Uparrow\Downarrow\rangle - |\Downarrow\Uparrow\Uparrow\rangle) + b(|\Uparrow\Downarrow\Uparrow\rangle - |\Downarrow\Uparrow\Uparrow\rangle)\right]|C_A\rangle \tag{6.29}$$

しかし，この波動関数は，どのような a，b をとっても完全反対称化することはできない．したがって，スピン 1/2 の $|uuu\rangle$ バリオンの存在は許されないことになる．

合成スピン 1/2 の波動関数 (6.28) そのものが完全対称にも完全反対称にもできないので，スピン 1/2 のバリオンの波動関数を完全反対称化することは一見不可能に思われるが，そうではない．陽子は u クォーク 2 個と d クォーク 1 個からできているため，フレーバー部分の波動関数は，$|uud\rangle$，$|udu\rangle$，$|duu\rangle$ の混合状態になっている．そこで，

$$|p\rangle = [|uud\rangle(|\Uparrow\Downarrow\Uparrow\rangle + |\Downarrow\Uparrow\Uparrow\rangle - 2|\Uparrow\Uparrow\Downarrow\rangle) + |udu\rangle(|\Uparrow\Uparrow\Downarrow\rangle + |\Downarrow\Uparrow\Uparrow\rangle - 2|\Uparrow\Downarrow\Uparrow\rangle)$$
$$+ |duu\rangle(|\Uparrow\Downarrow\Uparrow\rangle + |\Uparrow\Uparrow\Downarrow\rangle - 2|\Downarrow\Uparrow\Uparrow\rangle)]/3\sqrt{2}\,|C_A\rangle \tag{6.30}$$

のような状態の場合，これは完全反対称になり（演習問題 6.2），陽子の存在を説明できる[7]．

7　この場合，$|p\rangle = |\text{spin}\rangle \times |\text{flavor}\rangle$ のように，スピン波動関数とフレーバー波動関数の積として「因数分解」することはできない．

6.5.3 Λ バリオンと Σ バリオンの違い

Λ バリオンと Σ バリオンは両方ともスピン 1/2 で，(uds) のクォークをもつ．しかし，質量は，1116 MeV と，1193 MeV のように異なる．この 2 つのバリオンは何が違うのだろうか？

まず，簡単のために s クォークと u, d クォーク間の遷移を無視する．図 6.15(a) に示すように，$|sud\rangle \leftrightarrow |sdu\rangle$ の遷移が荷電 π メソン（中間子）を介して生じ，その振幅は $A = g_\pi^2$ である．図 (b) のように自分自身にも π^0 を介して遷移し ($|sud\rangle \leftrightarrow |sud\rangle$)，その振幅の大きさは，$A = -g_\pi^2/2$ である．一般の波動関数を，

$$\psi_{uds}(t) = C_{sud}(t)|sud\rangle + C_{sdu}(t)|sdu\rangle \qquad (6.31)$$

と書くと，その係数は次の運動方程式を満たす．

$$i\frac{d}{dt}\begin{pmatrix}C_{sud}\\C_{sdu}\end{pmatrix} = \begin{pmatrix}M_0 - g_\pi^2/2 & g_\pi^2\\g_\pi^2 & M_0 - g_\pi^2/2\end{pmatrix}\begin{pmatrix}C_{sud}\\C_{sdu}\end{pmatrix} \qquad (6.32)$$

ここで，M_0 はクォークの質量などからなる元の質量である．これから質量固有状態は，

$$\begin{cases}\psi_+ = \dfrac{|sud\rangle + |sdu\rangle}{\sqrt{2}}e^{-i(M_0 + g_\pi^2/2)t}\\\psi_- = \dfrac{|sud\rangle - |sdu\rangle}{\sqrt{2}}e^{-i(M_0 - 3g_\pi^2/2)t}\end{cases} \qquad (6.33)$$

になる．Σ^+，Σ^- のバリオン中でも図 6.16 に示すような，自分自身への遷移が生じている．その結果，$|suu\rangle$，$|sdd\rangle$ の係数 C_{suu}，C_{sdd} は次の運動方程式を満たす．

$$i\dot{C}_{suu} = \left(M_0 + \frac{g_\pi^2}{2}\right)C_{suu}, \quad i\dot{C}_{sdd} = \left(M_0 + \frac{g_\pi^2}{2}\right)C_{sdd} \qquad (6.34)$$

したがって，Σ^+，Σ^- の波動関数は，

$$\psi_{\Sigma^+} = |suu\rangle e^{-i(M_0 + g_\pi^2/2)}, \quad \psi_{\Sigma^-} = |sdd\rangle e^{-i(M_0 + g_\pi^2/2)} \qquad (6.35)$$

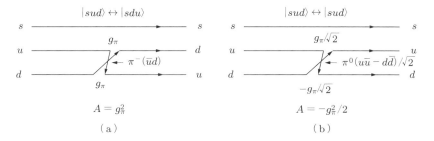

図 6.15 $|sud\rangle \leftrightarrow |sdu\rangle$，$|sud\rangle \leftrightarrow |sud\rangle$ の遷移

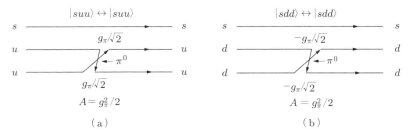

図 6.16 $|suu\rangle \leftrightarrow |suu\rangle$, $|sdd\rangle \leftrightarrow |sdd\rangle$ の遷移

になる．ψ_+ の質量と $\psi_{\Sigma^\pm}$ の質量は同じなので，

$$\psi_+ = \psi_{\Sigma^0}, \quad \psi_- = \psi_\Lambda \tag{6.36}$$

と対応づけることができる．結局，s クォークが 1 つ入ったバリオンのクォーク構造は，

$$m_\Sigma = M_0 + \frac{g_\pi^2}{2}; \quad |\Sigma^0\rangle = |s\rangle \frac{|ud\rangle + |du\rangle}{\sqrt{2}},$$

$$|\Sigma^+\rangle = |s\rangle |uu\rangle, \quad |\Sigma^-\rangle = |s\rangle |dd\rangle \tag{6.37}$$

$$m_\Lambda = M_0 - \frac{3g_\pi^2}{2}; \quad |\Lambda\rangle = |s\rangle \frac{|ud\rangle - |du\rangle}{\sqrt{2}}$$

になる．実際には，K メソンの交換により s クォークも u, d クォークと混じるが，陽子や中性子のときと同じように，s クォークも含めて，内部のクォークの状態を完全反対称化することができる．一方，スピン 3/2 の $|s\rangle (|ud\rangle - |du\rangle) + \cdots$ というクォーク状態は，完全反対称化できないので，Λ^* というバリオンは存在しないことも示される．

6.5.4 アイソスピンとクォーク構造

第 4 章では，アイソスピンの考え方が経験的に導入された．本項では，アイソスピンをクォーク模型の観点から理解してみる．

u, d クォークと強い相互作用の低エネルギーでの有効的な反応は，図 6.15 のように，u, d クォークが π メソンを交換することにより，

$$i\frac{d}{dt}\begin{pmatrix} u \\ d \end{pmatrix} = \begin{pmatrix} g_\pi/\sqrt{2} & g_\pi \\ g_\pi & -g_\pi/\sqrt{2} \end{pmatrix} \begin{pmatrix} u \\ d \end{pmatrix} \tag{6.38}$$

のように変化することからくる．この数学的形式は，スピンの磁気モーメントと磁場の相互作用を表すパウリ方程式 (C.87) で，$\mu_B \vec{B} = g_\pi(1, 0, 1/\sqrt{2})$ の場合に一致する．また，クォークどうしの強い相互作用の運動方程式 (6.32), (6.34) は，磁場によるスピン–スピン相互作用の運動方程式 (C.113) と同じ形をしている．したがって，u, d

クォークの強い相互作用の効果を，磁場中のスピンの上向き (⇑) 下向き (⇓) の振る舞いと数学的に同等に取り扱うことができる．この対応関係から，u, d クォークはアイソスピン $I = 1/2$ をもち，u は，その $I_z = +1/2$ 成分，d は $I_z = -1/2$ 成分であると表現し，式 (6.38) から生じる u, d クォークの反応を，スピンの類推からそのまま理解することができる．たとえば，式 (6.37) の Σ バリオンの u, d クォーク構造は，それぞれ $(|\Uparrow\Downarrow\rangle + |\Downarrow\Uparrow\rangle)/\sqrt{2}$，$|\Uparrow\Uparrow\rangle$，$|\Downarrow\Downarrow\rangle$ に対応するので，Σ バリオンはアイソスピン $I = 1$ の状態であるといい，Λ バリオンの場合は，$(|\Uparrow\Downarrow\rangle - |\Downarrow\Uparrow\rangle)/\sqrt{2}$ に対応するため，アイソスピン $I = 0$ の状態であるという．

反クォークの場合は，結合定数の符号が逆になるため，式 (6.38) で $g_\pi \to -g_\pi$ と置き換えると，

$$i\frac{d}{dt}\begin{pmatrix}\overline{u}\\\overline{d}\end{pmatrix} = \begin{pmatrix}-g_\pi/\sqrt{2} & -g_\pi\\-g_\pi & g_\pi/\sqrt{2}\end{pmatrix}\begin{pmatrix}\overline{u}\\\overline{d}\end{pmatrix} \tag{6.39}$$

になる．これを，ハミルトニアンの形が式 (6.38) のそれと同じになるように並べ替えると，

$$i\frac{d}{dt}\begin{pmatrix}-\overline{d}\\\overline{u}\end{pmatrix} = \begin{pmatrix}g_\pi/\sqrt{2} & g_\pi\\g_\pi & -g_\pi/\sqrt{2}\end{pmatrix}\begin{pmatrix}-\overline{d}\\\overline{u}\end{pmatrix} \tag{6.40}$$

になる．これから，$|-\overline{d}\rangle$ がアイソスピン上向き，$|\overline{u}\rangle$ がアイソスピン下向きに対応することになる．π^0 のアイソスピンは $I = 1$ なので，スピンの $S = 1$ の場合との類推から，

$$|\pi^0\rangle = \frac{|u\overline{u}\rangle + |d(-\overline{d})\rangle}{\sqrt{2}} = \frac{|u\overline{u}\rangle - |d\overline{d}\rangle}{\sqrt{2}} \tag{6.41}$$

と，混合の符号がスピンの場合と反対になる．この表現では $|\pi^+\rangle = -|u\overline{d}\rangle$ と負号をつけるべきだが，省略されている場合が多い．

6.5.5 バリオンの磁気双極子モーメント

これまで求めたバリオンのクォーク構造を利用して，バリオンの異常磁気モーメントを再現できる．測定によると，p, n, Λ の磁気モーメントはそれぞれ，

$$\mu_p = 2.79\mu_N, \quad \mu_n = -1.91\mu_N, \quad \mu_\Lambda = -0.61\mu_N \tag{6.42}$$

である．ここで，$\mu_N = e/(2m_p)$ は，核磁子とよばれ[8]，仮に陽子が内部構造をもたないディラック粒子であった場合にもったであろう磁気モーメントである．中性子は，

---

[8] $\mu_N = 5.050783 \times 10^{-27}$ J/T である．

電荷が 0 であるにもかかわらず磁気モーメントは 0 ではない．これは，中性子が内部構造をもつことを示唆している．磁気モーメントは，弱い磁場をかけたときのポテンシャルエネルギーから計算できる．陽子の波動関数 (6.30) を利用して磁気モーメントを計算すると，

$$\mu_p = \langle \psi_p | \mu_1 \sigma_z^1 + \mu_2 \sigma_z^2 + \mu_3 \sigma_z^3 | \psi_p \rangle = \frac{4\mu_u - \mu_d}{3} \tag{6.43}$$

になる．ここで，μ_i は i 番目のクォークの磁気モーメントを表す．クォークは内部構造をもたないディラック粒子なので，その磁気モーメントは，

$$\mu_u = \frac{Q_u}{2m_u} = \frac{e}{3m_q}, \quad \mu_d = \frac{Q_d}{2m_d} = -\frac{e}{6m_q} \tag{6.44}$$

である．クォークの質量として，構成クォーク質量 ($m_q \sim m_p/3$) を利用すると，陽子の磁気モーメントは，

$$\mu_p \sim \frac{1}{3}\left[4\frac{2e}{2m_p} - \left(-\frac{e}{2m_p}\right)\right] = \frac{3e}{2m_p} = 3\mu_N \tag{6.45}$$

と計算され，これは式 (6.42) の測定値に近い．中性子の磁気モーメントは，陽子の場合は式 (6.43) で $d \leftrightarrow u$ と入れ替えればよく，

$$\mu_n = \frac{4\mu_d - \mu_u}{3} \sim -2\mu_N \tag{6.46}$$

となり，これも式 (6.42) の測定値に近い．さらに，μ_p/μ_n の測定値は -1.46 と，予想の 1.5 から 2.6% しか離れていない．Λ バリオンは，$|s\rangle(|ud\rangle - |du\rangle)$ のようなクォーク構造をしているため，磁場中のポテンシャルエネルギーは，$\mu_s + [(\mu_u + \mu_d) - (\mu_d + \mu_u)] = \mu_s$ に比例し，純粋に s クォークの磁気モーメントの効果だけが残る．

$$\mu_\Lambda = \mu_s = -\frac{1}{3}\frac{m_p}{m_s}\mu_N \tag{6.47}$$

これと測定値から，$m_s \sim 510\,\mathrm{MeV}$ ならばよいことになる．

ほかのバリオンについても同様の計算を行うことができる．p, n, Λ の磁気双極子モーメントから m_u, m_d, m_s を決め，ほかのバリオンの磁気双極子モーメントを計算し，測定値を比較したものを図 6.17 に示す．全体的によく合っているということができ[9]，クォークモデルが支持されることが示された．

---

[9] u, d クォークのカレントクォーク質量は数 MeV なので，カレントクォーク質量を用いると陽子と中性子の予想される磁気モーメントは 2 桁大きくなるはずである．なぜ構成クォーク質量を使ったこの単純なモデルが実験値をよく再現するかはわかっていない．

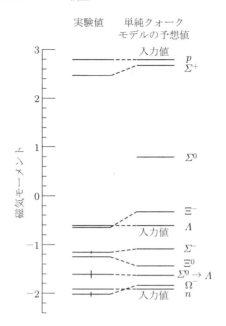

図 6.17 スピン 1/2 のバリオンの磁気モーメントの測定値とクォーク模型からの予想値
p, n, Λ の磁気モーメントから m_u, m_d, m_s を決定し ($m_d = 338$ MeV, $m_u = 322$ MeV, $m_s = 510$ MeV). ほかのバリオンの磁気モーメントの計算に用いた.
([p1] より転載)

6.6 中性カラー状態

　これまで見たように，カラー荷をもつクォークは単独で存在できない．単独で存在できるのは，メソンやバリオンのようにカラーが中性の状態である．メソンの場合，その構成クォークは，カラーと反カラーをもっているため，それが相殺してカラーが中性になる状態を考えることはできる．しかし，バリオンの場合，反カラーは存在しない．それではバリオンの中性カラー状態とはどういう意味なのだろうか？

　バリオンに低エネルギー[10]のクォークを入射し，グルーオンを介してカラー荷により散乱されたクォークを検出器で検出する場合を考える．検出器がクォークを検出しない場合，古典力学的に考えて，このクォークはバリオンにより散乱されないため，このバリオンのカラーは中性であると定義される．量子力学的に考えると，クォークは散乱されないのではなく，検出器が検出する確率は，図 6.18 のように，重ね合わさったすべての状態からの散乱の振幅を足し合わせたうえで 2 乗をとったものになる．

　バリオンの場合，カラー自由度の波動関数は，カラーの入れ替えに対して完全反対

---

[10] 散乱後のバリオンの状態が変化しない程度に低いエネルギー．

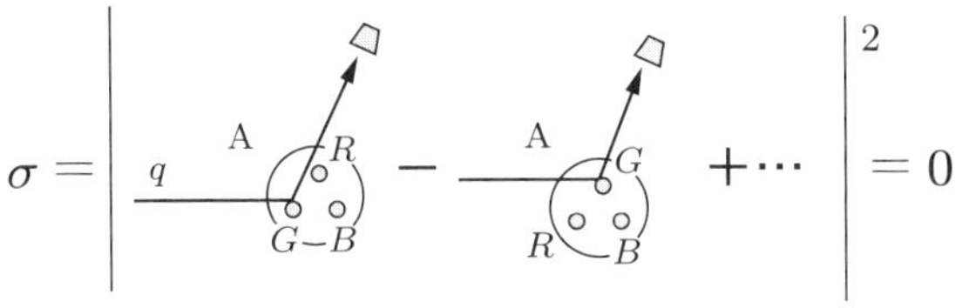

$$\sigma = \left| \begin{array}{c} q \underset{G \sim B}{\overset{A}{\underset{\bigcirc}{\bigcirc}}} \hspace{-2mm} {\nearrow}^R - \underset{R \sim B}{\overset{A}{\underset{\bigcirc}{\bigcirc}}} \hspace{-2mm} {\nearrow}^G + \cdots \end{array} \right|^2 = 0$$

$$|RGB\rangle - |GRB\rangle + \cdots$$

図 6.18 バリオンのカラーの中和 図 6.9 も参照.

称 ($|RGB\rangle - |GRB\rangle + \cdots$) なので,図 6.18 のように,散乱されたクォークの振幅を足し合わせる場合,たとえば,$|RGB\rangle$ 成分による散乱と $|GRB\rangle$ 成分による散乱の振幅の符号が逆になり,相殺し合い,検出器で検出する確率は 0 になる.これがバリオンの中性カラー状態の意味である.

ハドロンから検出器までの距離がハドロンのサイズと同程度の場合,2 つのダイアグラムの検出器までの距離の差が無視できなくなり,この相殺が完全でなくなる.核子間にはたらく核力は,このようなファンデルワールス力に似た残余の強い力であると考えられる.

演習問題

6.1 式 (6.13) が成り立つとき,式 (6.14) がエネルギー固有状態になることを示せ.
6.2 陽子の波動関数 (6.30) が完全反対称であることを確かめよ.
6.3 Λ バリオンと Σ^0 バリオンの,クォークフレーバー,スピン,カラー部分の完全な波動関数を書け.

7 重いフェルミオンと
ゲージボソンの探索

uds の 3 クォーク模型があまりにも大きな成功をおさめたため，1974 年に発見された J/ψ が，新しい c クォークより構成された粒子であると認識されるまでには，紆余曲折があった．しかし，1970 年に提案された GIM 機構の成功，小林・益川の 6 クォーク構造の提唱と中性カレントの発見と相まって，J/ψ は $c\bar{c}$ の結合状態であると認識された．その後，さらに重いクォークやゲージボソンの探索実験が精力的に推進され，τ レプトン，b クォーク，$W^\pm$ ボソン，Z^0 ボソン，t クォークが発見されてきた．本章では，これらの粒子の探索について解説する．

7.1 チャームクォークとその質量の予言

3.3.1 項で説明した GIM 機構により，FCNC 崩壊の強い抑制は，カビボ理論での 2 重項 $(u, d') = (u,\ d\cos\theta_C + s\sin\theta_C)$ に加えて，新たな c クォークの存在を仮定して，2 重項

$$(c, s') = (c,\ s\cos\theta_C - d\sin\theta_C) \tag{7.1}$$

を導入することにより説明された．一方，Z^0 媒介の $\Delta S = 0$ の中性カレントの存在は示唆されていたため，電弱統一理論で導入された Z^0 の存在の検証が，より重要性を増すこととなった．1973 年，CERN の Gargamelle フレオン泡箱実験で，荷電 μ レプトンを伴わない $\nu_\mu + N \to \nu_\mu + X$ 反応の事象が発見された．これは，中性ボソン Z^0 を媒介する過程が存在することを示す事象で，この結果により中性カレント (Z^0) の存在が確立された．

GIM 機構の c クォークの導入により，第 9 章で説明する K^0-$\overline{K^0}$ 振動は，図 7.1 のようなダイアグラムで生じる．この振動の結果，K^0，$\overline{K^0}$ は質量固有状態ではなくなり，K^0 と $\overline{K^0}$ の重ね合わせである，K_L，K_S という状態が質量固有状態になる．$m_u \ll m_c$ のとき，その質量差は，

$$\Delta m_{LS} = m_L - m_S \sim \frac{G_F^2}{16\pi^2} f_K^2 m_K m_c^2 \sin^2 2\theta_C \tag{7.2}$$

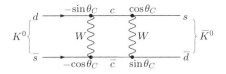

図 7.1 K^0-$\overline{K^0}$ 遷移のダイアグラム

になる．一方，図 7.1 の振動の結果，K^0-$\overline{K^0}$ 振動が生じ，その周期は，$\omega = \Delta m_{LS}/2$ になる．この K^0-$\overline{K^0}$ 振動は実際に検出されており，その結果質量差が

$$\Delta m_{LS} = (3.484 \pm 0.006) \times 10^{-6} \, \text{eV}$$

のように精度よく測定された．これから $m_c \sim 1.5 \, \text{GeV}$ と求められるが，この質量の値は c クォーク発見以前に論文 [p12] で示唆されていた．

7.2 チャームクォーク

7.2.1 J/ψ の発見

1960 年代の新粒子探索の実験では，π, K などのハドロンの共鳴状態の探索が主流で，それは 1970 年代にも及んでいた．しかし，一部の研究者間には，電子や μ 粒子などのレプトン対への崩壊から新しい現象が発見できるのではないかとの期待もあった．

1974 年に，ティン (S. Ting) のグループは米国の BNL(Brookhaven National Lab.) で，また，リヒター (B. Richter) のグループは SLAC(Stanford Linear Accelerator Center) で，質量 $M = 3.1 \, \text{GeV}/c^2$ に (e^+e^-) に崩壊する狭い崩壊幅をもつ新粒子 J/ψ の発見を同時に発表した．この新粒子発見は，当時の研究者間に大きな衝撃をもたらした．

ティンのグループは BNL の AGS 加速器より引き出された $28.5 \, \text{GeV}/c$ の陽子ビームを Be 標的に照射し，次の反応

$$p + \text{Be} \rightarrow e^+ + e^- + X \tag{7.3}$$

で発生した $(e^+ + e^-)$ の不変質量 W を図 7.2 に示すダブルアーム検出器 (double arm spectrometer) で測定した．検出器は二本の腕で構成され，水平レベルより $10°$ の角度で上方に傾けて設置された．電磁石により上方に曲げられアームを通過した粒子は，多線式比例計数チェンバー (MWPC) で粒子位置を測定し運動量が決定された．2 台のチェレンコフカウンターと最後部の電磁シャワーカウンターでバックグランドを除いた．検出された粒子が e^+，または e^- と識別され運動量がわかると，e^+e^- の不変質量 W が求められる．測定された W の分布を図 7.3 に示す．明らかに，$W = 3.1 \, \text{GeV}$

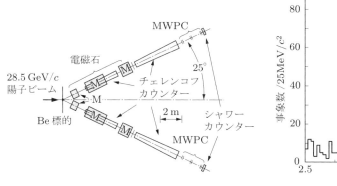

図7.2 BNL実験のダブルアーム測定装置の平面配置概略図

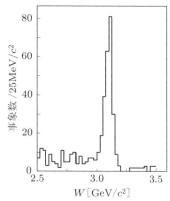

図7.3 BNL実験の J/Ψ 質量分布

に鋭いピークを観測し，これを J 粒子と命名した．

この反応（式 (7.3)）による $J/\psi \to e^+e^-$ の生成は，衝突核子内の q と $\bar{q}$ の衝突による，いわゆるドレル・ヤン (Drell-Yan) 反応，

$$q + \bar{q} \to \gamma^* \to c\bar{c} \to e^+e^- \tag{7.4}$$

による生成と考えられている．

同じ時期に，SLACのSPEAR衝突型加速器では，リヒターのグループが次の反応

$$e^+ + e^- \to \text{hadrons}, \quad e^+ + e^-, \quad \mu^+ + \mu^- \tag{7.5}$$

で新粒子の探索実験を行っていた．SPEAR衝突型加速器の $e^+ + e^-$ の衝突エネルギーを少しずつ変えて，図7.4に示す筒状のMark I 検出器でハドロン，$e^+ + e^-$，$\mu^+ + \mu^-$ の崩壊モードのエネルギー分布を測定した．Mark I は，初期のコライダー検出器で，全立体角の65%を覆い，その後のコライダー検出器の原型にもなった．

ビーム衝突点近傍に設置されたパイプカウンターとトリガーカウンターの同時計数法で宇宙線バックグランドを低減し，直径3m，長さ3mのソレノイドコイルの内側に設置された多線式チェンバーでトラッキングを行い，粒子運動量を測定した．コイル外側に設置された鉛/シンチカウンター，磁束リターン用の鉄材の外側のスパークチェンバーは，ハドロン，e, μ の識別に用いられた．

$e^+ + e^-$ の衝突エネルギーは重心系エネルギー E_{cms} に直接対応し，観測される新粒子の質量に対応する．図7.5に示すように，衝突エネルギー E_{cms} を少しずつ変えながら $e^+ + e^- \to $ hadrons の断面積を測定したところ，$E_{\text{cms}} = 3.1\,\text{GeV}$ に鋭い

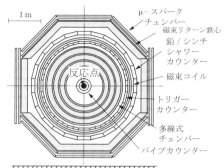
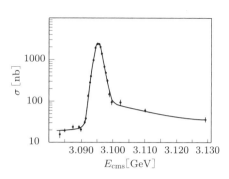

図 7.4 J/ψ の発見に用いられた SLAC の検出器 Mark I の正面概念図

図 7.5 Mark I 実験で測定された J/ψ 生成断面積のエネルギー依存性
縦軸の対数スケールに注意.

ピークが観測された. 同様のピークが, 断面積は小さいが, $e^+ + e^-$, $\mu^+ + \mu^-$ の崩壊モードにも観測され, リヒターのグループはこの粒子を ψ と命名した. この粒子質量と e^+e^- 崩壊モードは BNL で発見された粒子 J と同じなので, J と ψ は同一粒子とみなされ, 両者の名称を合わせ, J/ψ と命名された.

この J/ψ 発見当初は, 第 4 のクォーク c から構成されているとは必ずしも信じられていなかった. その後, 1976 年に SLAC Mark I の実験で

$$e^+ + e^- \to D^0 + \overline{D^0}, \quad D^+ + D^- \tag{7.6}$$

の反応より質量 $M = 1864\,\mathrm{MeV}/c^2$ の新粒子 D が発見され,

$$D^0(c\bar{u}) \to K^-(s\bar{u}) + \pi^+(u\bar{d}), \quad D^+(c\bar{d}) \to K^-(s\bar{u}) + \pi^+(u\bar{d}) + \pi^+(u\bar{d}) \tag{7.7}$$

と K メソンに崩壊することが観測された. 式 (7.1) より $c \to s$ 崩壊のカビボ結合係数が $\cos\theta_c$ であることから, 観測された D は, 単体の c クォークを含む粒子と確認され, その存在が確立された.

J/ψ 粒子の崩壊幅 Γ は, SLAC の実験でも測定誤差が $\sim 5\,\mathrm{MeV}$ と大きく直接の Γ の測定はできなかったが, その後の CLEO 実験からの e^+e^-, $\mu^+\mu^-$ 崩壊の部分幅の精密測定と理論的計算より崩壊全幅が求められている. 現在の J/ψ の質量 $M_{J/\psi}$ と崩壊幅 $\Gamma_{J/\psi}$ は,

$$M_{J/\psi} = 3096.916 \pm 0.011\,\mathrm{MeV}/c^2, \quad \Gamma_{J/\psi} = 92.9 \pm 2.8\,\mathrm{keV} \tag{7.8}$$

と測定されている.

7.2.2 J/ψ メソンのクォーク構造

J/ψ メソンは $c\bar{c}$ からなる粒子である. c クォークの質量は, $1.5\,\mathrm{GeV}/c^2$ 程度で, u,d,s クォークの質量と比較して著しく重いので, $u\bar{u}, d\bar{d}, s\bar{s}$ と混じることなく, 純粋な $c\bar{c}$ 状態として存在する. J/ψ が ($c\bar{c}$) の結合状態であることから, スピン・パリティは $J^{PC}=0^{-+}, 1^{--}$ の可能性が考えられる. J/ψ が光子と同じ量子特性 $J^{PC}=1^{--}$ をもつ場合, $e^++e^-\to J/\psi\to \mu^++\mu^-$ 崩壊は, $e^++e^-\to \gamma^*\to \mu^++\mu^-$ の過程と干渉を生じ, その質量分布は $m_{J/\psi}$ を中心に非対称になる. 実際の質量分布には, この非対称が観測されることから, J/ψ は光子と同じ $J^{PC}=1^{--}$ であると結論された. この結果から, J/ψ 中の $c\bar{c}$ は, 軌道角運動量 $\ell=0$, 合成スピン $S=1$ の状態であると考えられた. また, J/ψ の崩壊を調べると, アイソスピン $I=1$ の ρ と π への崩壊は $J/\psi\to \rho^+\pi^-, \rho^0\pi^0, \rho^-\pi^+$ で同じ崩壊率であることから, J/ψ は $I=0$ であると結論された.

c クォークを 1 個含む最も軽いメソンは, $c\bar{u}$ からなる D^0 メソンおよびその反粒子で, その質量は, $m_D^\pm \sim 1.86\,\mathrm{GeV}/c^2$ である. J/ψ メソンの質量は D メソンの質量の 2 倍より小さいので, 図 7.6(a) の $J/\psi\to D\bar{D}$ には崩壊できない. J/ψ が軽いクォークのみを含んだハドロン群に崩壊する例を図 7.6(b) に示す.

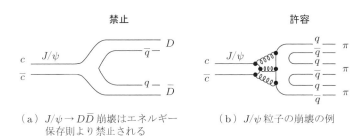

(a) $J/\psi\to D\bar{D}$ 崩壊はエネルギー保存則より禁止される

(b) J/ψ 粒子の崩壊の例

図 7.6 J/ψ の (a) 禁止, (b) 許容の崩壊例 q は軽いクォークを表す. J/ψ 中の $c\bar{c}(J^{PC}=1^{--})$ が崩壊するためには, カラー荷を中性化する必要があるため, 最低 3 つの高エネルギーグルーオンが必要である.

J/ψ の崩壊は, 高いエネルギーのグルーオンとクォークの結合が 6 個含まれるため崩壊幅は α_S^6 に比例する. 高いエネルギーでは α_S は小さくなるため, この崩壊の振幅は, 強い相互作用による崩壊であるにもかかわらず強く抑制され, その結果, J/ψ メソンの寿命は 10^{-20} s 程度と長くなり, そのため崩壊幅は, $\Gamma=90\,\mathrm{keV}$ と狭い[1]. このように, スピン 1 の中性ベクトル粒子のクォーク線が途中で切れている崩壊 (図 7.6(b)) では, 崩壊幅が非常に狭く, 崩壊が強く抑制されている効果は OZI (Okubo–Zweig–Iizuka)

---

[1] レプトン対 $(ee), (\mu\mu)$ への崩壊分岐比は 12% であり, 電磁相互作用と競合するほど抑制されている.

7.2.3 その他の $c\bar{c}$ メソン

図 5.10 を見ると，J/ψ に対応する $2E_e = 3.1\,\mathrm{GeV}$ に鋭いピークが見られるほかに，$2E_e = 3.7\,\mathrm{GeV}$ にもう 1 つの鋭いピークがある．これは $\psi(2S)$ メソンとよばれ，$\ell = 0, S = 1$ の $c\bar{c}$ の動径方向の第一励起状態 (2S) であると考えられる．$\psi(2S)$ メソンの質量は，$m_{\psi(2S)} = 3.686\,\mathrm{GeV}/c^2$ なので，まだ $D\overline{D}$ に崩壊できない．おもな崩壊モードは $\psi(2S) \to J/\psi\pi\pi$ で，崩壊幅は $\Gamma = 304\,\mathrm{keV}$ である．また，$\psi(3770)$ も存在する．この質量は，$m_{\psi(3770)} = 3.77\,\mathrm{GeV}/c^2$ であるため，エネルギー的に $D\overline{D}$ に崩壊することが可能となり，寿命が短くなり，質量幅は $\Gamma = 27\,\mathrm{MeV}$ と広い．そのため，ピークでの断面積は小さくなり，図 5.10 では目立たなくなっている．

$\ell = 0, S = 0$ の $c\bar{c}$ 状態を η_c メソンとよぶ．η_c メソンの質量は，$m_{\eta_c} = 2.98\,\mathrm{GeV}/c^2$ と，J/ψ メソンよりも軽い．J/ψ 粒子は，ベクトル粒子なので，$e^+ + e^- \to \gamma^* \to J/\psi$ のように仮想光子から直接生成できるのに対し，η_c メソンの J^{PC} は 0^{-+} なので，仮想光子から直接つくることはできない．さらに，$m = 3.64\,\mathrm{GeV}/c^2$ に 2S 状態の $\eta_c(2S)$ が存在する．

$\ell = 1, S = 1$ の $c\bar{c}$ 状態を χ_c メソンとよぶ．χ_c メソンはその全角運動量 J により χ_{c0} ($J = 0, m = 3415\,\mathrm{GeV}/c^2$)，$\chi_{c1}$ ($J = 1, m = 3511\,\mathrm{GeV}/c^2$)，$\chi_{c2}$ ($J = 2, m = 3556\,\mathrm{GeV}/c^2$) などが存在する．さらに，$\ell = 1, S = 0$ の $c\bar{c}$ 状態，h_c ($m = 3525\,\mathrm{GeV}/c^2$) の存在も確認されている．図 6.4 に，これらのメソンの量子数とエネルギーレベルを示した．

7.3 τ レプトンの発見

J/ψ の発見の後に，SLAC で引き続き同じ Mark I 検出器を用いて行われた実験で，パール (M. Perl) のグループは，終状態に μ, e のみが観測され，それ以外の荷電粒子や γ は検出されず，大きな横運動量欠損のある異常な事象が起こっていることに気づいた．これらの事象の断面積のエネルギー E_{cm} 依存性を測定した結果，図 7.7 に示すように，断面積が $E_{cm} \sim 4\,\mathrm{GeV}$ より急に増大するのがわかった．

この異常 μe 事象は，図 7.8 に示すような第 3 の荷電レプトン τ の対生成とその崩壊によるものと考えられた．この生成断面積の閾値より，τ の質量は $m_\tau = 1.5 \sim 2\,\mathrm{GeV}/c^2$ と推測された．この τ の対生成と崩壊反応は，

---

2 大久保，Zweig, 飯塚が 1960 年に独立に提唱した．この禁止則は強い相互作用のみに適用される．

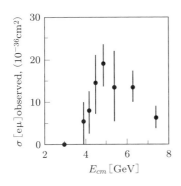 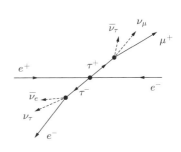

図 7.7　SLAC 実験での $\mu + e$ 事象の断面積の重心系エネルギー依存性

図 7.8　$e^+ + e^- \to \tau^+ + \tau^-$ の散乱図

$$e^+ + e^- \to \tau^+ + \tau^-,$$
$$\hookrightarrow e^- + \bar{\nu}_e + \nu_\tau, \quad \mu^- + \bar{\nu}_\mu + \nu_\tau \qquad (7.9)$$
$$\hookrightarrow \mu^+ + \nu_\mu + \bar{\nu}_\tau, \quad e^+ + \nu_e + \bar{\nu}_\tau$$

の過程で起こる．重い τ レプトンは $\nu_{e,\mu}$ と新しい第3のニュートリノ ν_τ を伴って崩壊するので，大きな運動量欠損が起こる．この結果より，1975年にパールは第3のレプトン τ が発見されたと発表した[p13]．最初は大胆な解釈と思われていたが，その後，高精度のコライダーの実験より，τ レプトンの特性が詳細に調べられ，スピンは $J = 1/2$ であることがわかった．現在は質量と寿命が，

$$m_\tau = 1776.84 \pm 0.17\,\text{MeV}/c^2, \quad \tau_\tau = (290.6 \pm 1.0) \times 10^{-15}\,\text{s}$$

と測定されている．このレプトンの発見とその崩壊の詳細な解析により，間接的に ν_τ の存在も示唆された．この ν_τ を含め，レプトン族は，

$$\begin{pmatrix} \nu_e \\ e^- \end{pmatrix}, \quad \begin{pmatrix} \nu_\mu \\ \mu^- \end{pmatrix}, \quad \begin{pmatrix} \nu_\tau \\ \tau^- \end{pmatrix} \qquad (7.10)$$

と表され，レプトンの3世代が確立された．

7.4　ボトム粒子

7.4.1　b クォークの発見

J/ψ 粒子の発見による第4の c クォークの発見と第3の荷電の τ レプトンの発見に加え，小林・益川理論での6クォーク $(d, u), (s, c), (b, t)$ の導入を契機に，b, t クォー

7.4 ボトム粒子

クの探索は重要な研究対象となった.そのため,レーダーマン (L. Lederman) のグループは,フェルミ研究所 (Fermi national laboratory) の 400 GeV 陽子加速器において, $b\bar{b}$ 粒子の探索実験を開始した.実験では,以下の反応で生じる μ 対の検出を試み,その不変質量 $m_{\mu^+\mu^-}$ 分布を測定した.

$$p + A \to \mu^+ + \mu^- + X; \quad A = \text{Be}, \text{Cu}, \text{Pt} \tag{7.11}$$

1977 年にレーダーマンのグループは図 7.9 に示す結果を発表し, μ 対の一般的な生成による連続的な曲線の上に質量 $m_{\mu^+\mu^-} \sim 10\,\text{GeV}/c^2$ の領域に幅の広いピークを観測した.これを $(b\bar{b})$ 状態の粒子とし,Υ(ウプシロン)と命名した.検出器の質量分解能は $\sim 0.5\,\text{GeV}$ であったため,このピークの幅内に複数個の粒子が存在するとして,この分解能を取り入れてデータを解析し,$m_{\mu^+\mu^-} = 9.4, 10.01, 10.4\,\text{GeV}/c^2$ の 3 個の Υ 粒子の存在を確認した.この結果より,質量 $m_b \lesssim 5\,\text{GeV}/c^2$ と推定される第 5 のクォーク b の存在が確認された.

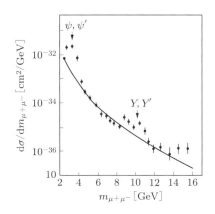

図 7.9 FNAL 実験の Υ 質量分布

その後,米国コーネル大学のビームエネルギー 8 GeV の e^+e^- コライダー CESR での CLEO 実験やドイツの DESY の蓄積リング DORIS での ARGUS 実験で Υ 粒子[3] が詳細に調べられ,

$$\begin{aligned} m_\Upsilon &= 9.456\,\text{GeV}/c^2, & \Gamma &= 0.03\,\text{MeV} \\ m_{\Upsilon'} &= 10.016\,\text{GeV}/c^2, & \Gamma &= 0.03\,\text{MeV} \\ m_{\Upsilon''} &= 10.347\,\text{GeV}/c^2, & \Gamma &= 0.03\,\text{MeV} \\ m_{\Upsilon'''} &= 10.570\,\text{GeV}/c^2, & \Gamma &= 30\,\text{MeV} \end{aligned} \tag{7.12}$$

---

[3] $\Upsilon, \Upsilon', \Upsilon'', \Upsilon'''$ は $\Upsilon(1S), \Upsilon(2S), \Upsilon(3S), \Upsilon(4S)$ ともよばれる.

の結果を得ている. Υ''' は, ほかの Υ より崩壊幅が約 1000 倍も大きい. これは, Υ''' の質量がエネルギー的に $b, \bar{b}$ を含むハドロンへの崩壊が可能な閾値を超えているためである.

Υ''' は $B\bar{B}$ に崩壊できるが, その質量は $m_{\Upsilon'''} = 10.57\,\text{GeV}/c^2$ なので, $B\bar{B}$ の 2 つの質量和との差は $\sim 20\,\text{MeV}/c^2$ しかない. このため, Υ''' の崩壊で生成された B メソンはほとんど静止している. また, 崩壊したときは, $B\bar{B}$ 以外のハドロンが生成されないため, 終状態は純粋な $B\bar{B}$ 系となっている. これらの性質と, b クォークの崩壊には大きな CP 非保存効果が予想されたため, Υ''' を利用して CP 非保存の実験が行われ, その結果は, 標準理論の正当性を確実なものにした (第 9 章参照).

7.4.2 B ハドロン

b クォークを含むメソンでは, $I(J^P) = 1/2(0^-)$ の $B^+(u\bar{b})$, $B^0(d\bar{b})$ とこれらの反粒子と励起状態が観測されている. これらの粒子は種々のモードに崩壊する. B メソンの終状態の粒子が特定できるいくつかの崩壊モードと分岐比を列挙すると,

$$\begin{aligned} &B^+ \to \bar{D}^0\,\pi^+\pi^+\,\pi^-\,(1.1\%), \quad B^+ \to \bar{D}^0\,\pi^+\,(0.5\%), \\ &B^0 \to D^-\,\pi^+\,(0.3\%), \qquad\qquad B^0 \to D^-\,\pi^+\pi^+\,\pi^-\,(0.8\%) \end{aligned} \tag{7.13}$$

などで, 質量, 平均寿命は, $m_{B^\pm} = 5279\,\text{MeV}/c^2$, $m_{B^0} = 5280\,\text{MeV}/c^2$, $\tau_{B^\pm} = 1.671 \times 10^{-12}\,\text{s}$, $\tau_{B^0} = 1.536 \times 10^{-12}\,\text{s}$ と測定されている. また, 質量 $m = 5.36\,\text{GeV}/c^2$, 寿命 $\tau = 1.4 \times 10^{-12}\,\text{s}$ の, s と $\bar{b}$ クォークで構成されるメソン $B_s^0(s\bar{b})$ や, 質量 $m = 6.28\,\text{GeV}/c^2$, 寿命 $\tau = 0.46 \times 10^{-12}\,\text{s}$ の $B_c^+(c\bar{b})$, $B_c^-(\bar{c}b)$ も観測され, その量子数はクォーク模型の予測より $I(J^P) = 0\,(0^-)$ と考えられている.

b バリオンは, 質量 $m = 5624 \pm 9\,\text{MeV}/c^2$, 寿命 $\tau = (1.229 \pm 0.080) \times 10^{-12}\,\text{s}$ の $\Lambda_b^0(udb)$ が観測されているが, ほかの b バリオンは $\Lambda_b, \Xi_b, \Sigma_b, \Omega_b$ の混合粒子として観測されている.

7.5 トップクォークの発見

第 5 のクォーク b と第 3 の荷電レプトン τ の発見により, 標準模型におけるクォーク q, レプトン l の世代構成は, 形の整った 3 世代

$$q = \begin{pmatrix} u \\ d \end{pmatrix}, \begin{pmatrix} c \\ s \end{pmatrix}, \begin{pmatrix} t \\ b \end{pmatrix}, \quad l = \begin{pmatrix} \nu_e \\ e^- \end{pmatrix}, \begin{pmatrix} \nu_\mu \\ \mu^- \end{pmatrix}, \begin{pmatrix} \nu_\tau \\ \tau^- \end{pmatrix} \tag{7.14}$$

で表され, t クォークの発見は時間の問題と考えられていた. 1980 年頃は, その質量

は $20 \sim 30 \,\mathrm{GeV}/c^2$ と予想され，KEK における $30+30 \,\mathrm{GeV}\, e^+e^-$ TRISTAN 加速器建設計画の初期目的の 1 つでもあった．しかし，$W^\pm, Z^0$ 質量の実測値に標準模型での計算値を合わせるために，W, Z^0 を含む高次補正と t クォークを含む高次補正を導入して算出すると，必要とされる t クォーク質量は $m_t = 90 \sim 200 \,\mathrm{GeV}/c^2$ と推定されるようになった．この t クォーク質量は予想以上に高く，e^+e^- コライダーで $t\bar{t}$ 対を生成することは，エネルギー的に不可能であった．そのため，e^+e^- コライダーよりも高いエネルギーでの衝突を実現できるハドロンコライダーで検証実験が続けられた．その結果，1995 年にフェルミ研究所の $1+1$ TeV の $p\bar{p}$ コライダー Tevatron での実験で，ようやく最初の t クォークの観測が発表された．

Tevatron では，最初に CDF，続いて DØ の 2 台の大型検出器が建設された．CDF は，粒子運動量の測定のため超伝導ソレノイド磁石を用いたが，DØ では，反応で発生するほとんどの粒子が高エネルギーであるため，磁場を用いず粒子のエネルギーのみを測定する立体角 $\sim 4\pi$ の検出器を建設した．CDF 検出器の側面断面図を図 7.10 に示す．検出器は多くの飛跡検出器，電磁・ハドロンカロリメーター，μ 粒子検出器などから構成されている．

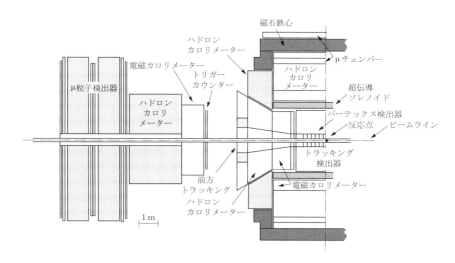

図 7.10　CDF 検出器の左半分の概念側断面図

$p\bar{p}$ ハドロンコライダーでの t クォークの探索は，以下に示す反応，

$$p + \bar{p} \to t \quad + \quad \bar{t} + \text{hadrons} \\ \phantom{p + \bar{p} \to} \;\; \hookrightarrow b + W^+ \;\; \hookrightarrow \bar{b} + W^- \tag{7.15}$$

による $t\bar{t}$ の生成・崩壊により調べられた．図 7.11(a) に $t\bar{t}$ の生成，図 (b)，(c) に

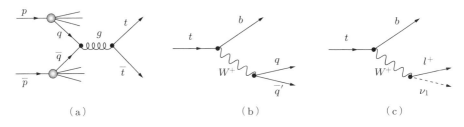

図 7.11　$p\bar{p}$ 反応と崩壊のクォーク図

t クォークの崩壊を示す．図 (b)，(c) に示すように，t クォークは質量が重いので，$t \to bW^+$，$W^+ \to l^+\nu_l$ または $W^+ \to q\,\bar{q}'$ に崩壊し，いずれのチャンネルでも崩壊先の粒子は高エネルギーで生成される．t クォークや W 粒子の崩壊により，高エネルギーのクォークが生じると，クォークは最終的にハドロンに転化しなければならないため，そのクォークの運動量の方向に進む数多くのハドロンや，その崩壊でできる光子の群になり，5.6.3 項で説明されているジェットとして観測される．したがって，$t\bar{t}$ 生成を同定するため，$t\bar{t}$ の崩壊を次の 3 つのチャンネルに分類することができる．

① all jet　　　　　： $t\bar{t} \to bW^+\ \bar{b}W^- \to b\,q\bar{q}'\ \bar{b}\,q''\bar{q}'''$ 　　　　　(46.2%)
② lepton + jet ： $t\bar{t} \to bW^+\ \bar{b}W^- \to b\,q\bar{q}'\ \bar{b}\,l^-\bar{\nu}_l$，$b\,l^+\nu_l\ \bar{b}\,q\bar{q}'$ 　(43.5%)
③ all lepton　 ： $t\bar{t} \to bW^+\ \bar{b}W^- \to b\,l^+\nu_l\ \bar{b}\,l^-\bar{\nu}_l$ 　　　　　　　(10.3%)

チャンネル ① では $W^\pm$ が両方ともジェットに崩壊し，② では W の一方がレプトン，他方がジェットに崩壊する．③ では両方の W がレプトンに崩壊する事象で，事象数の割合は一番少ない．しかし，ジェットよりレプトン崩壊による W の同定のほうがバックグランドが少ないため，③ により同定された $t\bar{t}$ 事象は最も純度がよい．b クォークは B ハドロンとして比較的長い寿命 $\tau \sim 10^{-12}\,\mathrm{s}$ ($c\tau \sim 300\,\mu\mathrm{m}$) で崩壊し，やはりジェットを生成する．$B$ 粒子の同定は，反応点から崩壊点までの飛距離，インパクトパラメータ (impact parameter)[4]，あるいは，質量が $M_B \gtrsim 5.3\,\mathrm{GeV}/c^2$ と大きいので，セミレプトニック崩壊からの荷電レプトンの運動量の大きさを利用して行われた．反応点領域に設置されたシリコンバーテックス検出器は，$\sim 25\,\mu\mathrm{m}$ の高精度空間分解能があり，粒子崩壊の同定に威力を発揮し，γ, e の同定とエネルギー測定には，電磁シャワーカウンターを用い，ハドロン，μ に対してはそれぞれハドロンカロリメーター，μ 測定器を用いて粒子を同定し，エネルギー測定を行った．

このようにして $t\bar{t}$ 事象を選択し，CDF，DØ グループは重心系エネルギー $E_{cm} = 1.96\,\mathrm{TeV}$ での $p\bar{p}$ 反応による $t\bar{t}$ 生成断面積 $\sigma(t\bar{t}) = 7.1 \sim 7.3\,\mathrm{pb}$ を測定している．こ

---

[4] 粒子飛跡の外挿線と反応点におけるずれの距離．

のエネルギーでの $p\bar{p}$ の全反応断面積は $\sigma(p\bar{p}) \sim 80\,\mathrm{mb}$ なので，$t\bar{t}$ 信号とバックグラウンドとの比は $S/N \sim 1/10^{10}$ であり，いかに事象選択が困難であったかを示している．

図 7.12 に CDF 実験初期に見つかった 4 ジェット＋電子に崩壊する $t\bar{t}$ 事象例を示す．図はビーム方向に垂直面に投影された粒子飛跡を示す．ビーム方向に散乱された超高エネルギーのハドロンは，すべて $t\bar{t}$ 生成以外に生成されるハドロンなので，図には示していない．ジェット Jet 1, Jet 4 は中性 B 粒子が反応点より数 mm の位置で崩壊し，Jet 2, Jet 3 は $W^{\pm}$ のハドロン崩壊と考えられる．この事象を $p\bar{p} \to t\bar{t} + X$，$t \to b(\text{Jet 4}) + W(W \to e^+\nu_e)$，$\bar{t} \to \bar{b}(\text{Jet 1}) + W(W \to \text{hadrons}(\text{Jet 2, 3}))$ として，運動学的フィッティングをすると，全体の運動量が計算され，t クォークの質量は $m_t = 172 \pm 11\,\mathrm{GeV}/c^2$ と求められた．このようにして測定された質量分布の 1 例として，1995 年のフェルミ研究所の CDF の報告書に発表された結果を図 (b) に示す．実際の t クォークの質量 m_t の測定には，いくつかの統計的な測定方法が開発され，CDF と DØ の測定値をまとめて，

$$m_t = 173.20 \pm 0.87\,\mathrm{GeV}/c^2 \tag{7.16}$$

と得られている．7＋7 TeV の LHC 加速器では，エネルギーが高いので $t\bar{t}$ 生成断面積が大きくなり，t クォーク特性測定には有利である．LHC での ATLAS, CMS グループも t クォーク質量の測定を行い，ほぼ同様な質量を得ている．

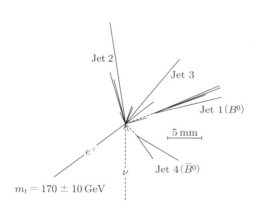
(a) CDF 実験で観測された $t\bar{t}$ 事象

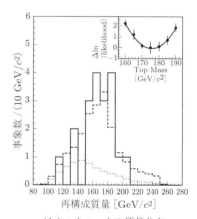
(b) t クォークの質量分布

図 7.12 t クォークの事象と質量 ((b): [p14] より転載．©(1995) by APS)

7.6 $W^\pm$ と Z^0 の発見

1967 年，ワインバーグとサラムは，電磁相互作用を媒介する粒子としてゲージボソン，γ，$W^\pm$ と Z^0 を導入した電弱統一理論を発表した．この理論は 1970 年頃までほとんど顧みられなかったが，7.1 節で述べた GIM 機構により，$\Delta S = 1$ の中性カレント崩壊の禁止が説明され，Z^0 の存在が実験と矛盾しないことが導かれたため，ゲージボソン $W^\pm, Z^0$ の存在の検証は電弱統一理論確立のための重要な研究課題となった．

CERN ではこのゲージボソン検証実験を 1 つの重要な目的として，世界で初めて $270 + 270\,\mathrm{GeV}$ の陽子 – 反陽子のコライダー，SP$\bar{\mathrm{P}}$S を建設した．また，この実験のため，長さ十数メートルに及ぶ大型検出器，UA1(Underground Area No.1) と UA2 が建設され，$W^\pm$ と Z^0 は 1983 年に SP$\bar{\mathrm{P}}$S で発見されることとなった．

ゲージボソン $W^\pm, Z^0$ は，以下の $p\bar{p}$ 反応，

$$p + \bar{p} \to W^\pm + X, \quad p + \bar{p} \to Z^0 + X' \tag{7.17}$$

で生成される．ここで，X, X' は反応前後で保存則を満たすハドロンなどの粒子群である．UA1,UA2 グループは，これらのボソンのレプトニック崩壊，

$$W^\pm \to l^\pm + \nu, \quad Z^0 \to l^+ + l^-; \quad l = e, \mu \tag{7.18}$$

を探索した．図 7.13 に UA1 検出器を側面より見た概念図を示す．検出器の中心部には，飛跡検出器を設置し，その周りを電磁カロリメーターで囲い，電子や光子を同定し測定する．この周りに 2 極電磁石コイルが巻かれてビーム方向に垂直に $\sim 0.7\,\mathrm{T}$ の磁場がかけられ，荷電粒子の電荷と運動量が測定できる．その外側は長さ $11\,\mathrm{m}$，高さ $6\,\mathrm{m}$ のセグメント化された鉄材で囲まれ，磁場のリターンヨーク，ハドロンカロリメー

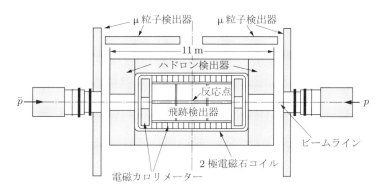

図 7.13 UA1 検出器の概念図

ターと μ 粒子検出器の吸収材の役割を果たしている．電磁カロリメーター，ハドロンカロリメーターは反応点をほぼ全立体角で覆っているので，この検出器で検出されない粒子があるとすると，それはニュートリノと考えられる．

高エネルギー $p\bar{p}$ 反応では，多数のハドロンが生成されるが，これらの粒子の，ビーム方向に対して横方向の運動量 P_T は数 GeV 以下なので，W, Z のレプトニックの 2 体崩壊事象は大きな P_T をもつレプトン事象として選択できる．図 7.14(a) に示すような W^+ 崩壊では，$u + \bar{d} \to W^+$ の衝突エネルギーは不明であるが，すべての粒子の横方向の運動量の和はゼロとしてよい．したがって，測定されたすべての荷電，中性ハドロンの横運動量の和がゼロよりずれると，この欠損横運動量は検出できない ν の横運動量と考えられ，選択された W^+ 事象が正しければ，陽電子と ν の横運動量は等しくなる．図 (b) の左図は 43 個の電子事象について $e^{\pm}$ と ν の P_T の相関を示した図である．明らかに測定点が直線上にあり，質量 $\sim 80\,\text{GeV}/c^2$ の W の存在を示している．ビーム方向の運動量測定は多くの高エネルギー粒子がビームパイプの内に抜けてしまうため測定誤差が大きくなり，縦方向の欠損運動量 P_L と P_T を用いて，正確な W 質量は測定できない．さらに，横運動量はゼロではないため，W 質量は，クォーク運動量分布を仮定してモンテカルロ法で W の横質量 $M_T(W) \equiv E_T(e) + E_T(\nu)^5$ と比較して求められた．この方法で，UA1 と UA2 グループは，それぞれ，

$$M_W = 83.5 \pm 1.1 \pm 2.7\,\text{GeV}/c^2, \quad M_W = 80.2 \pm 0.8 \pm 1.3\,\text{GeV}/c^2 \qquad (7.19)$$

を得ている．W のスピン J は，崩壊により生じた（陽）電子 $e^{\pm}$ と（反）陽子ビームとの間の崩壊角 θ の分布より求められた．図 (a) での角 θ は e^+ と $\bar{p}$ 間の角とし，W

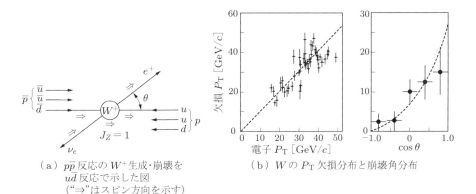

(a) $p\bar{p}$ 反応の W^+ 生成・崩壊を $u\bar{d}$ 反応で示した図（"⇒" はスピン方向を示す）

(b) W の P_T 欠損分布と崩壊角分布

図 7.14　SP$\bar{\text{P}}$S での $W^{\pm}$ の生成と崩壊

5　厳密には W の横運動量はゼロではない．横質量の正確な定義は，電子とニュートリノの横運動量の開きの角を $\Delta\phi$ として，$M_T = 2\sqrt{E_T(e)E_T(\nu)\sin^2(\Delta\phi/2)}$ となる．

のスピンが $J=1$ であるとすると，角分布は，

$$\frac{dN}{d\cos\theta} = (1+\cos\theta)^2 \tag{7.20}$$

と表される．図 (b) の右図は角分布の測定結果と $J=1$ の場合に予想される曲線である．明らかに，データは電弱理論でのゲージボソン W のスピン $J=1$ と一致していることを示している．これは，図 (a) に示すように，W^+ を生成するクォークは $(u_L\ \bar{d}_R)$ であるため，W^+ は $\bar{p}$ の運動量方向に偏極することを示している．

$p\bar{p}$ で生成された Z^0 はトップ以外のクォーク対あるいはレプトン対に崩壊するが，(e^+e^-), $(\mu^+\mu^-)$ 対への崩壊が探索に用いられた．ここでは，Z^0 の質量 M_Z をレプトン対の不変質量として測定した．図 7.15 に UA1 と UA2 を合わせた測定結果を示す．その後のデータ蓄積により，UA1 と UA2 はそれぞれ，

$$M_Z = 93.0 \pm 1.4 \pm 3\,\mathrm{GeV}/c^2, \quad M_Z = 91.5 \pm 1.2 \pm 1.7\,\mathrm{GeV}/c^2$$

と結果を出している．

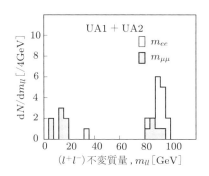

図 7.15　UA1 と UA2 実験での e^+e^-, $\mu^+\mu^-$ 質量分布

その後，LEP, LEP2, SLC 実験のデータ蓄積量が増加し，e^+e^- コライダーのエネルギーが向上したため，

$$e^+ + e^- \to Z^0, \quad e^+ + e^- \to W^+ + W^- \tag{7.21}$$

の反応により，大量の Z^0 と W^+W^- 対の生成が可能になった．そのため，W^+W^- 対生成の生成断面積のエネルギー分布や，$W^\pm$ 崩壊粒子からの精密質量計算が可能になり，これらのボソンの特性が詳しく調べられるようになった．現在では Tevatron の結果も合わせて，$W^\pm, Z^0$ の質量は，

表 7.1　W^+, Z^0 の崩壊分岐比 (Γ_i/Γ)

崩壊モード	Γ_i/Γ [%]
$W^+ \to e^+\nu,\ \mu^+\nu,\ \tau^+\nu$	10.86 ± 0.09
$W^+ \to \sum q\bar{q}' \to$ hadrons	67.4 ± 0.27
$Z^0 \to e^+e^-, \mu^+\mu^-, \tau^+\tau^-$	3.3658 ± 0.0023
$Z^0 \to \sum q\bar{q} \to$ hadrons	69.91 ± 0.06
$Z^0 \to \sum \nu\bar{\nu} \to$ invisible	20.00 ± 0.06

$$M_W = 80.398 \pm 0.025 \,\text{GeV}/c^2, \quad \Gamma_W = 2.141 \pm 0.041 \,\text{GeV}/c^2$$
$$M_Z = 91.1876 \pm 0.0021 \,\text{GeV}/c^2, \quad \Gamma_Z = 2.4952 \pm 0.0023 \,\text{GeV}/c^2 \quad (7.22)$$

と測定されている．また，$W^\pm, Z^0$ の崩壊分岐比 Γ_i/Γ も測定され，そのおもな測定結果を表 7.1 に示す．

これらの粒子の発見とその崩壊分岐比は，標準理論の確立に大きな役割を果たした．

演習問題

7.1 次の弱い相互作用による反応についてクォーク線と必要な W や Z ボソンの内線を用いてクォーク図を描け．
(1) $\nu_e + n \to \nu_e + n$　(2) $\bar{\nu}_\mu + p \to \mu^+ + n$　(3) $\pi^- + p \to \Lambda^0 + \pi^0$
(4) $\nu_e + e^- \to \nu_e + e^-$

7.2 図 7.16 は，フェルミ研の DØ で見つかった $t\bar{t}$ 事象の各粒子群の運動量である．$t\bar{t}$ は静止状態で生成され，図に示された粒子群はすべてビームに垂直な面内にあるとして，それぞれの運動量を示した．この t の質量を求めよ．

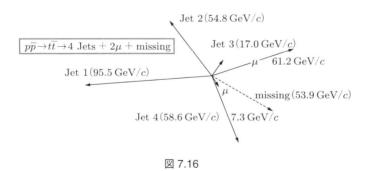

図 7.16

7.3 $D^0(c\bar{u})$ の以下の崩壊の強さの比をカビボ角 θ_c を用いて表せ．
$D^0 \to K^-\pi^+, \quad D^0 \to \pi^-\pi^+, \quad D^0 \to K^+\pi^-$

8 CKM行列とその測定

標準理論では，フレーバー固有状態のクォークはヒッグス場と相互作用することにより，その種類を変える（11.5節）．その結果，クォークの質量固有状態は，フレーバー固有状態の混合状態になる．たとえば，フレーバー固有状態 (d', s') は，質量固有状態 (d, s) とカビボ角により，式 (3.1) のように混合していることを学んだ．クォークには 3 世代あるため，混合行列は，カビボ・小林・益川 (CKM) 行列とよばれる 3×3 の行列になる．本章では，この CKM 行列要素がどのように測定されてきたかを解説する[1]．

8.1 カビボ・小林・益川行列

第 9 章で説明されるように，中性 K メソンの崩壊における CP 非対称性発見の後，1973 年に小林・益川両氏は，3 世代クォーク理論を提案し，この理論より CP 非保存効果が説明できることを示した．これを小林・益川理論とよぶ．この理論では，d, s, b の 3 つのクォークの質量固有状態とフレーバー固有状態の d', s', b' が混合していると考え，両者の関係は以下のように示される．

$$\begin{pmatrix} |d'\rangle \\ |s'\rangle \\ |b'\rangle \end{pmatrix} = \begin{pmatrix} V_{ud} & V_{us} & V_{ub} \\ V_{cd} & V_{cs} & V_{cb} \\ V_{td} & V_{ts} & V_{tb} \end{pmatrix} \begin{pmatrix} |d\rangle \\ |s\rangle \\ |b\rangle \end{pmatrix} \tag{8.1}$$

この混合行列をカビボ・小林・益川行列 (Cabibbo–Kobayashi–Maskawa 行列，CKM 行列，V_CKM) とよぶ．クォークの存在確率の保存から，V_CKM 行列はユニタリー行列になり，一般に 3 個の角度 $\theta_{12}, \theta_{23}, \theta_{13}$ と 1 つの複素位相のパラメータ δ で以下のように表すことができる．

---

[1] この章の解説および測定結果は，文献 [p1] を参考にした．

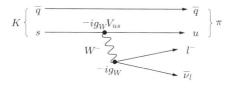

図 8.1 $K \to \pi l\nu$ 崩壊の素過程 $\bar{q}$ は, $\bar{u}$, $\bar{d}$ を表す.

$$V_{\text{CKM}} = \begin{pmatrix} 1 & 0 & 0 \\ 0 & c_{23} & s_{23} \\ 0 & -s_{23} & c_{23} \end{pmatrix} \begin{pmatrix} c_{13} & 0 & s_{13}e^{-i\delta} \\ 0 & 1 & 0 \\ -s_{13}e^{i\delta} & 0 & c_{13} \end{pmatrix} \begin{pmatrix} c_{12} & s_{12} & 0 \\ -s_{12} & c_{12} & 0 \\ 0 & 0 & 1 \end{pmatrix}$$

$$= \begin{pmatrix} c_{12}c_{13} & s_{12}c_{13} & s_{13}e^{-i\delta} \\ -s_{12}c_{23} - c_{12}s_{23}s_{13}e^{i\delta} & c_{12}c_{23} - s_{12}s_{23}s_{13}e^{i\delta} & s_{23}c_{13} \\ s_{12}s_{23} - c_{12}c_{23}s_{13}e^{i\delta} & -c_{12}s_{23} - s_{12}c_{23}s_{13}e^{i\delta} & c_{23}c_{13} \end{pmatrix} \quad (8.2)$$

ここで, $s_{ij} = \sin\theta_{ij}$, $c_{ij} = \cos\theta_{ij}$ である. この複素位相 δ が CP 非対称性を生むと考えるのである[2].

8.1.1 CKM 行列要素の測定

U を電荷 $+2/3$ のクォーク, D を電荷 $-1/3$ のクォークとすると, 一般に $U \leftrightarrow D$ の遷移の強さは $|V_{UD}|^2$ に比例するため, $|V_{UD}|$ の CKM 行列要素を測定するためには, $U \leftrightarrow D$ 遷移が起きる現象の強さを測定すればよい.

(1) $|V_{ud}|$　　V_{ud} は, 原子核の β 崩壊を用いて測定されている. β 崩壊の素過程は, すでに図 3.6 で示されている. その寿命は, $G_F^2|V_{ud}|^2$ に比例する. G_F は式 (2.26) のように μ 粒子の寿命から得られている. V_{ud} の大きさは, 約 20 の正確に測定された超許容遷移[3]の β 崩壊の寿命の平均をとることで,

$$|V_{ud}| = 0.97425 \pm 0.00022 \quad (8.3)$$

が得られている.

(2) $|V_{us}|$　　$|V_{us}|$ は, 2 世代クォークのカビボ角として知られる. おもに $K \to \pi l\nu$ の崩壊の強さから測定する. $K_L^0 \to \pi e\nu$, $K_L^0 \to \pi\mu\nu$, $K^\pm \to \pi^0 e^\pm \nu$, $K_S^0 \to \pi e\nu$ などがあり, いずれも崩壊の素過程は図 8.1 に示される.

2　詳しくは第 9 章で説明する.
3　$^{17}\text{F} \to {}^{17}\text{O}$ のように, 始状態と終状態の原子核が互いに鏡映核になっている場合の崩壊. 始状態と終状態の原子核の波動関数の重なりが大きく, 遷移確率計算の際の理論的な不定性が小さい.

このほかにも $K \to \mu\nu$ と $\pi \to \mu\nu$ の崩壊率の比から,崩壊係数を考慮して,$|V_{us}/V_{ud}|$ の比を知ることもできる.(1) と合わせることで,現在では次のように測定されている.

$$|V_{us}| = 0.2253 \pm 0.0008 \tag{8.4}$$

(3) $|V_{cs}|$　$c \leftrightarrow s$ は,同じ弱 2 重項内の遷移なので $|V_{cs}|$ は大きい.$|V_{cs}|$ は図 8.2 に示す D_s メソンのレプトン崩壊の寿命から測定できる.崩壊幅は次のように得られる.

$$\Gamma_l = \frac{G_F^2}{8\pi}|V_{cs}|^2 f_{D_s}^2 m_{D_s} m_l^2 \left(1 - \frac{m_l^2}{m_{D_s}^2}\right) \tag{8.5}$$

f_{D_s} は,D_s の崩壊係数であり,格子 QCD 計算により約 249 MeV と計算される.この崩壊幅は,D_s の寿命 τ_{D_s} と崩壊比 B_l により,

$$\Gamma_l = \frac{B_l}{\tau_{D_s}} \tag{8.6}$$

で測定できる.$|V_{cs}|$ はまた,図 8.3 で示される $D \to Kl\nu$ の崩壊幅からも独立に求めることもできる.これらの測定の結果,

$$|V_{cs}| = 0.986 \pm 0.016 \tag{8.7}$$

が得られている.$|V_{cs}| \sim 1$ なので,これは τ レプトンの崩壊と類似しており,$m_c \sim 1.5\,\mathrm{GeV}/c^2$ で両者の質量も似ていることから,ともに 10^{-13} s の寿命をもっている.

図 8.2　$D_s \to l + \nu_l$ 崩壊のファインマン図　　図 8.3　$c \to s$ 崩壊のファインマン図

なお,$D_s \to \tau + \nu_\tau$ の分岐比は 5.4% と比較的大きいので,10.5.2 項で説明するニュートリノ振動実験で使用する ν_τ は,この反応により生成される.

(4) $|V_{cd}|$　$|V_{cd}|$ は,図 8.4 に示すように,$\nu_\mu + d \to \mu + c$ と $\nu_\mu + d \to \mu + u$ の断面積の比をとることにより測定されている.

$$\frac{|V_{cd}|^2}{|V_{ud}|^2} = C \frac{\sigma(\nu_\mu + d \to \mu^- + c)}{\sigma(\nu_\mu + d \to \mu^- + u)} \tag{8.8}$$

ここで,C は,c, d クォークの質量の違いなどによる補正を表す.c クォークが生じた場合,それは多くの場合 D メソンになり,μ^+ 粒子に崩壊できる.u クォークが生じた場合は,π 粒子になり,崩壊する前に検出器から出るため,終状態に μ^+ 粒子が含まれ

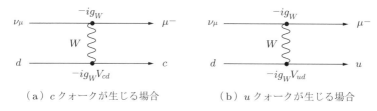

(a) c クォークが生じる場合　　(b) u クォークが生じる場合

図 8.4　$\nu_\mu + d \to \mu + x$ 散乱の素過程

ることはほとんどない. このため, 終状態に μ^+ 粒子が含まれるかどうかで, c クォークが生じたか u クォークが生じたかを区別する. 反応断面積 $\sigma(\nu_\mu + d \to \mu^- + c)$ は, μ^+ 粒子の生成率を c クォークが μ^+ 粒子に崩壊する崩壊分岐比で割ることにより求める.

このほかにも, $\Gamma(D \to \pi l\nu)/\Gamma(D \to K l\nu)$ の比から $|V_{cd}|/|V_{cs}|$ を測定し, $|V_{cs}| \sim 1$ から, $|V_{cd}|$ を決定することもできる. これらの結果を平均して, $|V_{cd}|$ は,

$$|V_{cd}| = 0.225 \pm 0.008 \tag{8.9}$$

と測定されている. これは式 (8.4) の $|V_{us}|$ とおおよそ等しい.

(5) $|V_{cb}|$　　$|V_{cb}|$ は, B メソンが D メソンに崩壊するモード $B \to D + X$ の崩壊幅から求める. 測定結果は,

$$|V_{cb}| = (4.11 \pm 0.13) \times 10^{-2} \tag{8.10}$$

が得られている. $|V_{ub}| \ll |V_{cb}|$ なので, B メソンは, おもに c クォークに崩壊する. そのため崩壊幅は, $|V_{cb}|^2 \sim 10^{-3}$ だけ狭くなり, B メソンは, D メソンに比較して質量が大きいにもかかわらず, 寿命は同程度 ($\sim 10^{-12}$ s) になる.

(6) $|V_{ub}|$　　$|V_{ub}|$ は, e^+e^- 衝突型加速器で B メソンを生成し, $B \to X_u l\nu$ に崩壊する崩壊幅から求める. ここで, X_u は u クォークを含むハドロンを表す. しかし, (5) で説明したように, $|V_{ub}| \ll |V_{cb}|$ なので, $B \to X_c l\nu$ が深刻な背景事象となる可能性がある. そのため, エネルギーの大きなレプトンを含む事象を選び, c クォークからの背景事象を減少させて解析する. 測定結果は,

$$|V_{ub}| = (4.13 \pm 0.49) \times 10^{-3} \tag{8.11}$$

と非常に小さい. また, 測定誤差も比較的大きい.

(7) $|V_{tb}|$　　$|V_{tb}|$ は, 図 8.5 のように, 超高エネルギーの $p\overline{p}$ または pp 衝突反応中

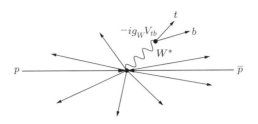

図 8.5 $p + \bar{p} \to W^- + X$, $W^- \to \bar{t} + b$ 崩壊のダイアグラム

の仮想 W 粒子の $W^* \to t + \bar{b}$ のような，単独の t クォークの発生を検出することにより測定する．この生成反応は，弱い相互作用なので事象数は少ない．$pp \to t\bar{t}X$，$p\bar{p} \to t\bar{t}X$ は，強い相互作用により生じるため，反応確率は比較的大きい．この反応により t クォークを生成し，$t \to b + X$ の崩壊幅を測定することにより，$|V_{tb}|$ を測定することもできる．さまざまな測定の平均値は，

$$|V_{tb}| = 1.021 \pm 0.032 \tag{8.12}$$

が得られている．

(8) $|V_{td}|$ と $|V_{ts}|$　　t クォークの質量は，$170\,\text{GeV}/c^2$ と非常に重く，$t \to W + b$ のように，質量 $80\,\text{GeV}/c^2$ の実 W 粒子に崩壊できる．このため，「弱い相互作用」が弱くなくなり，t クォークの寿命は非常に短く ($\tau_t < 10^{-24}\,\text{s}$) なる．その結果，$b$ クォークや c クォークのように，その飛程から t クォークを同定することはできない．$|V_{td}|$ と $|V_{ts}|$ は，B^0-$\overline{B^0}$ 振動により間接的に測定する．B^0-$\overline{B^0}$ 振動のファインマン図は図 8.6 で示され，t クォークが内線として現れた場合，V_{td} や V_{ts} が顔を出す．9.2.2 項で説明するとおり，図 8.6 の振幅は，B^0 の質量固有状態間の質量差を生み，その質量差から，CKM 行列の行列要素を測定できる．一方，質量差は，振動の周期から精度よく測定できる．たとえば，B_d^0-$\overline{B_d^0}$ 振動の場合，その質量差は，$\Delta m_{B_d} = 0.335 \pm 0.002\,\text{meV}$，$B_s^0$-$\overline{B_s^0}$ 振動の場合，$\Delta m_{B_s} = 11.67 \pm 0.014\,\text{meV}$ と測定されている．これらから CKM 行列要素の測定値は，

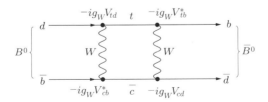

図 8.6 B^0-$\overline{B^0}$ 振動のファインマン図の例

$$|V_{td}| = (8.4 \pm 0.6) \times 10^{-3}, \quad |V_{ts}| = (4.00 \pm 0.27) \times 10^{-2} \tag{8.13}$$

と決定できる．この誤差は，ほとんどが崩壊係数の理論計算の誤差からくる．B_s と B_d の崩壊係数の比は比較的精度よく計算できるため，求めた $|V_{td}|$ と $|V_{ts}|$ の比の誤差は小さい．

$$\left|\frac{V_{td}}{V_{ts}}\right| = 0.216 \pm 0.011 \tag{8.14}$$

(9) 複素位相と混合角　　第9章で詳しく説明するが，CKM 行列要素の複素位相角は，K メソン，B メソンの CP 対称性の破れから測定されていて，結果は

$$\delta \sim 1.26\,\text{rad} \tag{8.15}$$

である．さらにこれまでの CKM 行列要素の測定値を用いると，3つの混合角は次のようになる．

$$\theta_{12} \sim 0.227\,\text{rad}, \quad \theta_{23} \sim 0.419\,\text{rad}, \quad \theta_{13} \sim 0.00367\,\text{rad} \tag{8.16}$$

8.2 CKM 行列のウォルフェンスタイン表示

以上の測定により，CKM 行列要素の大きさは次のようにまとめられる．

$$V_{\text{CKM}} = \begin{pmatrix} 0.974 & 0.225 & 0.0036 \\ 0.225 & 0.973 & 0.041 \\ 0.0089 & 0.041 & 1.00 \end{pmatrix} \tag{8.17}$$

式 (8.16) の関係から，$s_{12} \sim 0.2$, $s_{23} \sim 0.04$, $s_{13} \sim 0.004$ なので，その大きさには，おおよそ $s_{23} \sim O(s_{12}^2)$, $s_{13} \sim O(s_{12}^3)$ の関係があることがわかる．そこで，

$$s_{12} = \lambda, \quad s_{23} = A\lambda^2, \quad s_{13}e^{i\delta} = A\lambda^3(\rho + i\eta) \tag{8.18}$$

と，4つの実パラメータ λ, A, ρ, η を導入すると，CKM 行列は，

$$V_{\text{CKM}} = \begin{pmatrix} 1 - \lambda^2/2 & \lambda & A\lambda^3(\rho - i\eta) \\ -\lambda & 1 - \lambda^2/2 & A\lambda^2 \\ A\lambda^3(1 - \rho - i\eta) & -A\lambda^2 & 1 \end{pmatrix} + O(\lambda^4) \tag{8.19}$$

と表される（演習問題 8.1）．これをウォルフェンスタイン (Wolfenstein) 表示といい，この表示に現れるパラメータをウォルフェンスタインパラメータという．CKM 行列のユニタリティを仮定し，フィッティングを行い，ウォルフェンスタインパラメータ

は次のように求められる.

$$\lambda \sim 0.226, \quad A \sim 0.814, \quad \rho \sim 0.120, \quad \eta \sim 0.362 \tag{8.20}$$

ウォルフェンスタイン表示を使うと，CKM 行列要素の大きさや特徴を一目で把握でき，第 9 章で説明する CP 非対称性の測定結果などをまとめる際に便利である（図 9.13 参照）．

演習問題

8.1 式 (8.2) と式 (8.18) から式 (8.19) を導出せよ．

8.2 式 (8.20) の値を使って，式 (8.2) で定義されている δ の値を求めよ．ただし，$0° \leq \delta < 180°$ とする．

9 CP対称性の破れ

　現在の宇宙には反陽子や反中性子からできた「反物質」はほとんどなく，陽子や中性子からできた「物質」からできている．しかし，宇宙がビッグバンで誕生したときは粒子も反粒子も等しく存在していたと考えられる．したがって，宇宙が発展して現在の姿になるまでに，反粒子は消滅しつくしてしまうが粒子は残る過程が必要である．つまり，粒子と反粒子の非対称性が存在しなければならない．サハロフ (А. Д. Сáхаров) は，現在の宇宙の物質優勢を説明するためには，(1) C と CP 対称性の破れ，(2) バリオン数の非保存，(3) バリオン数が変化する時点での宇宙の熱的非平衡，の 3 つの条件が必要であることを示した（サハロフの 3 条件）．

　我々は，弱い相互作用で荷電共役変換（C 変換）に対する対称性が大きく破れていることを知っている．しかし，C 変換に対する非対称性だけでは，現在の物質優勢は生じない．なぜなら，たとえば，「左巻き」の陽子とその C 変換である「左巻き」の反陽子の寿命が異なったとしても，もし「左巻き」の陽子と「右巻き」の反陽子の寿命が同じならば，陽子の全体数と反陽子の全体数に違いは生じないからである．「右巻き」の反陽子は「左巻き」の陽子を CP 変換した状態であるため，物質優勢を生むためには，CP 対称性も破れている必要がある．

　現在のところ，強い相互作用と電磁相互作用では CP 対称性の破れは実験的に見つかっていない．弱い相互作用に対してもパリティ変換（P 変換）と C 変換の対称性を破ることがわかっているが，2 つの変換を同時に行う CP 変換に対する対称性は破れていないと長い間考えられていた．たとえば，ニュートリノについては，左巻きニュートリノに C 変換を施した左巻き反ニュートリノは存在しないが，これにさらに P 変換を施した右巻き反ニュートリノは存在し，左巻きニュートリノと同じ物理法則に従う．このように，自然界は弱い相互作用を含めて CP 対称性をもつと考えてよいように思える．

　しかし，1964 年に中性 K メソンの崩壊で CP 対称性もわずかながら破れていることが発見された．これはそれまでの常識を覆す現象であり，自然の奥深さを示すものといえる．本章では，CP 変換の意味とその破れについて K メソンと B メソン，そしてニュートリノを取り上げ，解説する．

9.1 CKM行列要素とその複素共役

CP非対称性は，CKM行列要素の虚数成分から生まれる．そのため，CKM行列要素の取り扱いには少し注意が必要になる．例として，dクォークとcクォーク間の遷移とV_{cd}およびその複素共役V_{cd}^*の対応を考えてみる．図9.1(a)のように，V_{cd}は，$d \to c$の遷移の結合の係数として定義される．反クォークの遷移$\bar{d} \to \bar{c}$（図(b)）の結合はV_{cd}^*になる．時間を反転した$c \to d$の遷移の場合（図(c)）もV_{cd}^*になる．dと$\bar{c}$が対消滅する場合（図(e)）はV_{cd}，dと$\bar{c}$が対生成する場合（図(g)）はV_{cd}^*になる．考え方としては，たとえば，dクォークに注目し，dクォークが反応点に入る場合はV_{cd}，反応点から出る場合はV_{cd}^*，$\bar{d}$の場合はその反対と覚えておけばよい．

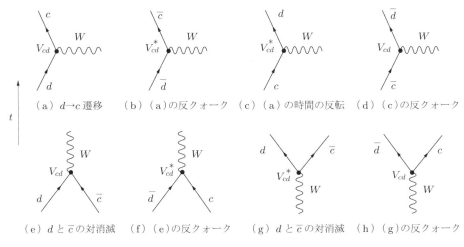

(a) $d \to c$遷移　(b) (a)の反クォーク　(c) (a) の時間の反転　(d) (c)の反クォーク

(e) dと$\bar{c}$の対消滅　(f) (e)の反クォーク　(g) dと$\bar{c}$の対消滅　(h) (g)の反クォーク

図 9.1　c, dクォーク間の遷移と，V_{cd}とその複素共役V_{cd}^*の関係

9.2 K^0系でのCP非対称性

9.2.1 K^0-$\overline{K^0}$混合と質量の固有状態

中性KメソンにはK^0とその反粒子である$\overline{K^0}$があり，互いにCP変換した状態になっている．クォーク成分はそれぞれ$(d\bar{s})$, $(\bar{d}s)$である．図9.2に示すように，K^0, $\overline{K^0}$はともに強い相互作用で生成されるが，その崩壊は図9.3に示すように，弱い相互作用による$s \to u$や$\bar{s} \to \bar{u}$の遷移であり，ノンレプトニック崩壊やセミレプトニック崩壊が観測されている．実験によるK^0と$\overline{K^0}$の識別は，セミレプトニック崩壊で生成する粒子（主としてレプトン$l(=e, \mu)$の電荷の違い（$K^0 (\to \pi^- l^+ \nu)$か$\overline{K^0}(\to \pi^+ l^- \nu)$）

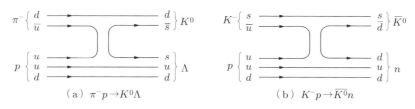

図 9.2 K^0 と $\overline{K^0}$ の生成反応

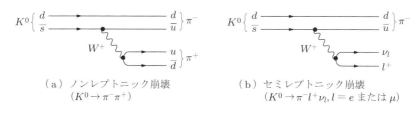

図 9.3 K^0 の崩壊例

や,低エネルギーでは $\overline{K^0}$ は強い相互作用による反応 ($\overline{K^0} + p \to \Lambda + \pi^+$) を起こすが K^0 は起こさないことでも行うことができる.

一見すると,K^0 と $\overline{K^0}$ はほかの粒子–反粒子対と同様に同じ質量と寿命をもつように思えるが,そうではない.なぜなら,図 9.4 のように両者は弱い相互作用の 2 次の過程により互いに変化し合い,その結果 K^0 と $\overline{K^0}$ は質量固有状態ではなくなり,質量固有状態は,それらが混じり合った状態になるからである.これを K^0-$\overline{K^0}$ 混合という.その意味を考えてみよう.

図 9.4(a) から,$K^0 \to \overline{K^0}$ の遷移振幅は次のように書ける.

$$A(K^0 \to \overline{K^0}) \propto g_W^4 \left(\sum_{i=u,c,t} V_{id} V_{is}^* \Pi_K(m_i) \right)^2 \tag{9.1}$$

ここで,$i\,(=u,c,t)$ は中間状態で飛ぶアップ型クォークのフレーバーの種類を表し,

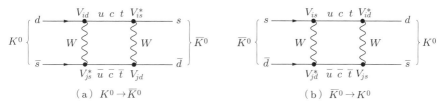

図 9.4 K^0-$\overline{K^0}$ 混合 弱い相互作用の 2 次の過程により両者は変化し合う ($i,j = u, c, t$ を表す).

$\Pi_K(m_i)$ は質量 m_i のクォークと W ボソンの伝播関数[1]の効果を表す. V_{id}, V_{is}^* は, 第 8 章で述べたクォーク混合を表す CKM 行列の成分である.

同様に, 逆の遷移 $\overline{K^0} \to K^0$ の遷移振幅は, 次式のように書ける.

$$A(\overline{K^0} \to K^0) \propto g_W^4 \left(\sum_{i=u,c,t} V_{id}^* V_{is} \Pi_K(m_i) \right)^2 \tag{9.2}$$

したがって, $A(K^0 \to \overline{K^0}) = A(\overline{K^0} \to K^0)^*$ となり, 両者は互いに複素共役の関係になっている. そこで $A(K^0 \to \overline{K^0}) = |A_K|e^{i\alpha_K}$ と書くと, $A(\overline{K^0} \to K^0) = |A_K|e^{-i\alpha_K}$ と表される. この α_K が CP 対称性の破れの原因となる. なお, クォークの質量がすべて等しければ $\Pi_K(m_i)$ は共通の係数としてくくり出されるので, $A(K^0 \to \overline{K^0}) \propto (\sum_i V_{id} V_{is}^*)^2$ になるが, これは CKM 行列のユニタリー性からゼロとなる. すなわち, $K^0 \leftrightarrow \overline{K^0}$ の遷移が生じるためにはクォークの質量に違いがあることも必要である.

上に述べた議論から, 中性 K メソンの波動関数を,

$$\psi_K(t) = C_{K^0}(t)|K^0\rangle + C_{\overline{K^0}}(t)|\overline{K^0}\rangle \tag{9.3}$$

と書いたとき, $C_K(t)$ が満たすべき状態方程式は次のようになる.

$$i\frac{d}{dt}\begin{pmatrix} C_{K^0} \\ C_{\overline{K^0}} \end{pmatrix} = \begin{pmatrix} m_0 + |A_K| & |A_K|e^{-i\alpha_K} \\ |A_K|e^{i\alpha_K} & m_0 + |A_K| \end{pmatrix} \begin{pmatrix} C_{K^0} \\ C_{\overline{K^0}} \end{pmatrix} \tag{9.4}$$

ここで, m_0 は K^0 の元の質量である. この方程式から, 式 (C.103)〜(C.105) と対応させて質量の固有状態と, それに対応する質量は, 次のように書ける.

$$\begin{cases} |K_1\rangle = \dfrac{|\overline{K^0}\rangle - e^{-i\alpha_K}|K^0\rangle}{\sqrt{2}}, & m_{K_1} = m_0 \\ |K_2\rangle = \dfrac{|K^0\rangle + e^{i\alpha_K}|\overline{K^0}\rangle}{\sqrt{2}}, & m_{K_2} = m_0 + 2|A_K| \end{cases} \tag{9.5}$$

9.2.2 K^0-$\overline{K^0}$ 振動

式 (9.5) から逆に, $|K^0\rangle$ と $|\overline{K^0}\rangle$ は質量固有状態である $|K_1\rangle$ と $|K_2\rangle$ の重ね合わせ状態であり, 決まった質量はもたないことがわかる. では, これらの粒子は, 生まれた後どのように振る舞うのだろうか. 簡単のため崩壊を無視すると, 時間 $t=0$ で純粋な $|K^0\rangle$ として生まれたときの状態は, 式 (9.5) より,

---

[1] 伝播関数は図 9.4(a) の W や u,c,t のように反応の中間状態にしか表れない素粒子が始点から終点へ伝播する振幅を与える.

$$|\psi_K(0)\rangle = |K^0\rangle = \frac{|K_2\rangle - e^{i\alpha_K}|K_1\rangle}{\sqrt{2}} \tag{9.6}$$

なので，時刻 t では

$$|\psi_K(t)\rangle = \frac{|K_2\rangle e^{-im_{K_2}t} - e^{i\alpha_K}|K_1\rangle e^{-im_{K_1}t}}{\sqrt{2}} \tag{9.7}$$

となる．これより，時刻 t で $\overline{K^0}$ である確率は次の式のように計算される．

$$P_{K^0 \to \overline{K^0}}(t) = |\langle \overline{K^0}|\psi_K(t)\rangle|^2 = \sin^2\frac{\Delta m_K}{2}t = \sin^2|A_K|t \tag{9.8}$$

ここで，$\Delta m_K = m_{K_2} - m_{K_1}$ である．これは，最初存在しなかった $\overline{K^0}$ が時間とともに生み出されることを意味する．また，最初 $\overline{K^0}$ であった状態が時刻 t で K^0 となる確率は $\sin^2(\Delta m_K/2)t$ で与えられる．このように，$\overline{K^0}$ と K^0 が，K_1 と K_2 の質量差 Δm_K で決まる振動数で互いに移り変わる．これを K^0-$\overline{K^0}$ 振動という．

9.2.3 質量の固有状態と CP 非対称性

もし，$\alpha_K = 0$ だとすると，質量固有状態 $|K_{2/1}\rangle$ は次式のような状態 $|K_\pm\rangle$ となる[2]．

$$\begin{cases} |K_1\rangle \xrightarrow{\alpha_K=0} \dfrac{|\overline{K^0}\rangle - |K^0\rangle}{\sqrt{2}} \equiv |K_+\rangle \\ |K_2\rangle \xrightarrow{\alpha_K=0} \dfrac{|K^0\rangle + |\overline{K^0}\rangle}{\sqrt{2}} \equiv |K_-\rangle \end{cases} \tag{9.9}$$

いま，$\mathrm{C}|K^0\rangle = +|\overline{K^0}\rangle$ と定義すると，$\mathrm{C}|\overline{K^0}\rangle = \mathrm{C}^2|K^0\rangle = +|K^0\rangle$ になる．K^0 と $\overline{K^0}$ のパリティは負なので，

$$\mathrm{CP}|K^0\rangle = -|\overline{K^0}\rangle, \quad \mathrm{CP}|\overline{K^0}\rangle = -|K^0\rangle \tag{9.10}$$

になり，これを利用して，

$$\begin{cases} \mathrm{CP}|K_-\rangle = \dfrac{-|\overline{K^0}\rangle - |K^0\rangle}{\sqrt{2}} = -\dfrac{|K^0\rangle + |\overline{K^0}\rangle}{\sqrt{2}} = -|K_-\rangle \\ \mathrm{CP}|K_+\rangle = \dfrac{-|K^0\rangle + |\overline{K^0}\rangle}{\sqrt{2}} = +\dfrac{|\overline{K^0}\rangle - |K^0\rangle}{\sqrt{2}} = +|K_+\rangle \end{cases} \tag{9.11}$$

となる．したがって，$|K_\pm\rangle$ はそれぞれ CP $= \pm 1$ の固有値をもつ CP の固有状態でもある[3]．表 C.2 から，$\pi\pi$ 系の CP は正 (CP $= +1$) であるため，CP が保存していると K_+ は 2π には崩壊できるが，K_- はできない．したがって，一般に $K_\pm$ の寿命は

---

[2] 荷電メソン $K^\pm$ のことではないので注意．
[3] $K_\pm$ の符号は CP 固有値と一致するよう定義した．

異なることになる．実際，中性 K メソンには寿命の短いもの（K_S とよぶ，平均寿命 $\tau = 0.09\,\mathrm{ns}$）と長いもの（K_L とよぶ，$\tau = 51\,\mathrm{ns}$）が存在し，前者はおもに 2 個の π メソンに崩壊し，後者はおもに 3 個の π メソンに崩壊する．後者では 3 個の π メソンの質量の和が K メソンの質量に近いため，前者に比べて崩壊の位相空間が非常に小さく，その結果，寿命が 500 倍以上長くなる．

$\alpha_K \neq 0$ のとき，式 (9.5) のエネルギー固有状態 $|K_1\rangle$, $|K_2\rangle$ は，次式に示すように CP の異なる $|K_\pm\rangle$ の重ね合わせで表されるため，CP の固有状態ではない．

$$\begin{cases} |K_1\rangle = \dfrac{(1+e^{-i\alpha_K})|K_+\rangle + (1-e^{-i\alpha_K})|K_-\rangle}{2} \\ |K_2\rangle = \dfrac{(1+e^{i\alpha_K})|K_-\rangle - (1-e^{i\alpha_K})|K_+\rangle}{2} \end{cases} \tag{9.12}$$

これを逆に解くと，

$$\begin{cases} |K_+\rangle = \dfrac{(1+e^{i\alpha_K})|K_1\rangle - (1-e^{-i\alpha_K})|K_2\rangle}{2} \\ |K_-\rangle = \dfrac{(1-e^{i\alpha_K})|K_1\rangle + (1+e^{-i\alpha_K})|K_2\rangle}{2} \end{cases} \tag{9.13}$$

になる．つまり，CP の固有状態は，質量固有状態の重ね合わせになっている．$t = 0$ で CP $= +1$ の状態だったとすると，時刻 t での状態は，

$$|\psi_{K_+}(t)\rangle = \dfrac{(1+e^{i\alpha_K})|K_1\rangle e^{-im_{K_1}t} - (1-e^{-i\alpha_K})|K_2\rangle e^{-im_{K_2}t}}{2} \tag{9.14}$$

になる．このときの CP $= -1$ である確率は，次式となる．

$$|\langle K_-|\psi_{K_+}(t)\rangle|^2 = \sin^2\alpha_K \sin^2\dfrac{\Delta m_K}{2}t \tag{9.15}$$

これは，$\alpha_K \neq 0$ のとき，CP は自発的に反転を繰り返し，保存量ではなくなることを意味する．

これまで K^0 粒子のさまざまな基本状態が出てきたので，ここで表 9.1 にまとめておこう．

表 9.1　K^0, $\overline{K^0}$ 系のさまざまな基本状態

状態	説明
K^0, $\overline{K^0}$	強い相互作用による固有状態．$|K^0\rangle = |d\bar{s}\rangle$,　$|\overline{K^0}\rangle = |s\bar{d}\rangle$.
K_1, K_2	質量固有状態．$|K_1\rangle = (|\overline{K^0}\rangle - e^{-i\alpha_K}|K^0\rangle)/\sqrt{2}$; $m_1 = m_0$ $|K_2\rangle = (|K^0\rangle + e^{i\alpha_K}|\overline{K^0}\rangle)/\sqrt{2}$;　$m_2 = m_0 + 2|A_K|$
K_+, K_-	CP 固有状態．$|K_\pm\rangle \equiv (|\overline{K^0}\rangle \mp |K^0\rangle)/\sqrt{2}$. CP$|K_\pm\rangle = \pm|K_\pm\rangle$.
K_S, K_L	寿命の違いにより実験的に測定された状態．$\tau_S \ll \tau_L$. $K_{1,2}$ に対応する．

9.2.4 CP 対称性の破れの発見

前項で述べたように，中性 K メソンのうち，寿命の短いもの (K_S) はおもに 2 個の π メソン ($\pi^+\pi^-$, $2\pi^0$) に崩壊し，寿命の長いほう (K_L) はおもに 3 個の π メソン ($\pi^+\pi^-\pi^0$, $3\pi^0$) に崩壊する．表 C.2 から，崩壊後の 2π 系の CP は $+1$ である．一方，3π 系の CP が -1 になることは，次のように示せる．便宜上，3 つの π を $\pi_1\pi_2\pi_3$ と表す．K メソンのスピンは 0 なので，$\pi_1\pi_2$ 系の相対軌道角運動量を ℓ，その重心に対する π_3 の相対軌道角運動量を ℓ' とすると，$\ell = \ell'$ になる．一般に，量子力学では角運動量は小さいほうが安定なので，$\ell = \ell' = 0$ であると考えられる．したがって，この 3π 系のパリティは $P_{3\pi} = (P_\pi)^3 = (-1)^3 = -1$ である．次に，$\pi_1\pi_2$ が $\pi^0\pi^0$ または，$\pi^+\pi^-$ とすると，$\pi_1\pi_2$ 系は C 変換に対して対称で，その荷電パリティは，表 C.2 から $C_{\pi_1\pi_2} = +1$ である．さらに，$\pi_3 = \pi^0$ の C パリティも，表 E.4 から $C_{\pi^0} = +1$ である．したがって，3π 系の C パリティは $C_{3\pi} = C_{\pi_1\pi_2}C_{\pi^0} = +1$ である．結局，3π 系の CP は，$CP_{3\pi} = C_{3\pi}P_{3\pi} = -1$ となる．

もし弱い相互作用が CP を保存するなら，実験で観測される短寿命の K_S と長寿命の K_L はそれぞれ K_1 と K_2 に対応し，明確な CP 固有状態（前者が $+1$, 後者が -1）であるといえる．しかし現実はそうではないことが，1964 年に米国のクローニンらの実験で発見された．すなわち，CP $= -1$ であるはずの K_L が CP $= +1$ の 2π に崩壊する事象が発見されたのである．この実験では，加速器からの高エネルギー陽子ビームを金属標的に当てて生成する中性 K メソンビームが用いられた．K_S の寿命は，$c\tau_{K_S} \sim 2.7 \,\mathrm{cm}$ なので，金属標的から十分下流では K_S の成分は完全に消滅し，寿命の長い K_L のみとなる．したがって，CP が保存されるならば，CP $= +1$ である 2π への崩壊は起こらないはずである．ところが実験の結果，$K_L \to 2\pi$ の崩壊現象が見つかり，CP 対称性も破れていることが判明したのである．

この実験では，図 9.5 のように，電磁石と飛跡検出器からなるスペクトロメータを一対配置し，2 個の正負の荷電粒子の運動量を測定した．実験装置には K_L ビームと空気との反応を抑えるため，物質量が少ないヘリウムを詰めた袋を用意し，そこから出てくる荷電粒子を捕らえた．そして，荷電粒子を π^+, π^- と仮定して求められる不変質量と 2 つの運動量の和を調べた．K_L の崩壊で荷電粒子を含むものは $\pi^+\pi^-\pi^0$, $\pi^\pm\mu^\mp\nu$, $\pi^\pm e^\mp\nu$ がほとんどであるが，π^0 の崩壊による γ 線やニュートリノが検出されないため，不変質量は K メソンの質量に比べて小さく，運動量の和は幅広い分布をなす．ところが，中性 K メソンの質量に相当する不変質量をもつ事象を選別して，運動量の和の分布をとるとビーム方向にピークが現れ，$K_L \to 2\pi$ 崩壊が存在することを示した．このとき測定された $K_L \to \pi^+\pi^-$ の崩壊分岐比は 0.2% であった．その後見

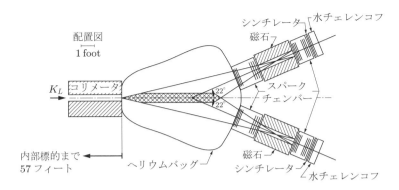

図 9.5 中性 K メソンの CP 対称性を破る 2π 崩壊を検出した実験のセットアップ
左から K_L が入射し，ヘリウムバッグの中で崩壊する．一対のスペクトロメーターが崩壊により生じた荷電粒子の運動量を測定する．
([p15] より転載. ⓒ(1964) by APS)

つかった $K_L \to 2\pi^0$ と合わせると，CP 対称性を破る $K_L \to 2\pi$ 崩壊の分岐比は合わせて 0.3%である．一方，K_S はほとんど 100%が CP 対称性を保存する 2π に崩壊する．K_S と K_L の寿命の比 ($\tau_S/\tau_L \sim 1.7 \times 10^{-3}$) と 2π 崩壊分岐比の比 (0.3%/100%) の積をとると，5×10^{-6} であることから，CP 対称性の破れは極めてわずかな程度しかないことがわかる．

9.2.5 間接的 CP 対称性の破れ

実験により，CP 対称性がわずかながらも破れていることが判明した．これは中性 K メソンの質量の固有状態が式 (9.9) のような K^0 と $\overline{K^0}$ の混合状態でなく，重ね合わせの振幅がわずかながら虚数成分をもつことを示している．振幅の虚数成分が小さいとき，式 (9.12) は，次のように近似される．

$$\begin{cases} |K_S\rangle = |K_1\rangle \sim |K_+\rangle + i(\alpha_K/2)|K_-\rangle \equiv |K_+\rangle + \varepsilon_K |K_-\rangle \\ |K_L\rangle = |K_2\rangle \sim |K_-\rangle + i(\alpha_K/2)|K_+\rangle \equiv |K_-\rangle + \varepsilon_K |K_+\rangle \end{cases} \quad (9.16)$$

$K_L \to \pi\pi$, $K_S \to \pi\pi$ の崩壊幅は，

$$\begin{cases} \Gamma(K_S \to \pi\pi) \propto |\langle\pi\pi|H_W|K_S\rangle|^2 = |\langle\pi\pi|H_W|K_+\rangle|^2 + |\varepsilon_K|^2 |\langle\pi\pi|H_W|K_-\rangle|^2 \\ \Gamma(K_L \to \pi\pi) \propto |\langle\pi\pi|H_W|K_L\rangle|^2 = |\langle\pi\pi|H_W|K_-\rangle|^2 + |\varepsilon_K|^2 |\langle\pi\pi|H_W|K_+\rangle|^2 \end{cases} \quad (9.17)$$

と表すことができる．ここで，H_W は $K \to \pi\pi$ 崩壊の弱い相互作用のハミルトニアンである．$\Gamma(K_L \to \pi\pi) \ll \Gamma(K_S \to \pi\pi)$ なので，$\langle\pi\pi|H_W|K_-\rangle \sim 0$ と考えられ，

9.2 K^0 系での CP 非対称性

これから

$$\begin{cases} \Gamma(K_S \to \pi\pi) \propto |\langle\pi\pi|H_W|K_+\rangle|^2 \\ \Gamma(K_L \to \pi\pi) \propto |\varepsilon_K|^2|\langle\pi\pi|H_W|K_+\rangle|^2 \end{cases} \tag{9.18}$$

と書かれる．これまでの実験による ε_K の測定値は，$K_L \to \pi^+\pi^-$，$K_L \to \pi^0\pi^0$ の測定などから以下の値が得られている[p1]．

$$|\varepsilon_K| = \sqrt{\frac{\Gamma(K_L \to \pi\pi)}{\Gamma(K_S \to \pi\pi)}} = (2.228 \pm 0.011) \times 10^{-3} \tag{9.19}$$

この CP 非保存効果は，崩壊のプロセスでの効果ではなく，質量固有状態に異なった CP 状態が混じることにより生じるので，「間接的 CP 対称性の破れ」とよばれる．

9.2.6 直接的 CP 対称性の破れ

前項の議論によると，$K_L \to \pi\pi$ も $K_S \to \pi\pi$ も，元は $K_+ \to \pi\pi$ からきているため，

$$\frac{\Gamma(K_L \to \pi^0\pi^0)}{\Gamma(K_L \to \pi^+\pi^-)} = \frac{\Gamma(K_S \to \pi^0\pi^0)}{\Gamma(K_S \to \pi^+\pi^-)} \left(= \frac{\Gamma(K_+ \to \pi^0\pi^0)}{\Gamma(K_+ \to \pi^+\pi^-)} \right) \tag{9.20}$$

が成り立つはずである．しかし，この場合 1 であるべき次の比の測定値は，

$$R_\Gamma \equiv \frac{\Gamma(K_L \to \pi^+\pi^-)\Gamma(K_S \to \pi^0\pi^0)}{\Gamma(K_L \to \pi^0\pi^0)\Gamma(K_S \to \pi^+\pi^-)} = 1.0049 \pm 0.0008 \tag{9.21}$$

と，1 に近いが 1 からの微妙なずれがあることを示す．これは，これまで説明してきたもの以外に CP 非保存効果をもつ過程が存在することを示唆する．この効果は式 (9.17) 式中の $\langle\pi\pi|H_W|K_-\rangle$ からきていると考えるのが自然である．$\langle\pi\pi|H_W|K_-\rangle$ について少し詳しく調べてみよう．式 (9.9) の定義から，

$$\langle\pi\pi|H_W|K_-\rangle = \frac{\langle\pi\pi|H_W|K^0\rangle + \langle\pi\pi|H_W|\overline{K^0}\rangle}{\sqrt{2}} \tag{9.22}$$

と分解できる．$K^0 \to \pi\pi$ の崩壊では，まず図 9.6(a) のようなダイアグラム（ツリーダイアグラム）があるが，これだけでは CP 対称性は破らない．標準理論によれば，このほかに図 9.6(b) のようなダイアグラム（ペンギンダイアグラムとよばれている）も可能になる．9.2.1 項での議論と同じように，一般に M_P は複素数である．

$K^0 \to \pi\pi$ の振幅を図 9.6 の 2 つのダイアグラムの和

$$\langle\pi\pi|H_W|K^0\rangle = M_T + M_P = A_{\pi\pi} \tag{9.23}$$

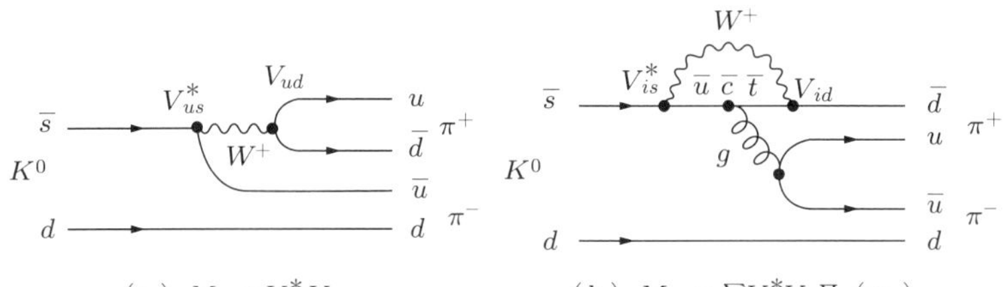

（a）$M_T \propto V_{us}^* V_{ud}$　　（b）$M_P \propto \sum_i V_{is}^* V_{id} \Pi_P(m_i)$

図 9.6　中性 K メソンの直接的 CP 対称性の破れの崩壊

と書くと，H_W の CPT 対称性より，

$$\begin{aligned}\langle \pi\pi | H_W | \overline{K^0} \rangle &= \langle \pi\pi | (\mathrm{CPT})^{-1} H_W \mathrm{CPT} | \overline{K^0} \rangle = -\langle K^0 | H_W | \pi\pi \rangle \\ &= -\langle \pi\pi | H_W | K^0 \rangle^* = -A_{\pi\pi}^* \end{aligned} \tag{9.24}$$

になる．ここで，マイナス符号は式 (9.10) からきた．すると，式 (9.22) は，

$$\langle \pi\pi | H_W | K_- \rangle = \frac{A_{\pi\pi} - A_{\pi\pi}^*}{\sqrt{2}} = i\sqrt{2}\mathrm{Im}(A_{\pi\pi}) \tag{9.25}$$

になり，$A_{\pi\pi}$ に虚数成分があれば，$K_- \to \pi\pi$ の崩壊が可能となり，H_W は CP 対称性を破っていることになる．これは崩壊過程で CP 対称性が破れているため，直接的 CP 対称性の破れとよぶ．同様に，

$$\langle \pi\pi | H_W | K_+ \rangle = \frac{A_{\pi\pi} + A_{\pi\pi}^*}{\sqrt{2}} = \sqrt{2}\mathrm{Re}(A_{\pi\pi}) \tag{9.26}$$

を示すことができるため，式 (9.16) より，

$$\begin{cases} \langle \pi\pi | H_W | K_S \rangle = \sqrt{2}[\mathrm{Re}(A_{\pi\pi}) + i\varepsilon_K \mathrm{Im}(A_{\pi\pi})] \\ \langle \pi\pi | H_W | K_L \rangle = \sqrt{2}[i\mathrm{Im}(A_{\pi\pi}) + \varepsilon_K \mathrm{Re}(A_{\pi\pi})] \end{cases} \tag{9.27}$$

である．これから，式 (9.21) の比は，

$$R_\Gamma \sim \frac{|[i\mathrm{Im}(A_{\pi^+\pi^-}) + \varepsilon_K \mathrm{Re}(A_{\pi^+\pi^-})]|^2 |\mathrm{Re}(A_{\pi^0\pi^0})|^2}{|[i\mathrm{Im}(A_{\pi^0\pi^0}) + \varepsilon_K \mathrm{Re}(A_{\pi^0\pi^0})]|^2 |\mathrm{Re}(A_{\pi^+\pi^-})|^2} \tag{9.28}$$

になる．ここで，$\varepsilon_K \mathrm{Im}(A_{\pi\pi})$ の項は 2 重に小さいため無視した．

$$A_{\pi^+\pi^-} = |A_{+-}| e^{i\delta_{+-}}, \quad A_{\pi^0\pi^0} = |A_{00}| e^{i\delta_{00}} \tag{9.29}$$

などと表示し，式 (9.16) での定義から ε_K は虚数で，$\delta_{+-}, \delta_{00} \ll |\varepsilon_K| \ll 1$ に注意すると，

になる.

$$R_\Gamma = \frac{|\varepsilon_K + i\tan\delta_{+-}|^2}{|\varepsilon_K + i\tan\delta_{00}|^2} \sim 1 + 2\frac{\delta_{+-} - \delta_{00}}{|\varepsilon_K|} \tag{9.30}$$

になる.普通は

$$R_\Gamma = 1 + 6\frac{|\varepsilon'_K|}{|\varepsilon_K|} \tag{9.31}$$

で $|\varepsilon'_K|$ というパラメータを定義する.式 (9.21) の測定値と比較すると,

$$|\varepsilon'_K| \sim 0.0016|\varepsilon_K| \sim 3 \times 10^{-6} \tag{9.32}$$

が得られる.

ε'_K がゼロなのかどうかという問題の実験による検証は容易でなく,1970 年代後半から 1990 年代後半にかけて,欧州 (CERN) と米国(フェルミ研究所)で熾烈な測定競争が続けられた.その結果,ついにゼロでない結果が得られた.標準理論が確立する前は K_L の 2π 崩壊は間接的 CP 対称性の破れのみで説明できるとする理論も存在し,長らく小林・益川模型と対立し決着がつかなかった.ε'_K の測定結果は,小林・益川模型が正しいことを示すもので,標準理論の確立に重要な成果を与えたといえる.

9.3 B^0 系での CP 非対称性

K^0 系で測定された CP 非保存効果は非常に小さかった.B^0 系での CP 非保存効果は,これらから述べるように δ の直接測定に対応し,大きいことが期待される.

9.3.1 ユニタリティ 3 角形

CP 非対称性の測定は,CKM 行列の δ の測定に対応するが,δ のさまざまな測定や CKM 行列要素の測定を統一的にまとめるために,ユニタリティ 3 角形を使用すると便利である.CKM 行列のユニタリー性から,CKM 行列要素間には,

$$V_{ud}V_{ub}^* + V_{cd}V_{cb}^* + V_{td}V_{tb}^* = 0 \tag{9.33}$$

の関係がある.これは複素空間中で,$V_{id}V_{ib}^*; i = u, c, t$ の 3 つの線分が閉じた 3 角形を形づくることを意味する.式 (9.33) 全体を一番精度よく測定されている $V_{cd}V_{cb}^*$ で割ると,

$$\frac{V_{ud}V_{ub}^*}{V_{cd}V_{cb}^*} + 1 + \frac{V_{td}V_{tb}^*}{V_{cd}V_{cb}^*} = 0 \tag{9.34}$$

になる.ここで,長さが 1 の線を実軸上の単位線分に合わせると,図 9.7 のような,ユニタリティ 3 角形が定義できる.この 3 角形の辺の長さや角度はそれぞれ独立に測定

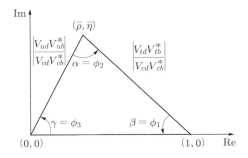

図 9.7 CKM 行列のユニタリティ 3 角形

でき，実際に閉じた3角形をつくるかどうかが標準模型の重要なテストになる．8.2 節のウォルフェンスタイン表示を使用すると，

$$\begin{aligned}\frac{V_{ud}V_{ub}^*}{V_{cd}V_{cb}^*} &= -\left(1-\frac{\lambda^2}{2}\right)(\rho+i\eta) \equiv -(\bar\rho+i\bar\eta), \\ \frac{V_{td}V_{tb}^*}{V_{cd}V_{cb}^*} &= \rho+i\eta-1 \sim \bar\rho+i\bar\eta-1\end{aligned} \quad (9.35)$$

と表される．この3角形の高さは，$\bar\eta$ つまり，虚数成分の大きさを表す[4]．なお，ユニタリティ3角形の内角は，使用する研究者により呼び方が異なるため，論文を読むときなど注意が必要である．とくに，式 (8.2) の δ は，図 9.7 の角 γ に対応する．

9.3.2　B^0-$\overline{B^0}$ 振動と CP 非対称性

B^0 メソンのクォーク構造は $|d\bar b\rangle$ なので，図 9.8 のように B^0-$\overline{B^0}$ の混合が生じる．この結果，K^0 粒子と同じような B^0-$\overline{B^0}$ 振動や CP 対称性の破れなどが生じる．これらのメカニズムは基本的には K^0 の場合と同様であるが，次の理由で見え方と実験手法が大きく異なることになる．まず，b クォークの寿命は 10^{-12} s 程度と，s クォークの寿命に比べずっと短いため，K^0 のようにビームとして取り出すことはできない．

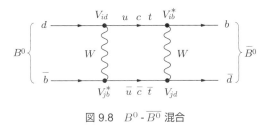

図 9.8　B^0-$\overline{B^0}$ 混合

---

[4] ウォルフェンスタイン表示では，混合行列のユニタリー性は近似的なので，2 つの辺の虚数成分は完全には一致しない．

次に，b クォークは質量が大きいため，数多くの崩壊モードが存在し，2 つの質量固有状態の寿命の差はほとんどない．また，各崩壊モードへの分岐比は小さく，CP 対称性の破れを探るための崩壊モードも非常に小さい．B^0-$\overline{B^0}$ 混合が K^0 に比べより強く，B^0-$\overline{B^0}$ の振動の周期は 10^{-12} s 程度と速いため，振動パターンを測定するためには µm オーダーの崩壊点位置測定精度が必要である．そして，膨大な背景事象の中から b クォークの事象を取り出す必要があり，高性能の検出器が必要となる．

9.3.3 B^0-$\overline{B^0}$ 遷移

K^0 系の式 (9.1) と同じように，B^0-$\overline{B^0}$ 間の遷移振幅は，

$$A(B^0 \to \overline{B^0}) \propto g_W^4 \left(\sum_{i=u,c,t} V_{id} V_{ib}^* \Pi_B(m_i) \right)^2 \tag{9.36}$$

で表される．この振幅では，V_{tb} と m_t が大きいため，t クォークの寄与がおもになる．これを

$$A(B^0 \to \overline{B^0}) \equiv |A_B| e^{i\alpha_B} \sim g_W^4 (\Pi_B(m_t))^2 (V_{td} V_{tb}^*)^2 \tag{9.37}$$

とパラメータ化すると，次式のようになる．

$$\alpha_B \sim 2\arg(V_{td} V_{tb}^*) \tag{9.38}$$

9.3.4 B^0 系の CP 非対称性の測定

B^0 系の CP 非対称性は，日本の高エネルギー加速器研究機構で行われたベル (Belle) 実験と米国スタンフォード加速器センター (SLAC) で行われたババール (BABAR) 実験で測定された．これらの実験では，$B^0(\overline{B^0})$ は，電子−陽電子衝突反応により，$e^+ e^- \to \Upsilon(4S) \to B^0 \overline{B^0}$ で生成される．ここで，$\Upsilon(4S)$ は，$b\bar{b}$ が結合したメソンの 3 番目の動径励起状態で，その質量は $m_{\Upsilon(4S)} = 10.579\,\mathrm{GeV}$ である．一方，B^0，$\overline{B^0}$ の質量は，$m_{B^0} = 5.280\,\mathrm{MeV}$ であり，$|m_{\Upsilon(4S)} - 2m_{B^0}| = 19\,\mathrm{MeV} < m_\pi$ なので，ほかのハドロンは生じず，終状態は，$B^0 \overline{B^0}$（または $B^+ B^-$）の 2 体系と考えることができる．また，B^0，$\overline{B^0}$ は重心系でほとんど静止している．Υ の量子数は $J^{PC} = 1^{--}$ であるため，表 C.2 の $\ell = 1$ の場合の $\pi^+ \pi^-$ 系と同じように，$B^0 \overline{B^0}$ は，

$$\psi_{B\overline{B}} = \frac{B^0 \overline{B^0} - \overline{B^0} B^0}{\sqrt{2}} \tag{9.39}$$

の状態になっている（演習問題 9.2）．

B メソンの崩壊の CP 非対称性は，たとえば，

$$A_{\rm CP}^B = \frac{\Gamma(B^0 \to f) - \Gamma(\overline{B^0} \to \overline{f})}{\Gamma(B^0 \to f) + \Gamma(\overline{B^0} \to \overline{f})} \tag{9.40}$$

で測定できる．実験的には，$\overline{f} = f$ の終状態を測定するほうが検出に伴う不確定性要素が少なくてよい．この CP 非対称性が最初に測定されたのは，$f = (J/\psi)K_S$ のモードであった．親が B^0 だったか $\overline{B^0}$ だったかは，図 9.9 で示すように，対で生成されたもう 1 つのメソンが B^0 か $\overline{B^0}$ かで判断する．図 9.9 のように，一方の B メソンが $B \to l + X$ のモードで崩壊し，レプトン l の電荷が負（正）だった場合，親のメソンは b ($\overline{b}$) クォークを含むため $\overline{B^0}(B^0)$ である．どちらかの B が $B \to l^- X$ ($l^+ \overline{X}$) のように崩壊したとき ($t=0$) には，もう片方のメソンは $B^0(\overline{B^0})$ と決定できる．しかし，B^0-$\overline{B^0}$ は振動しているため，その影響を考慮に入れなければならない．

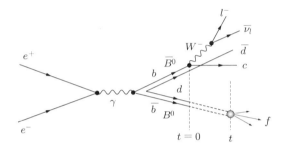

図 9.9 $e^+e^- \to B^0\overline{B^0}$, $\overline{B^0} \to l^- + X$ の反応 $\overline{B^0}$ が崩壊した時刻 ($t=0$) では，もう片方のメソンは B^0 である．この B メソンが f に崩壊する時刻 t では，振動により $\overline{B^0}$ に変化している可能性がある．

まず，上記の方法で $t=0$ で，崩壊していないほうのメソンが B^0 だったと決定したとする．この B^0 は振動し，時間の経過とともに $\overline{B^0}$ が生まれてくる．$t=0$ での状態を質量固有状態 B_1, B_2 で表すと，式 (9.6) の類推から，

$$|\psi_{B^0}(0)\rangle = |B^0\rangle = \frac{|B_2\rangle - e^{i\alpha_B}|B_1\rangle}{\sqrt{2}} \tag{9.41}$$

と書ける．時間 t 後には，状態は，

$$|\psi_{B^0}(t)\rangle = \frac{|B_2\rangle e^{-im_{B_2}t} - e^{i\alpha_B}|B_1\rangle e^{-im_{B_1}t}}{\sqrt{2}} \tag{9.42}$$

になる．この状態を，B^0, $\overline{B^0}$ の基本状態で表しなおすと，次式になる．

$$\psi_{B^0}(t) = e^{-i\overline{m}_B t}[\cos(\Delta m_B t/2)|B^0\rangle - ie^{i\alpha_B}\sin(\Delta m_B t/2)|\overline{B^0}\rangle] \tag{9.43}$$

ここで，$\overline{m}_B = (m_{B_1} + m_{B_2})/2$ は，B^0 の平均質量を表す．

次に，終状態である $(J/\psi)K_S$ について考える．α_K は小さいので無視すると，表 9.1 より，

$$|K_S\rangle = |K_1\rangle = \frac{|s\bar{d}\rangle - |d\bar{s}\rangle}{\sqrt{2}} \tag{9.44}$$

なので，$B^0(t) \to (J/\psi)K_S$ 崩壊の振幅は，

$$\begin{aligned}
&\langle (J/\psi)K_S | H_W | \Psi_{B^0}(t) \rangle \\
&= \frac{e^{-i\bar{m}_B t}}{\sqrt{2}} \langle c\bar{c} | (\langle s\bar{d}| - \langle d\bar{s}|) H_W \\
&\quad \times \left[\cos\left(\frac{\Delta m_B t}{2}\right) |d\bar{b}\rangle - ie^{i\alpha_B} \sin\left(\frac{\Delta m_B t}{2}\right) |b\bar{d}\rangle \right]
\end{aligned} \tag{9.45}$$

となる．ここで，

$$\eta_B \equiv \arg(V_{cb} V_{cs}^*) \tag{9.46}$$

として，図 9.10 に示すように，

$$\begin{aligned}
&\langle (c\bar{c})(s\bar{d})| H_W | b\bar{d}\rangle \propto V_{cb} V_{cs}^* = |V_{cb} V_{cs}| e^{i\eta_B}, &&\langle (c\bar{c})(d\bar{s})| H_W | b\bar{d}\rangle = 0 \\
&\langle (c\bar{c})(d\bar{s})| H_W | d\bar{b}\rangle \propto V_{cs} V_{cb}^* = |V_{cb} V_{cs}| e^{-i\eta_B}, &&\langle (c\bar{c})(s\bar{d})| H_W | d\bar{b}\rangle = 0
\end{aligned} \tag{9.47}$$

なので，時刻 t に B^0 が $(J/\psi)K_S$ に崩壊する確率は，

$$\begin{aligned}
\Gamma(B^0 \to (J/\psi)K_S)(t) &\propto |\langle (J/\psi)K_S | H_W | \Psi_{B^0}(t) \rangle|^2 \\
&= \frac{|V_{cb} V_{cs}|^2}{2} \left| e^{-i\eta_B} \cos\left(\frac{\Delta m_B t}{2}\right) + ie^{i(\eta_B + \alpha_B)} \sin\left(\frac{\Delta m_B t}{2}\right) \right|^2 \\
&= \frac{|V_{cb} V_{cs}|^2}{2} [1 - \sin\Delta m_B t \sin(\alpha_B + 2\eta_B)]
\end{aligned} \tag{9.48}$$

である．ここで，式 (8.19) のウォルフェンスタイン表示を使うと，

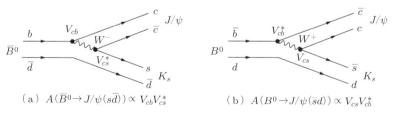

図 9.10　$B^0, \overline{B^0} \to (J/\psi)K_s$ のファインマン図　(a) $\overline{B^0} \to J/\psi(s\bar{d})$ のダイアグラム．振幅は，$V_{cb} V_{cs}^*$ に比例する．(b) $B^0 \to J/\psi(d\bar{s})$ のダイアグラム．振幅は，$V_{cs} V_{cb}^*$ に比例する．$B^0 \to J/\psi(s\bar{d})$ および $\overline{B^0} \to J/\psi(d\bar{s})$ の振幅は存在しない．

$$\alpha_B + 2\eta_B \sim 2\arg(1-\rho-i\eta) = 2\phi_1 \tag{9.49}$$

である．ϕ_1 は，図 9.7 で定義されるユニタリティ 3 角形の 1 つの角である．したがって，

$$\Gamma(B^0 \to (J/\psi)K_S)(t) \propto |V_{cb}V_{cs}|^2(1-\sin 2\phi_1 \sin \Delta m_B t) \tag{9.50}$$

になり，同様に，

$$\Gamma(\overline{B^0} \to (J/\psi)K_S)(t) \propto |V_{cb}V_{cs}|^2(1+\sin 2\phi_1 \sin \Delta m_B t) \tag{9.51}$$

になる．したがって，CP 非対称度 (9.40) は，次式のようになる．

$$A_{\mathrm{CP}}^B(t) = -\sin 2\phi_1 \sin \Delta m_B t \tag{9.52}$$

この CP 非対称性を時間について積分したものを測定した場合，ϕ_1 がゼロでなくても A_{CP} は平均化されて 0 になってしまう．そのため，この非対称性を測定するためには，非対称度の時間依存性を測定しなければならない．この時間依存性は，B^0-$\overline{B^0}$ 振動の周期からきており，$T \sim 10^{-12}$ s なので，時間を直接測定することはできない．B 粒子を光速に近い速度でブーストさせると，振動の長さが $cT \sim 0.3$ mm 程度になる．この程度の距離ならば，精度の高い崩壊点測定器を使えば十分測定可能である．しかし，実際には，B 粒子は，重心系でほとんど静止した状態で生成されるため，このままでは非対称度の時間依存性を測定できない．

そこで，KEK と SLAC では，図 9.11 のように，非対称なエネルギーをもつ電子と陽電子を衝突させ，実験室系で重心を運動させることにより，B 粒子に運動量を与えた．KEK の加速器の場合，電子のエネルギーを 8.0 GeV に，陽電子のエネルギーを 3.5 GeV に加速し正面衝突させた．その結果，重心系エネルギーは，$E_{\mathrm{CM}} = 2\sqrt{8.0 \times 3.5} \sim 10.6$ GeV になった．一方，この衝突により生じる $\Upsilon(4S)$ 粒子の運動量は，$P = 8.0 - 3.5 = 4.5$ GeV で，その崩壊により生じる B^0, $\overline{B^0}$ 粒子は，重心系ではほとんど止まっているので，その半分の運動量 $P_B = 2.3$ GeV をもつ．B^0, $\overline{B^0}$ がもつエネルギーは $(8.0+3.5)/2 = 5.8$ GeV であるため，速度は，

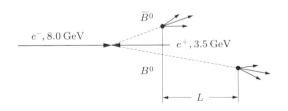

図 9.11 非対称ビーム　L は，2 つの B メソンが崩壊するまでに走った距離の差．

$\beta_B = P_B/E_B = 0.40$, ローレンツ係数は $\gamma_B = 5.8/5.3 = 1.094$ である. したがって, 崩壊するまでの平均距離は, $l = \gamma_B \beta_B \tau_B \sim 0.2\,\mathrm{mm}$ になる. 図 9.12(a) にこの実験を行った BELLE 検出器を, 図 9.12(b) に $f = (c\bar{c})K_S$ で測定した CP 非対称性の時間分布を示す.

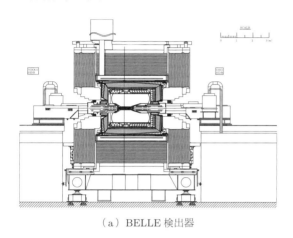
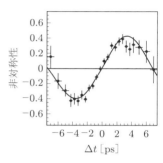

(a) BELLE 検出器　　　(b) $f=(c\bar{c})K_S$ への崩壊の CP 非対称性の時間分布

図 9.12　(a) BELLE 検出器と, (b) 測定された CP 非対称性
（[p16] より転載）

これから,

$$\sin 2\phi_1 = 0.667 \pm 0.028\,(\text{統計誤差}) \pm 0.012\,(\text{系統誤差}) \tag{9.53}$$

と測定されている[p17]. CKM 行列の δ_{CP} については, 式 (9.53) の結果も含めたこれまでのすべての測定により, $\delta_{\mathrm{CP}} \sim 70°$ が測定されている.

図 9.13 にユニタリー 3 角形測定をまとめた. 多くの独立な測定結果が 1 つの閉じた 3 角形をつくっていることがわかる. これらの結果, 小林・益川理論の正しさが証明され, 両博士は 2008 年にノーベル物理学賞を受賞した.

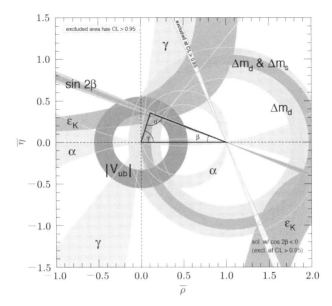

図 9.13　CKM 行列のユニタリティ 3 角形測定のまとめ
（[p1] より転載）

9.4　ニュートリノ系での CP 非対称性

B メソンで測定した CKM 行列の CP 非保存パラメータ δ は比較的大きかった．しかし，CP 非保存の物理的効果は非常に小さい．これは，クォークの混合が小さいためである．一般に，CP 非保存の物理的効果は次のヤールスコグ (Jarlskog) パラメータに比例すると考えられる [p18]．

$$J = s_{12}c_{12}s_{23}c_{23}s_{13}c_{13}^2 \sin\delta \tag{9.54}$$

これはすべての混合のかけ算になっていて，CKM 行列要素を使いこの値を計算すると，$J_q \sim 3 \times 10^{-5}$ と非常に小さくなる．このため，宇宙の物質優勢は，CKM 行列の CP 非保存効果で説明することは難しいと考えられている．ここで，本章の最初に紹介した，物質優勢を可能にするためのサハロフの 3 条件を思い出してみると，「バリオン数の非保存」の条件も必要である．現在，バリオン数の非保存は観測されていない．しかし，多くの有力な模型では，バリオンが反レプトンに変化する（B−L 保存）という効果を予言している．もしこのような条件がある場合，レプトンの CP 非対称性があれば，それがバリオン数の非対称性に転化する可能性が生じる．

第 10 章で示すように，ニュートリノにも CKM 行列に対応する，MNSP 混合行列

(10.15) があり，その複素数成分 $\sin\delta_\nu$ がクォークとは別の CP 非対称性を生むと考えられている．これまでニュートリノ振動実験により測定された MNSP 行列要素を用いてヤールスコグパラメータを計算すると，$J_\nu \sim 4\times 10^{-2}\sin\delta_\nu$ と，J_q に比較し非常に大きい可能性がある．この値がどれだけ大きいかを確定するためには，レプトンの CP 非保存パラメータ δ_ν を測定することが必要である．

9.4.1 ニュートリノ振動の CP 非対称性測定計画

現在ニュートリノの CP 非対称性の最も有望な測定方法は，加速器からの高エネルギー ν_μ が ν_e に振動する確率と $\overline{\nu}_\mu$ が $\overline{\nu}_e$ に振動する確率の違いを測定することである．これまでのニュートリノ振動の測定結果によると，$E/L = \Delta m_{23}^2/2\pi \sim 2\,[\text{MeV/km}]$ の場合，

$$A_{\rm CP} = \frac{P(\nu_\mu \to \nu_e) - P(\overline{\nu}_\mu \to \overline{\nu}_e)}{P(\nu_\mu \to \nu_e) + P(\overline{\nu}_\mu \to \overline{\nu}_e)} \sim -0.3\sin\delta_\nu \qquad (9.55)$$

になる．我が国では，現在 T2K 実験が東海にある J–PARC 加速器により発生したニュートリノを 300 km 離れた神岡にあるスーパーカミオカンデに打ち込んで，$P(\nu_\mu \to \nu_e)$ と $P(\overline{\nu}_\mu \to \overline{\nu}_e)$ を測定中である．将来加速器のパワーを上げ，1 メガトン級の検出器を神岡に設置するというハイパーカミオカンデとよばれる実験も計画されている．

=== 演習問題 ===

9.1 複素位相に注意して，次の反応の CKM 行列要素を書け．

 (1) $K^+ \to \mu^+\nu_\mu$, $\quad K^- \to \mu^-\overline{\nu}_\mu$

 (2) $\tau^- \to K^- + \nu$, $\quad \tau^- \to \pi^- + \nu$

 (3) $\overline{B_s} \to B_s$ 遷移の t クォークが内線に含まれる例を 1 つ．

9.2 $\Upsilon(4S)$ が崩壊してできた B^0-$\overline{B^0}$ 系の波動関数 (9.39) を空間部分まで含めて記述し，2 つの B ボソンの交換に対して，波動関数が対称であることを示せ．

9.3 式 (8.20) の CKM 行列パラメータの値を使い，ヤールスコグパラメータ (9.54) の値を概算せよ．

10 ニュートリノ

　ニュートリノは質量がほとんどゼロで電荷のないレプトンであり，弱い相互作用しかしない．ニュートリノは物質と反応することがほとんどなく，検出することが非常に難しいため，ほかの素粒子と比較して今後解明すべきことが多い．たとえば，我々はまだニュートリノの質量の絶対値さえ知らない．一方，ニュートリノはこの宇宙で光子の次に数が多いと考えられている．そのためニュートリノは，この宇宙の誕生と進化に大きな役割を担っていると考えられており，ニュートリノを研究し，その性質を明らかにすることは，我々の宇宙を理解するためにも非常に重要である．

　素粒子の標準理論では，ニュートリノは質量をもたないと仮定されている．しかし，1998年のニュートリノ振動の発見により，現在ではニュートリノは小さいながらもゼロでない質量をもつことが知られており，標準理論を超える現象として精力的に研究されつつある．

10.1 標準理論におけるニュートリノ

　標準理論では，ニュートリノは，ν_e，ν_μ，ν_τ の3種類が存在し，すべて質量が0としている．また，弱い相互作用しかせず，$W^\pm$ ボソンと結合したとき，ν_e は電子になり，ν_μ は μ 粒子になり，ν_τ は τ 粒子になる．$W^\pm$ だけでなく，Z^0 ボソンも左巻きのニュートリノ，あるいは右巻きの反ニュートリノとしか反応しないため，観測できるニュートリノはすべて左巻きで，反ニュートリノはすべて右巻きである．右巻きニュートリノは仮に存在したとしても，3つの相互作用をせず，素粒子実験では観測できないため，標準理論では最初から存在しないと仮定しても差し支えない．

10.1.1 ニュートリノと弱い相互作用

　ニュートリノは，図 10.1(a) に示すように結合定数 g_W で $W^\pm$ ボソンと結合し，荷電レプトンになる．また，Z^0 粒子とも結合定数 g_Z で図 10.1(b) のように結合する．

　ニュートリノが関係する弱い相互作用の強さを示すカレントをそれぞれ J_W，J_Z とすると，次式で表される．

10.1 標準理論におけるニュートリノ

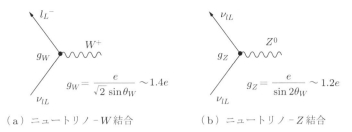

（a）ニュートリノ-W 結合　　　（b）ニュートリノ-Z 結合

図 10.1 ニュートリノの弱い相互作用の素過程　l は，e, μ, τ を表す．θ_W は式 (11.52) で定義されるワインバーグ角．

$$J_W^\mu = -ig_W[\overline{l_L}\gamma^\mu \nu_{lL}], \quad J_Z^\mu = -ig_Z[\overline{\nu_{lL}}\gamma^\mu \nu_{lL}]; \quad l = e, \mu, \tau \quad (10.1)$$

ここで，ν_L は左巻きカイラリティのニュートリノであることを示す．ニュートリノの ν_e, ν_μ, ν_τ の状態は，それぞれ W と結合して，e_L^-, μ_L^-, τ_L^- になる．

電子とニュートリノの反応の例を図 10.2 に示す．図 10.2(a), (b) の反応は，荷電弱ボソン W^- を交換して起こるため「荷電カレント反応」とよばれ，図 (c) の反応は，中性弱ボソン Z^0 を交換して起こるため「中性カレント反応」とよばれる．エネルギー E_ν の電子型ニュートリノの電子による散乱断面積は，標準理論により正確に計算でき，次のように表される．

$$\sigma_{\nu_e e^-} \sim 9.5 \times 10^{-45} \, (E_\nu/\mathrm{MeV}) \, \mathrm{cm}^2, \quad \sigma_{\bar{\nu}_e e^-} \sim 4.0 \times 10^{-45} \, (E_\nu/\mathrm{MeV}) \, \mathrm{cm}^2 \quad (10.2)$$

これは，たとえば，ニュートリノのエネルギーが $E_\nu = 10\,\mathrm{MeV}$ のとき，水中を 40 光年以上進まないと散乱されないほど小さい．

ニュートリノと核子が散乱する場合，ニュートリノと核子の中のクォークとの散乱と考えることができる．たとえば，$\nu_e + n \to e^- + p$ 反応の素過程は，ニュートリノと d クォークとの散乱になる．

$$\nu_e + d \to e^- + u \quad (10.3)$$

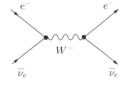 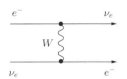 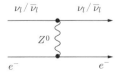

（a）荷電カレント反応：消滅生成　　（b）荷電カレント反応：散乱　　（c）中性カレント反応：散乱

図 10.2　ν-e 散乱の図

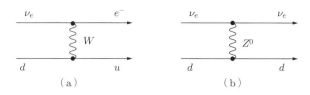

図 10.3 ニュートリノ–クォーク散乱

ダイアグラムを図 10.3(a) に示す．このようなニュートリノ散乱は，核子の内部構造を調べる実験で利用された（5.5 節）．

10.2 ニュートリノの質量の探索

ニュートリノは宇宙を構成する素粒子の中で光子に次いで多い（$\sim 300\,/\mathrm{cm}^3$）と考えられている．そのためニュートリノの質量は，宇宙全体の質量を左右する可能性があり，その測定は重要な課題である．現在，後述するニュートリノ振動の測定から，ニュートリノの質量は，非常に軽いがゼロではないことがわかっている．しかし，ニュートリノ振動では質量の絶対値を測定することはできない．これまで数多くのニュートリノ質量の直接測定実験が行われてきたが，現在でも上限値のみが得られている．

電子ニュートリノの質量の測定には大きく分けて 3 つの方法がある．1 つ目は，β 崩壊により生じる電子の最高エネルギー付近のエネルギー分布を調べることである．電子の運動エネルギーの最大値が，β 崩壊の Q 値[1]よりニュートリノの質量分小さく，また，ニュートリノ質量の影響により，エネルギースペクトルが歪む．2 つ目は，ニュートリノの出ない 2 重ベータ崩壊を検出することである．この崩壊確率は，もしニュートリノがマヨラナ粒子ならニュートリノ質量の 2 乗に比例する．3 つ目は，宇宙論からの推測である．簡単にいうと，宇宙の膨張の速度変化を測定することにより，宇宙の密度を知ることができ，それからニュートリノ質量の推測ができるのである．

以下に，これまでで一番精度の高いニュートリノ質量の測定実験と，そこで得られた上限値について説明する．

10.2.1 ν_e の質量

電子ニュートリノの質量の最も感度の高い測定は，トリチウムの β 崩壊，

$$^3\mathrm{H} \to {}^3\mathrm{He} + e^- + \bar{\nu}_e \tag{10.4}$$

の電子の運動エネルギーを測定することにより行われている．この崩壊での電子の運

---

[1] Q 値は始状態の粒子の質量と終状態の粒子の質量の差である．

動エネルギーの分布は，

$$N(E_e) \propto p_e^2 (E_0 - E_e)^2 \sqrt{1 - \left(\frac{m_\nu}{E_0 - E_e}\right)^2} \qquad (10.5)$$

で表される．ここで，E_0 はニュートリノ質量がゼロの場合の電子の最高エネルギーである．質量がゼロでないと，電子の最高エネルギーが，E_0 から $E_0 - m_\nu$ にずれる．この変化とエネルギースペクトルの歪みを正確に測定することで，ニュートリノの質量を測定できる．普通の β 崩壊の Q 値は MeV 程度のものが多いが，トリチウムの崩壊の Q 値は 18.6 keV と小さいので，小さいニュートリノ質量の検出に適している．また，原子核の電荷が1しかないため，原子内の電子との相互作用によるエネルギースペクトルの歪みが小さいなど，トリチウムは電子ニュートリノの質量の測定には理想的な放射性元素である．我が国でも 1980 年代後半から 1990 年代初めにかけて，東京大学原子核研究所で，空芯のスペクトロメーターでトリチウムからの β 線のエネルギー分布を測定し，$m_{\nu_e} < 13\,\text{eV}/c^2$ の結果を得た．その後，ロシアのトロイツク (Troitsk) 実験とドイツのマインツ (Mainz) 実験（図 10.4）が，1994 年よりソレノイド磁場と静電場を組み合わせたスペクトロメータでトリチウムの β 線の測定を行い，

$$m_{\nu_e} < 2.2\,\text{eV}/c^2 \qquad (10.6)$$

の上限値が得られている．今後は，装置を大型化・精密化し，$\delta m_{\nu_e} \sim 0.2\,\text{eV}/c^2$ の感度で測定する KATRIN 実験がドイツで準備中である．

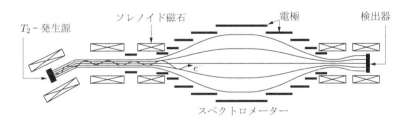

図 10.4 マインツ実験の原理図 静電ポテンシャル (U_a) を調整し，検出器に届く β 線エネルギーの閾値を変化させ，β 線の最大エネルギー付近のエネルギースペクトルを精密に測定する．（[p19] より転載）

10.2.2 ν_μ と ν_τ の質量

μ ニュートリノの質量は，静止した π メソンの崩壊からの μ 粒子 (π^+(stop) $\to \mu^+ + \nu_\mu$) の運動量の測定より求められる．この崩壊は2体崩壊なので，ニュートリノの質量 m_{ν_μ} は以下のように表され，μ の運動量 p_μ の測定より，ニュートリノ質量を

直接測定できる.

$$m_{\nu_\mu}^2 = m_\pi^2 + m_\mu^2 - 2m_\pi \sqrt{p_\mu^2 + m_\mu^2} \tag{10.7}$$

これまでで最も精度の高い実験は,スイスの PSI 研究所で行われた[p20].この実験では,グラファイトターゲットの表面付近で静止した π^+ 粒子の崩壊から生じた μ^+ 粒子をスペクトロメーターに通過させ,半導体検出器で検出し,その運動量を高精度に測定した.測定結果として 90%の確度での上限値として $m_{\nu_\mu} < 0.17\,\mathrm{MeV}/c^2$ が得られている.

τ ニュートリノの質量は,電子–陽電子衝突実験で τ 粒子を生成し,その崩壊で生じる粒子群のエネルギーと不変質量分布をモンテカルロシミュレーションと比較し,一番もっともらしい m_{ν_τ} を推定することで得られた.この測定では,崩壊の Q 値が小さいほうが有利なので,おもに $\tau \to \nu_\tau + 5\pi$ の崩壊が用いられた.いくつかの測定値の平均から,$m_{\nu_\tau} < 18.2\,\mathrm{MeV}/c^2$ の結果が得られている.

10.4 節で説明するように,ニュートリノ振動の測定より,ニュートリノは小さいながらもゼロでない質量をもつことがわかっている.一番重いニュートリノの質量は $0.05\,\mathrm{eV}/c^2$ 以上である.標準的な 3 フレーバーニュートリノの場合,ニュートリノ振動のパラメータを用いて m_{ν_μ},m_{ν_τ} と m_{ν_e} を関係づけることができる.それによると,m_{ν_μ},m_{ν_τ} とも,m_{ν_e} と同様に小さい ($m_\nu < 2.2\,\mathrm{eV}/c^2$) ことが予想される[b8][2].

10.3 世代数の決定

レプトンとクォークの世代構造はよく似ているため,その世代数も同じであると考えられる.したがって,ニュートリノの世代数を知ることができれば,フェルミオン全体の世代数を決定できる.ニュートリノの世代数は,次に述べる実験で,3 であることが明らかになっている.

電子–陽電子衝突実験 (LEP, SLC) で,重心系エネルギー 91 GeV 前後で電子と陽電子を衝突させ,Z^0 粒子を生成し,それがフェルミオン–反フェルミオン対 ($f\bar{f}$) に崩壊する以下の反応断面積のエネルギー依存性を測定した.

$$e^+ + e^- \to Z^0 \to f + \bar{f} \tag{10.8}$$

この反応のファインマン図は図 2.4(a) で示され,反応断面積は,式 (2.33) で表される.

$$\sigma_{ee \to Z \to ff}(E_\mathrm{CM}) = \frac{\sigma_0}{(E_\mathrm{CM} - M_Z)^2 + \Gamma_Z^2/4} \tag{10.9}$$

---

2 宇宙論的観測から,ニュートリノの質量の和は $0.3 \sim 1.3\,\mathrm{eV}/c^2$ 以下であることが示されている[p1].

10.3 世代数の決定

Z^0 の質量の幅 Γ_Z は，Z^0 粒子の寿命の逆数に対応し，Z^0 粒子が崩壊するチャンネルの部分幅の和になる．Z^0 粒子は，

$$Z^0 \to u\bar{u},\ d\bar{d},\ s\bar{s},\ c\bar{c},\ b\bar{b},\ e^+e^-,\ \mu^+\mu^-,\ \tau^+\tau^-,\ \nu_e\bar{\nu}_e,\ \nu_\mu\bar{\nu}_\mu,\ \nu_\tau\bar{\nu}_\tau \quad (10.10)$$

に崩壊する．t クォークは Z^0 より重いので，$t\bar{t}$ は Z^0 崩壊に含まれない．さらに，クォークは3種のカラー自由度をもつため，崩壊幅は3倍になる．電荷が同じフェルミオンと Z^0 の結合はすべて同じなので，質量の違いを無視すると，ニュートリノの世代数を n_ν として，Z^0 の全崩壊幅 Γ_Z は，

$$\Gamma_Z = 6\Gamma_U + 9\Gamma_D + 3\Gamma_l + n_\nu \Gamma_\nu \quad (10.11)$$

になる．ここで，U, D, l, ν はそれぞれ，電荷 $(+2/3)e,\ (-1/3)e$ のクォーク，荷電レプトン，ニュートリノを表し，それぞれの部分幅 Γ_f は，表 11.2 のようにワインバーグ角を用いて標準理論により計算される．したがって，Γ_Z を実験により測定することで，ニュートリノの世代数 n_ν を式 (10.11) より決定できる．

この測定は，まず米国の SLAC 研究所の Mark II 実験により行われ，後にスイスにある CERN 研究所の LEP 加速器の4つの高精度実験で行われた．

LEP 加速器でビームのエネルギーを変化させながら，Z^0 の生成断面積を測定した結果を図 10.5 に示す．この幅に，フェルミオンの質量による位相空間の補正，輻射補正，電磁相互作用による反応の補正などを行った後，n_ν を求めると，

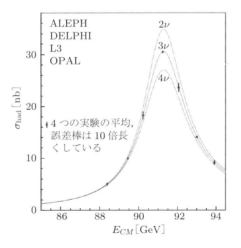

図 10.5 Z^0 の質量スペクトル分布 ニュートリノが3種類の場合(3ν の線) によく合う．([p1] より転載)

$$n_\nu = 2.984 \pm 0.008 \tag{10.12}$$

が得られ，ニュートリノの世代数は 3 と決定された．これにより，これまでわかっているクォークやレプトンの世代構造の対称性から，荷電レプトンやクォークの世代数も 3 であることが決定された[3]．

10.4 ニュートリノ振動

　ニュートリノ振動とは，ニュートリノの種類（フレーバー）が周期的に変化する現象である．このニュートリノ振動が起きるためには，ニュートリノがゼロでない質量をもたなければならず，逆に振動の測定からニュートリノの質量 2 乗差や混合を知ることができる．後述するように，1998 年に初めてニュートリノ振動が実験的に確認され，ニュートリノが質量をもつことがわかった．これは標準理論に組み込まれていない現象であり，標準理論を拡張する必要が生じている．この拡張を通して統一理論の構築へのヒントが得られることが期待されている．

10.4.1 ニュートリノ振動の定式化

■ 2 世代ニュートリノ振動　2 つのニュートリノ間の振動については 2.4 節で説明し，ν_μ から ν_e への振動確率を求め，式 (2.71) に示した．これを実験と比較しやすいように定量的に書くと，次のようになる．

$$P_{\nu_\mu \to \nu_e} = \sin^2 2\theta \sin^2 \left(\frac{1.27 \Delta m^2 \,[\mathrm{eV}^2]}{E\,[\mathrm{GeV}]} L\,[\mathrm{km}] \right) \tag{10.13}$$

ニュートリノが質量をもたないとこの振動は生じないため，ニュートリノ振動の存在は，ニュートリノの質量がゼロでないことの証拠となる．θ は混合角とよばれる．ニュートリノ混合は，まだ知られていないメカニズムにより生じているため，その原因を追求することは非常に重要な課題である．$\nu_\alpha \to \nu_\beta$ のように，振動により生じた元のニュートリノと異なった状態 (ν_β) を測定する場合を **appearance 実験** とよぶ．また，振動により別のニュートリノに変化した結果，元のニュートリノの量が減少する量を測定する場合を **disappearance 実験** とよび，$\nu_\alpha \to \nu_\alpha$ または，$\nu_\alpha \to \nu_x$ と表す．

■ 3 世代ニュートリノ振動　ニュートリノが 3 世代であることは，ニュートリノ振動にも $\nu_e \leftrightarrow \nu_\mu$，$\nu_\tau \leftrightarrow \nu_\mu$，$\nu_e \leftrightarrow \nu_\tau$ の 3 種類があることを意味する．そこで，ニュー

---

[3] ただし，これは Z^0 ボソンが崩壊できる軽いニュートリノの世代数という条件がつく．Z^0 ボソンの質量の 1/2 より重いニュートリノや，弱い相互作用をしないニュートリノ（ステライルニュートリノとよばれる）はもし存在したとしてもこの測定には現れない．

トリノ振動の定式化を3世代に拡張すると，次のようになる．まず，フレーバー固有状態と質量固有状態の関係は，クォークの場合と同様に，ユニタリー行列 U を用いて次のように表される．

$$\begin{pmatrix} \nu_e \\ \nu_\mu \\ \nu_\tau \end{pmatrix} = \begin{pmatrix} U_{e1} & U_{e2} & U_{e3} \\ U_{\mu 1} & U_{\mu 2} & U_{\mu 3} \\ U_{\tau 1} & U_{\tau 2} & U_{\tau 3} \end{pmatrix} \begin{pmatrix} \nu_1 \\ \nu_2 \\ \nu_3 \end{pmatrix} = U_{\mathrm{MNSP}} \begin{pmatrix} \nu_1 \\ \nu_2 \\ \nu_3 \end{pmatrix} \quad (10.14)$$

これを，ニュートリノ振動の提唱者のイニシャルをとって，MNSP（牧 – 中川 – 坂田 – Pontecorvo）行列とよぶ．

MNSP 行列は，クォークの CKM 行列と同じように，通常次のようにパラメータ化されることが多い．

$$U_{\mathrm{MNSP}} = \begin{pmatrix} 1 & 0 & 0 \\ 0 & c_{23} & s_{23} \\ 0 & -s_{23} & c_{23} \end{pmatrix} \begin{pmatrix} c_{13} & 0 & s_{13}e^{-i\delta_\nu} \\ 0 & 1 & 0 \\ -s_{13}e^{i\delta_\nu} & 0 & c_{13} \end{pmatrix} \begin{pmatrix} c_{12} & s_{12} & 0 \\ -s_{12} & c_{12} & 0 \\ 0 & 0 & 1 \end{pmatrix}$$
$$(10.15)$$

ここで，$s_{ij} = \sin\theta_{ij}$, $c_{ij} = \cos\theta_{ij}$ である．θ_{12} は，太陽ニュートリノおよび長基線原子炉ニュートリノ振動実験により，θ_{23} は，大気ニュートリノおよび加速器ニュートリノ振動実験により，θ_{13} は，中距離原子炉ニュートリノおよび加速器ニュートリノ振動実験により測定された．δ_ν はまだ測定されていない．

質量2乗差も，次のように3種類ある．

$$\Delta m_{21}^2 = m_2^2 - m_1^2, \quad \Delta m_{32}^2 = m_3^2 - m_2^2, \quad \Delta m_{31}^2 = m_3^2 - m_1^2 \quad (10.16)$$

しかし，$\Delta m_{21}^2 + \Delta m_{32}^2 - \Delta m_{31}^2 = 0$ の関係があるため，独立なパラメータはこのうち2つである．

結局，ニュートリノ振動を特徴づけるパラメータは，MNSP 行列の3つの混合角と，1つの複素位相および2つの独立な質量2乗差 Δm_{ij}^2 の6つである．これらのパラメータの測定実験とその結果を次節以降で説明する．

10.5 ニュートリノ振動実験

ニュートリノ振動は，東京大学宇宙線研究所を中心としたスーパーカミオカンデ実験により，1998年に世界で最初に発見され，2015年に梶田隆章博士がこの功績によりノーベル物理学賞を受賞した．2001年には，やはりスーパーカミオカンデ実験が重

要な役割をして，太陽ニュートリノのフレーバーの変化が確認された[4]．2002 年には東北大学を中心としたカムランド (Kam LAND) 実験で原子炉ニュートリノの振動が確認され，2011 年から数年の間に，J–PARC の加速器とスーパーカミオカンデ検出器による T2K 実験および日本の研究者も重要な貢献をしている中距離原子炉ニュートリノ実験で 3 例目のニュートリノ振動が確認された．このように，ニュートリノ振動研究では，我が国が世界をリードしてきている．

以下では，これまで行われてきたニュートリノ振動実験を紹介し，その測定より得られたニュートリノ振動パラメータについて解説する．

10.5.1 大気ニュートリノによるニュートリノ振動の発見

宇宙からは，数 GeV 以上のエネルギーをもつ高エネルギーの宇宙線（おもに陽子）が地球に降り注いでいる．この陽子が，地球の大気の原子核と，たとえば，$p+{}^{14}N \rightarrow \pi^+ + X$ の反応を起こして π メソンをつくる．この π メソンは，約 26 ns の寿命で，$\pi \rightarrow \mu + \nu_\mu$ に崩壊する．生成された μ 粒子の寿命は 2.2 μs であり，エネルギーが低い場合，地表に到達する前に $\mu \rightarrow e + \nu_e + \nu_\mu$ と崩壊する．このような過程で生成されたニュートリノは，大気ニュートリノとよばれる．この $\pi \rightarrow \mu \rightarrow e$ の崩壊で，2 つの ν_μ と 1 つの ν_e が生まれるため，ν_μ と ν_e の比は，2 に近いはずである．しかし観測によると，この比は 1 に近く，大気ニュートリノ異常とよばれていた．

大気ニュートリノは，地球を貫通して 10000 km 近く飛び，地球の裏側に到達できる．スーパーカミオカンデ (SK) グループは，1000 m の高さの山の地下に水チェレンコフ検出器[5]を建設し，この大気ニュートリノを観測した．図 10.6(a) に示すように，SK 検出器は直径 40 m，高さ 40 m のタンクに 5 万トンの純水を満たし，その中で荷電粒子が移動するときに生じるチェレンコフ光を，タンク内壁に設置した約 1 万 1 千本の大型光電子増倍管[6]で検出する．高エネルギーの ν_μ が検出器に入射すると，たとえば，$\nu_\mu + {}^{16}O \rightarrow \mu^- + X$ のような反応で，高エネルギーの μ 粒子を前方に発生する．このようにして発生した μ 粒子の速度は水中での光速よりも速いので，チェレンコフ光を発生する．チェレンコフ光は，μ 粒子の進行方向に対して，リング状に光を発生する（これをチェレンコフリングという）ため，そのリングのパターンを測定して μ ニュートリノの方向を特定できる．一方，高エネルギー電子ニュートリノの場合，$\nu_e + {}^{16}O \rightarrow e^- + X$ の反応で前方に発生する高エネルギー電子は，水の中で電磁

---

[4] スーパーカミオカンデの前身のカミオカンデ実験では 1987 年の超新星爆発ニュートリノを検出し，小柴昌俊博士が 2002 年にノーベル物理学賞を受賞した．
[5] チェレンコフ光は，透明な媒質中をその中での光速（屈折率を n として c/n）より速い速度で荷電粒子が通過するとき発生する光．荷電粒子の進行方向を中心にリング状に発生する．
[6] 非常に高感度の光センサー．1 個の光子を検出できる．

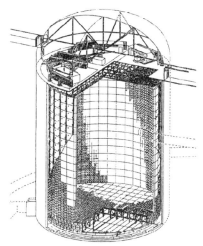
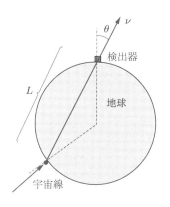

（a）スーパーカミオカンデ検出器　　（b）大気ニュートリノの飛距離は
　　　　　　　　　　　　　　　　　　　その飛来方向から測定することができる

図 10.6　スーパーカミオカンデと大気ニュートリノ　　((a):東京大学宇宙線研究所 神岡宇宙素粒子研究施設提供 [p21])

シャワー[7]をつくり，多くの電子–陽電子対ができ，その結果，信号は数多くのチェレンコフリングが重なり，リングのパターンがぼやけることになる．このチェレンコフリングの見え方の違いを利用して，電子ニュートリノと μ ニュートリノを区別することができる．

　大気の厚み (< 100 km) は，地球の半径 (~ 6400 km) に比べ非常に薄いので，入射するニュートリノは地球表面で発生したと考えてよく，ニュートリノの方向を測定すれば，図 10.6(b) のように，発生点からの距離を特定できる．

　式 (2.71) のように，ニュートリノ振動は L/E の関数である．SK グループは，μ ニュートリノが L/E が大きくなるにつれて減少していることを確認し，1998 年にニュートリノ振動の発見を報告した．図 10.7(a) は，そのときの歴史的なデータである．その後 2004 年には，振動の特徴的な性質である，大きな L/E でのニュートリノ量の増加が確認された（図 10.7(b)）．大気ニュートリノ振動の測定の結果，現在では振動パラメータとして，

$$\Delta m_{32}^2 \sim 2.5 \times 10^{-3} \,\mathrm{eV}^2, \quad \sin^2 2\theta_{23} \sim 1 \qquad (10.17)$$

が測定されている．ν_μ は振動の結果何になったのだろうか．ν_e になった場合，電子

7　電子などの軽い粒子が密度の高い媒質中に入射すると，γ 線の制動輻射と電子–陽電子の対生成を繰り返すことにより，非常に多くの電子と陽電子が生成する．これを電磁シャワーとよぶ．

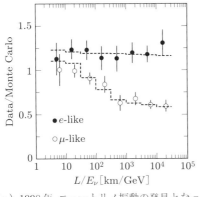 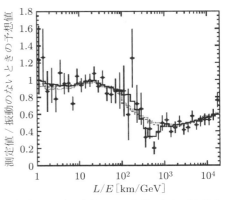

(a) 1998年，ニュートリノ振動の発見となった大気ニュートリノの L/E 分布　（b）2004年，大気ニュートリノとしてはじめて振動の形が確認されたデータ

図 10.7　大気ニュートリノ振動データ　（a）横軸は L/E．（b）L/E が 600 km/GeV あたりでいったん谷になり，それより大きいところでニュートリノ量が増えている．
((a): [p22] より転載．ⓒ(1998) by APS)　((b): [p23] より転載．ⓒ(2004) by APS)

ニュートリノの量が増えるはずだが，図 10.7(a) を見るとそうはなっていない．このことから ν_μ は，ほとんど ν_τ になったと考えられている．

10.5.2　加速器実験によるニュートリノ振動の測定

(1) K2K, T2K 実験　大気ニュートリノの振動の発見後，加速器を用いて，人工的に高エネルギーの μ ニュートリノを生成し，その振動を測定する K2K (KEK to Kamioka) 実験が行われた．この実験では，つくばにある高エネルギー加速器研究機構の陽子加速器により，12 GeV の陽子を標的に入射し，放出された 2 次粒子をホーンとよばれるトロイダル収束電磁石内を通過させ，方向の揃った多量の π^+ メソンを生成し，それをヘリウム中で崩壊させ，ν_μ を生成する．このニュートリノを 250 km 離れた神岡にあるスーパーカミオカンデ検出器に向けて放射し，ニュートリノ反応を検出した．ビームは幅のごく短いパルス状なので，ビーム以外のバックグラウンドをほとんど取り除くことができる．距離は決まっているので，大気ニュートリノ振動と同じ $\Delta m^2 = 2.5 \times 10^{-3}$ eV^2 で感度が最大になるようニュートリノのエネルギーを選ぶことができる．その結果，大気ニュートリノにより観測されているのと同じ μ ニュートリノの欠損を確認できた．

K2K 実験の後，東海にある J–PARC 大強度陽子加速器施設を用いて，大強度のニュートリノビームを生成し，それを SK 検出器に送る T2K (Tokai to Kamioka) 実験で，図 10.8(a) のように $\nu_\mu \to \nu_\mu$ の大きな欠損を高い精度で測定できた．これら

10.5 ニュートリノ振動実験　**155**

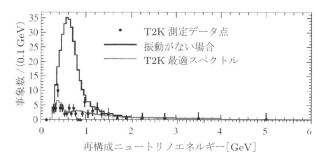

（a）2013 年に T2K で測定された
$\nu_\mu \to \nu_\mu$ ニュートリノ振動

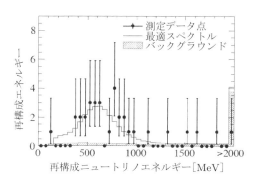

（b）T2K で測定された $\nu_\mu \to \nu_e$ 振動の
ニュートリノのエネルギー分布

図 10.8　T2K 実験により観測されたニュートリノ振動　（a）ニュートリノ振動がない場合に予想される
スペクトル（黒の太線）と測定データ点を比較すると，ν_μ の量が大きく減少していることがわかる．
（b）ニュートリノ振動がない場合予想される信号の数は薄く塗られている部分で，ほとんどない．
観測されたニュートリノ反応数は，それより有意に多い．
((a) [p24] より転載．©(2013) by APS)　((b) [p25] より転載．©(2014) by APS)

の結果，ニュートリノ振動パラメータは，

$$\sin^2\theta_{23} = 0.514 \pm 0.082, \quad |\Delta m_{23}^2| = 2.44^{+0.17}_{-0.15} \times 10^{-3}\,\mathrm{eV}^2 \tag{10.18}$$

と測定されている．

　加速器実験では，π メソンの崩壊により発生した μ 粒子は崩壊する前にコンクリートなどで吸収される．また，$\pi \to e + \nu_e$ と崩壊する確率は 0.1% 以下なので，加速器ニュートリノ中には ν_e はほとんどない．したがって，もし $\nu_\mu \to \nu_e$ の振動が数 % あれば，この振動を確認できる．2011 年に T2K グループが，μ ニュートリノビーム中に電子ニュートリノの出現を確認し，2013 年には図 10.8(b) のように 28 イベントの $\nu_\mu \to \nu_e$ 事象を検出した．この振動確率は，$P(\nu_\mu \to \nu_e) < 10\%$ と小さい．この測定

結果は，θ_{13} がゼロでないことを示している．

(2) OPERA 実験と $\nu_\mu \to \nu_\tau$ 振動 　大気ニュートリノと加速器実験による $\nu_\mu \to \nu_\mu$ の欠損は，ほとんどが $\nu_\mu \to \nu_\tau$ の振動によると考えられるが，ν_τ の同定は実験的に非常に難しい．ν_τ を同定するためには，$\nu_\tau + A \to \tau + X$ の反応で τ レプトンを観測しなければならないが，τ レプトンの質量は $1.8\,\mathrm{GeV}/c^2$ と重いため，μ ニュートリノビームのエネルギーも $10\,\mathrm{GeV}$ 以上にしなければならない．名古屋大学を中心とした OPERA 実験では，CERN の CNGS ビームラインで $17\,\mathrm{GeV}$ の ν_μ を発生し，それを $730\,\mathrm{km}$ 先にあるイタリアのグランサッソー (Gran Sasso) 地下実験室 (LNGS) にある検出器に入射することで，τ 粒子を同定した．この検出器では，原子核乾板[8]を用い，ν_τ から発生した τ レプトンの発生点と崩壊点を検出した．このようにして測定された $\nu_\tau \to \tau \to 3\,\mathrm{hadrons} + \bar{\nu}$ の候補の事象を図 10.9 に示す．

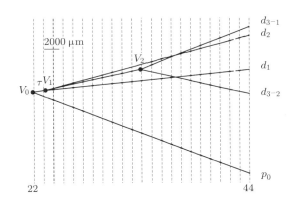

図 10.9 OPERA 実験で観測された $\nu_\tau \to \tau \to 3\,\mathrm{hadrons} + \nu$ の事象候補
ν_τ の反応により，V_0 で τ 粒子が生まれ，V_1 で崩壊した．3 つのハドロンのうち 1 つが，V_2 で検出器中の物質と反応した．（[p26] より転載）

10.5.3　太陽ニュートリノ振動

(1) 太陽ニュートリノの発生機構 　太陽の中心付近は，高温高圧で核融合反応が起こり，いろいろなプロセスを経るが，最終的には次のような反応で電子ニュートリノが発生している．

$$4p + 2e^- \to {}^4\mathrm{He} + 2\nu_e(E \sim 0.6\,\mathrm{MeV}) + 26.1\,\mathrm{MeV} \tag{10.19}$$

したがって，この反応では，$Q = 13\,\mathrm{MeV}$ のエネルギー発生あたり ν_e が平均 1 個生じ

8　荷電粒子が写真のフィルムを感光する性質を利用し，荷電粒子の飛跡を数ミクロンの精度で測定する装置．

ることになる．太陽から地球の単位面積あたりに降り注ぐエネルギー（太陽定数とよばれる）$J_Q = 0.1366\,\mathrm{W/cm^2}$ から，$1\,\mathrm{eV} = 1.60 \times 10^{-19}\,\mathrm{J}$ の関係を使って，地表での太陽ニュートリノの密度は次のように計算される．

$$n_\nu = \frac{J_Q}{Q} = \frac{0.1366\,\mathrm{Js^{-1}cm^{-2}}}{1.60 \times 10^{-19}\,\mathrm{J/eV} \times 1.3 \times 10^7\,\mathrm{eV}/\nu_e} = 6.6 \times 10^{10}\,\nu_e\,[\mathrm{cm^{-2} \cdot s^{-1}}] \tag{10.20}$$

太陽の内部での核融合反応は，最初は $p+p$ の核融合から始まり，さまざまなステップを経由する．その結果，ニュートリノのエネルギー分布は図 10.10 のようになる．$p+p \to d+e^+ +\nu_e$ で生じるニュートリノは，pp ニュートリノとよばれ，エネルギーが低く検出することは難しいが，ほとんどの反応がこれを経由するため量が多く，ニュートリノの量の不確定性が小さい．$^8\mathrm{B} \to {}^8\mathrm{Be} + e^+ + \nu_e$ で生じるニュートリノは，ボロンニュートリノとよばれ，量は少ないが，エネルギーが高く比較的検出が容易である．$^7\mathrm{Be} + e^- \to {}^7\mathrm{Li} + \nu_e (+\gamma)$ で生じるニュートリノは $^7\mathrm{Be}$ ニュートリノとよばれ，2体反応であるため決まったエネルギーをもつ．太陽ニュートリノとその振動の効果は，さまざまな実験で測定されている．以下，それぞれの実験の説明を行う．

(2) **放射化学的な検出：ホームステーク，GALLEX，GNO，SAGE 実験**

太陽ニュートリノ検出の先駆者は，2002年ノーベル賞を受賞したデービス (Davis) らであった．彼らは，1968 年頃，米国のホームステーク (Homestake) 鉱山の地下深くに，ドライクリーニングなどで使用されるテトラクロロエチレン ($\mathrm{C_2Cl_4}$) 615 トンを入れたタンクを設置した．1 MeV 以上のエネルギーをもつ太陽ニュートリノが入射

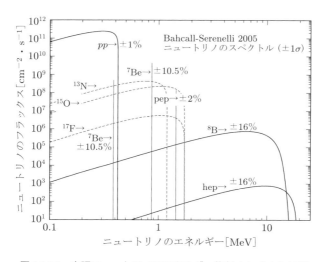

図 10.10　太陽ニュートリノのエネルギー分布（[p1] より転載）

すると，

$$\nu_e + {}^{37}\text{Cl} \to e^- + {}^{37}\text{Ar} \tag{10.21}$$

の反応で，^{37}Ar が生成する．この ^{37}Ar は放射性元素であり，35 日の半減期で電子捕獲を行い，オージェ電子[9]を発生する（^{37}Ar → ^{37}Cl$^+ + e^-$（オージェ）$+ \nu_e$）．デービスらは，タンクをヘリウムでパージすることで生成された Ar を回収し，小さな比例計数管に詰め，このオージェ電子を計数した．その結果，太陽ニュートリノモデルによる予想値の 30% 程度しかニュートリノを検出できなかった．この原因として，検出効率の見積もりの誤りの可能性などが指摘されたが，さまざまなテストや検討の結果，実験に明らかな問題は見つからなかった．

予想と計測が合わない原因のもう 1 つの可能性は，太陽内での核融合反応のモデルに問題があるかもしれないということであった．それを検証するため，ニュートリノ量がモデルの詳細に依存しない pp ニュートリノの検出が行われた．^{37}Cl の代わりに ^{71}Ga を利用すると，ニュートリノのエネルギーが 233 keV 以上なら，

$$\nu_e + {}^{71}\text{Ga} \to e^- + {}^{71}\text{Ge} \tag{10.22}$$

の反応により，やはり放射性の ^{71}Ge が生成される．この反応のエネルギー閾値は pp ニュートリノを検出するために十分低い．この検出原理で，Gallex, GNO, SAGE とよばれる実験が行われたが，いずれも予想値の 50% 程度の計数率しか観測されなかった．

(3) 電子散乱実験によるニュートリノ検出：カミオカンデ，スーパーカミオカンデ

SK 実験とその前身であるカミオカンデ実験[10]では，ニュートリノによる電子散乱を利用して太陽ニュートリノの観測を行った．太陽ニュートリノが水に入射すると，水分子中の電子と弾性散乱を起こす．

$$\nu_e + e^- \to \nu_e + e^- \tag{10.23}$$

散乱された電子の運動エネルギーが，0.66 MeV より大きい場合，水中でチェレンコフ光を発生する．この電子は，ニュートリノの進行方向に散乱される割合が高いので，チェレンコフ光のパターンからニュートリノの進む方向を知ることができる．図 10.11 に，スーパーカミオカンデで測定した，$E_\nu = 5 \sim 20$ MeV の事象の太陽に対する角度分布を示す．明らかな前方ピークが見られるため，太陽ニュートリノを検出している

---

[9] 電子捕獲により空いた軌道に外殻からの電子が遷移する際に発生するエネルギーにより，軌道電子が放出されるもの．β 線とは異なり，単一のエネルギーをもつ．
[10] カミオカンデ実験は，1987 年，16 万光年離れた大マゼラン星雲で生じた超新星爆発からのニュートリノを検出した．この成果と太陽ニュートリノ検出の成果で，小柴昌俊博士は 2002 年デービスとともにノーベル物理学賞を受賞した．

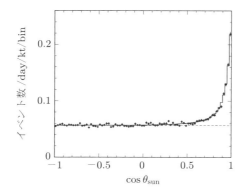

図 10.11 SK 実験での弾性散乱による太陽ニュートリノの方向分布
$\cos\theta_{\rm sun}=1$ は，太陽の方向を表す．
（[p27] より転載．ⓒ(2011) by APS）

ことが確認できる．この反応は，レプトンのみがかかわるため，断面積を電弱理論で精度よく計算できる．この結果もやはり，予想の半分程度しかニュートリノを観測できなかった．

このように，太陽ニュートリノの観測結果はすべて太陽モデルからの予想より少なく，**太陽ニュートリノ問題**とよばれていた．もしニュートリノ振動があれば，ν_e は，地球に到達する前のどこかで ν_μ や ν_τ になる可能性がある．この場合，ν_μ や ν_τ は，荷電カレントによって μ^- や τ^- をつくれるほどエネルギーが高くないので，^{37}Cl や ^{71}Ga と反応しない．また，$\sigma(\nu_{\mu/\tau}e) \ll \sigma(\nu_e e)$ なので，電子散乱の反応数も減ることになる．そのため，太陽ニュートリノ問題を説明することができる．この仮説を確かめるために，次の中性カレントによる測定が行われた．

(4) 中性カレントによる測定：SNO 実験　中性カレント反応はニュートリノのフレーバーによらないため，中性カレントだけ行う反応によりニュートリノを検出した場合，ニュートリノ振動によりニュートリノのフレーバーが変化したとしても，反応の数は変化せず，太陽ニュートリノの予想値と同じ検出数を得るはずである．

このような中性カレント反応だけ行うプロセスとして，重陽子 (D) の分解反応

$$\nu_x + D \to \nu_x + p + n; \quad x = e, \mu, \tau \tag{10.24}$$

がある（図 10.12(a)）．カナダの SNO (Sudbury Neutrino Observatory) 実験では，1000 トンの重水 (D_2O) を入れた直径 13 m の球形アクリルタンクを，カナダのスドベリー鉱床の地下深くに設置し，チェレンコフ検出器として太陽ニュートリノの検出を行った．重陽子が分離してできた陽子と中性子はそのままでは，チェレンコフ光を

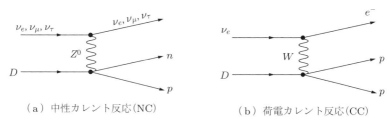

図 10.12 太陽ニュートリノと重水の反応

出さない．しかし，$n+D \to T+\gamma$ のように，中性子が重陽子に吸収されたときに生じる γ 線のエネルギーは，$E_\gamma = 6.25\,\mathrm{MeV}$ と十分高く，コンプトン散乱などで散乱された電子はチェレンコフ光を発生する．

SNO 実験ではこのほかに，荷電カレント反応，$\nu_e + D \to e^- + 2p$（図 10.12(b)）が生じる．この場合，生成される電子はほとんど等方的であるため，太陽と反対方向を向く νe 弾性散乱の電子と統計的に区別できる．この反応は，電子ニュートリノしか起こさないので，これを観測することにより，純粋な電子ニュートリノの量を測定できる．また，スーパーカミオカンデのように，電子散乱による信号を測定することもできる．電子ニュートリノの量を ϕ_e，μ ニュートリノと τ ニュートリノの和を $\phi_{\mu\tau}$ と表すと，中性カレント反応による測定 ϕ_{NC}，荷電カレント反応による測定 ϕ_{CC}，電子弾性散乱による測定 ϕ_{ES} は，それぞれ次のように表される[11]．

$$\phi_{\mathrm{NC}} = \phi_e + \phi_{\mu\tau}, \quad \phi_{\mathrm{CC}} = \phi_e, \quad \phi_{\mathrm{ES}} \sim \phi_e + 0.16\phi_{\mu\tau} \tag{10.25}$$

これらの 3 種の測定を組み合わせて，ϕ_e と $\phi_{\mu\tau}$ を決定した図を図 10.13 に示す．この測定により，

$$\frac{\phi_{\mathrm{SNO}}}{\phi_{\mathrm{SSM}}} = 1.01^{+0.24}_{-0.20}, \quad \frac{\phi_e}{\phi_{\mathrm{SSM}}} \sim 0.35 \tag{10.26}$$

が得られた．ここで，ϕ_{SSM} は標準太陽モデルから予想されるニュートリノ量，ϕ_{SNO} は SNO 実験で測定された全ニュートリノ量，ϕ_e は電子ニュートリノの量である．中性カレントにより測定されたニュートリノの量は，太陽モデルからの予言と一致し，太陽内で生まれた電子ニュートリノの 2/3 が地球に到達するまでに別の種類のニュートリノに変化していることが明らかとなった．以上の太陽ニュートリノの観測から，振動パラメータとして，

$$\sin^2 2\theta_{12} \sim 0.8, \quad \Delta m^2_{21} \sim 8 \times 10^{-5}\,\mathrm{eV}^2 \tag{10.27}$$

---

[11] νe 弾性散乱断面積の大きさは $E_\nu \gg m_e$ の場合 $\sigma(\nu_{\mu/\tau} e \to \nu_{\mu/\tau} e)/\sigma(\nu_e e \to \nu_e e) \sim 0.16$ の関係がある．

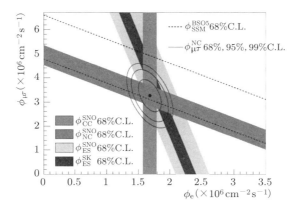

図 10.13 SNO 実験結果のまとめ CC は荷電カレント反応, NC は中性カレント反応, ES は電子散乱, SSM は標準太陽モデル, $\phi_{\mu\tau}$ は ν_μ と ν_τ のニュートリノ量の和を表す.
([p28] より転載. ⓒ(2005) by APS)

が得られている.この功績によりマクドナルド (A. McDonald) 博士が梶田博士とともに 2015 年のノーベル物理学賞を受賞した.

10.5.4 原子炉ニュートリノ振動

(1) 原子炉ニュートリノ実験の特色 原子炉中では,ウランやプルトニウムが中性子を吸収し,多量の核分裂反応を起こしているが,核分裂反応の結果生じる原子核は一般に中性子過剰核であり不安定で,β 崩壊を何回か繰り返し安定な原子核になっていく.この β 崩壊の過程で数 MeV のエネルギーをもつ反電子ニュートリノ ($\bar{\nu}_e$) が発生する.

電気出力 1000 MW の標準的な原子炉からは,1 秒間に約 10^{21} 個の $\bar{\nu}_e$ が発生している.このニュートリノは発光性の有機溶媒である液体シンチレーターを使って検出されることが多い.有機溶媒中には,水素の原子核である陽子が豊富に含まれ,それに反電子ニュートリノが入射すると,

$$\bar{\nu}_e + p \to e^+ + n \tag{10.28}$$

の逆 β 崩壊反応 (inverse beta decay) で陽電子と中性子を発生する.この陽電子信号と,中性子がほかの水素原子核や添加したガドリニウム元素に吸収されて発生する γ 線を遅延同時検出[12]することにより,ニュートリノ反応を同定する.検出される原子炉ニュートリノ信号の平均エネルギーは約 4 MeV である.最大の振動が起こる距離は,式 (10.13) から,

---

[12] 短い時間内に発生する 2 つの信号を関連づけて検出する方法.

$$L\,[\mathrm{km}] = \frac{\pi}{2} \frac{E\,[\mathrm{GeV}]}{1.27 \Delta m^2\,[\mathrm{eV}^2]} \sim 1.2 \frac{E\,[\mathrm{GeV}]}{\Delta m^2\,[\mathrm{eV}^2]} \tag{10.29}$$

なので，$\Delta m^2 \sim 2.5 \times 10^{-3}\,\mathrm{eV}^2$ の大気ニュートリノ振動の場合は $L \sim 2\,\mathrm{km}$，$\Delta m^2 \sim 8 \times 10^{-5}\,\mathrm{eV}^2$ の太陽ニュートリノ振動の場合は $L \sim 60\,\mathrm{km}$ になる．次に述べるカムランド実験は Δm^2_{21} の振動の 2 回目の最大振動を行う距離 $L \sim 180\,\mathrm{km}$ で，$\bar{\nu}_e \to \bar{\nu}_x$ の振動を検出した．Double Chooz，Daya Bay，RENO 実験は，Δm^2_{31} の振動の最初の最大振動を行う距離 $L = 1 \sim 2\,\mathrm{km}$ の場所で $\bar{\nu}_e \to \bar{\nu}_x$ 振動を検出した．

(2) カムランド実験 　太陽ニュートリノと同じ振動を地上で，原子炉が発生する反ニュートリノを検出することにより測定できる．カムランド実験は，岐阜県の神岡鉱山の地下 1000 m のカミオカンデ実験の跡地に 1000 トンの液体シンチレーターを満たしたタンクを設置し，原子炉ニュートリノを検出するものである．図 10.14 にカムランド検出器を示す．神岡鉱山は，柏崎や若狭湾から 180 km 程度の距離にあり，多くの強力な原子炉が神岡鉱山を中心としたほぼ同心円上に立地して稼動していたため，あたかも熱出力 68 GW（典型的な発電用原子炉 1 基の熱出力は 3 GW）の超巨大な原子炉が 180 km の距離に位置していると見なすことができる．カムランド実験装置で原子炉ニュートリノを検出した結果，明確なニュートリノの欠損が確認され，図 10.15 のように，欠損確率のエネルギー依存性から第 2 の振動までの明確な振動パターンも確認された．この測定から，

$$\sin^2 2\theta_{12} \sim 0.8, \quad \Delta m^2_{21} \sim 7.5 \times 10^{-5}\,\mathrm{eV}^2 \tag{10.30}$$

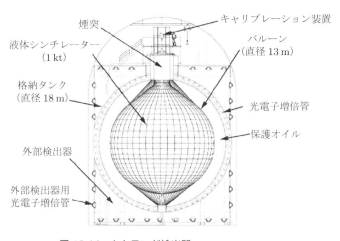

図 10.14　カムランド検出器
([p29] より転載．ⓒ(2003) by APS)

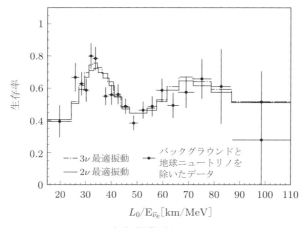

（a）振動パターン

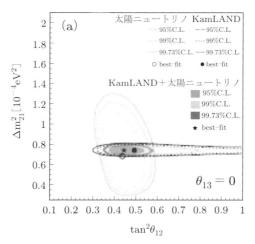

（b）測定された振動パラメータ

図 10.15 カムランド原子炉ニュートリノ実験結果
（[p30] より転載. ⓒ(2011) by APS）

が測定された．この値は太陽ニュートリノにより測定された振動パラメータ (10.27) と誤差の範囲で一致する．カムランド実験の場合，$\bar{\nu}_e \to \bar{\nu}_e$ の測定であり，太陽ニュートリノの場合，$\nu_e \to \nu_e$ の測定となる．これらの振動は互いに CPT 変換したプロセスとなるため，両者のパラメータの一致は，このニュートリノ振動において CPT 対称性が成り立っていることを意味する [13]．

---

[13] カムランド実験はまた 2005 年に世界で初めて地球ニュートリノの測定を行なった．

(3) Double Chooz, Daya Bay, RENO 実験　　10.5.1 項と 10.5.2 項で示されたように，大気ニュートリノ振動と加速器ニュートリノ振動実験により，$\Delta m^2 \sim 2.5 \times 10^{-3}\,\mathrm{eV}^2$ で $\nu_\mu \to \nu_x$ の振動が観測されている．原子炉ニュートリノのエネルギーは数 MeV なので，原子炉から 1 km 程度の距離で $\bar{\nu}_e \to \bar{\nu}_x$ の振動が生じている可能性がある．このニュートリノ振動を測定するため，フランスで Double Chooz 実験，中国で Daya Bay 実験，韓国で RENO 実験などが行われた．これらの実験では，原子炉から 1~2 km にニュートリノ検出器を設置し（Far 検出器），それと同一構造の検出器を原子炉近辺に設置する（Near 検出器）．Near 検出器で振動前の原子炉ニュートリノスペクトルを測定し，それと Far 検出器で検出したニュートリノスペクトルを比較することで，ニュートリノの欠損を 1% よりもよい精度で測定できる．2011 年に Double Chooz がニュートリノ欠損の兆候を報告し，2012 年に Daya Bay 実験および RENO 実験が相次いで高精度で測定した．その結果，

$$\Delta m^2_{31} = 2.5 \times 10^{-3}\,\mathrm{eV}^2, \quad \sin^2 2\theta_{13} \sim 0.09 \tag{10.31}$$

を得ている．図 10.16(a) に代表的なニュートリノ検出器である Double Chooz 検出器の図を示し，図 (b) に現在最も高精度の結果を出している Daya Bay 実験の結果を示す．

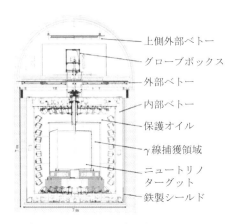

（a）Double Chooz 実験検出器

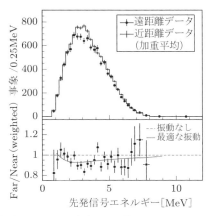

（b）Daya Bay 実験により検出された $L \sim 1.5\,\mathrm{km}$ での原子炉ニュートリノ欠損

図 10.16　原子炉ニュートリノによる θ_{13} 測定実験
((a): [p31] より転載. ⓒ(2012) by APS) ((b): [p32] より転載. ⓒ(2012) by APS)

10.5.5 3世代のニュートリノ振動パラメータとの対応

これまでの実験の測定結果をまとめると，次のようになる．

$$\theta_{12} \sim 34°, \quad \theta_{23} \sim 45°, \quad \theta_{13} \sim 8.7°$$
$$\Delta m_{21}^2 \sim 7.6 \times 10^{-5}\,\text{eV}^2, \quad |\Delta m_{32}^2| \sim 2.5 \times 10^{-3}\,\text{eV}^2 \tag{10.32}$$

CP位相 δ_ν はまだ測定されていない．以上の結果を使うと，MNSP行列 (10.14) は次のように表される．

$$U_{\text{MNSP}} \sim \begin{pmatrix} 0.82 & 0.55 & 0.14 e^{-i\delta_\nu} \\ -0.42 - 0.08 e^{i\delta_\nu} & 0.63 - 0.05 e^{i\delta_\nu} & 0.64 \\ 0.36 - 0.09 e^{i\delta_\nu} & -0.54 - 0.06 e^{i\delta_\nu} & 0.75 \end{pmatrix} \tag{10.33}$$

これを式 (8.17) の CKM 行列と比較すると，そのパターンが大きく異なっていることがわかる．一般に，ニュートリノの混合はクォークの混合に比べて大きい．

式 (10.32) のニュートリノ質量の 2 乗差から，一番重いニュートリノの質量は，50 meV より重いことが決定される．真空中のニュートリノ振動だけからは，質量の順番を決定することはできないが，Δm_{21}^2 に対しては，太陽の物質との相互作用（物質効果）により $m_2 > m_1$ であることはわかっている．m_2 と m_3 の大小関係はまだわかっておらず，今後の重要な課題となっている．$m_3 > m_2$ の場合を質量の順階層性，$m_3 < m_2$ の場合を質量の逆階層性とよぶ．ニュートリノ振動研究の次の重要な課題は，CP 非保存パラメータ δ_ν の測定である．これについては，9.4 節で解説した．

10.6 ニュートリノの未解決問題

ニュートリノは質量をもつことが明らかとなり，これに起因する振動現象が精密に測定された現在，その基本的性質は解明されたかに見えるが，実はそうではない．次の 2 点が特に重要な未解明の問題として浮上している．

① ニュートリノの質量がほかのクォークやレプトンに比べて何桁も小さいのはなぜか？

② ニュートリノと反ニュートリノは同じ粒子か？

どちらも標準理論では説明できないが，実は互いに密接にからむ可能性のある問題である．① はしばらく置いておき，まず ② について考える．これは電荷をもたないニュートリノ特有の問題である．

10.6.1 ニュートリノの粒子・反粒子性

一見するとニュートリノと反ニュートリノは実験的に厳しく区別されているように見えるが,そうではない.ニュートリノは,電荷をもたないため,光子や π^0 粒子のようにニュートリノと反ニュートリノは同じ状態であるかもしれない.

通常, β^- 崩壊では電子と反電子ニュートリノ ($\overline{\nu}_e$) が放出され, ^{40}K などの β^+ 崩壊では陽電子と電子ニュートリノ (ν_e) が放出されると考える. ν_e と $\overline{\nu}_e$ はエネルギーが十分大きければ物質と反応して,前者は電子,後者は陽電子を生じる.すなわち,ニュートリノと反ニュートリノは明確に区別できると考えられている.このようにニュートリノと反ニュートリノが区別されるとき,ニュートリノはディラック粒子であるという.

しかし,もっと一般的に考えると, β^- 崩壊で左巻き電子とともに生まれるニュートリノはカイラリティ保存則により右巻き (ν_R) であり, β^+ 崩壊で右巻き陽電子とともに生まれるニュートリノは左巻き (ν_L) である.そして,右巻きのニュートリノは荷電カレントにより,右巻き陽電子しか生じず,左巻きのニュートリノは左巻き電子しか生じない.つまり,実験で観測されるニュートリノと反ニュートリノの違いは,単にカイラリティの違いを見ているにすぎないともいえる.ニュートリノと反ニュートリノの区別がつかない場合,ニュートリノはマヨラナ粒子であるという.

もしニュートリノ間の遷移に,図 10.17 (a) で示すディラック質量項のほかに,図 (b) のような,ニュートリノと反ニュートリノを結びつけるマヨラナ質量項が存在し[14], $m_D \ll M$ とすると,質量固有状態とその質量が,

$$\begin{cases} \psi_N \sim \dfrac{\nu_R + \overline{\nu_R}}{\sqrt{2}}; & m_N \sim M \\ \psi_\nu \sim \dfrac{\nu_L - \overline{\nu_L}}{\sqrt{2}}; & m_\nu \sim \dfrac{m_D^2}{M} \end{cases} \tag{10.34}$$

と導かれる. ψ_ν の反粒子 (CP) 状態は,

$$\overline{\psi_\nu} = \frac{\overline{\nu_L} - \nu_L}{\sqrt{2}} = -\psi_\nu \tag{10.35}$$

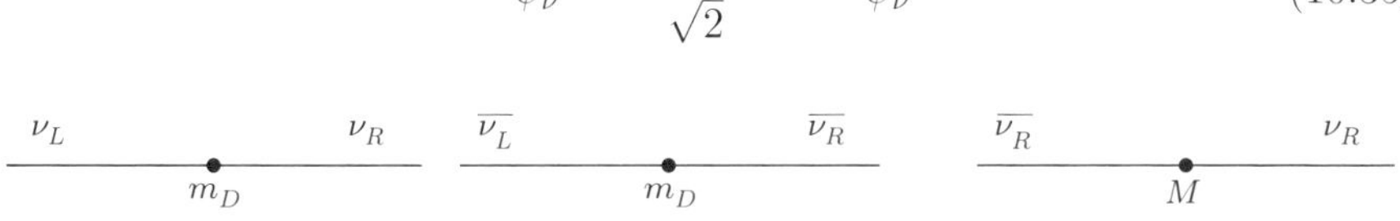

```
  ν_L            ν_R       ν̄_L            ν̄_R       ν̄_R            ν_R
  ●──────────────●         ●──────────────●         ●──────────────●
         m_D                      m_D                       M
```

(a) ディラック質量を生む遷移   (b) マヨラナ質量を生む遷移

図 10.17 ニュートリノ間の遷移 ここでは, $\overline{\nu_L}$ は左巻きニュートリノ (ν_L) の反粒子 (CP) 状態を表し,右巻きの反ニュートリノ $\overline{\nu}_R$ と同じ.

---

[14] $\overline{\nu_R}$ は, ν_R を CP 変換した状態である.つまり, $\overline{\nu_R}$ は左巻きの反粒子状態 ($\overline{\nu}_L$) であり,図 10.17 (b) は,図 (a) と同じようにカイラリティを変える反応である.

なので，ψ_ν はマヨラナ粒子として認識される．ψ_ν の質量 m_ν は元の m_D が図 10.17(b) の遷移が存在するために m_D/M だけ小さく現れていると考えられる．我々が観測しているのは，この小さい質量のニュートリノ (ψ_ν) であり，質量が，m_D に相当するほかの荷電フェルミオンの質量より桁違いに小さい理由を説明することができる．これをシーソー機構とよぶ．一方，重いほうのニュートリノ (ψ_N) は質量 M が大きいため，実験的に見つかっていないと考えられる．たとえば，$m_D \sim 1\,\text{GeV}$, $m_\nu \sim 0.1\,\text{eV}$ とすると，$M \sim 10^{10}\,\text{GeV}$ となる．これは最先端の加速器技術をもってしても到底到達できない高エネルギーであるが，宇宙誕生時の超高エネルギーの世界では存在したと考えられ，重いニュートリノがその後の宇宙の進化に重要な役割を果たした可能性があり，大変魅力的である．このため，ニュートリノはマヨラナ粒子であると考える研究者も多い．

10.6.2 マヨラナ性の実験的検証

ニュートリノはディラック粒子かマヨラナ粒子か？ ニュートリノの質量がゼロの場合，両者は原理的に区別できないが，現在我々は，ニュートリノ振動により，ニュートリノが小さいながらゼロではない質量をもつことを知っている．この質量の効果を利用して，唯一現実的な検証方法と考えられているのが，もしニュートリノがマヨラナ粒子であれば起こる，ニュートリノの出ない 2 重ベータ崩壊（以下，$0\nu\beta\beta$ 崩壊と記す）の探索である．

図 10.18 に示すように，A も Z も偶数である核（偶偶核）(A, Z) の中には隣接する核 $(A, Z+1)$ のエネルギーが高く，その次の核 $(A, Z+2)$ がエネルギー的に低い場合がある．このような核では，図 10.19(a) で示されるような 2 つの β 崩壊がほぼ同時に起こり，2 個の電子と 2 個の反電子ニュートリノを放出して $(A, Z+2)$ 核に遷移する（$2\nu\beta\beta$ 崩壊と記す）可能性がある．式で書くと，

$$(A, Z) \to (A, Z+2) + 2e^- + 2\overline{\nu}_e \tag{10.36}$$

である．2 つの崩壊が，不確定性原理により，ポテンシャルの山を越えることができる程度に短い時間間隔で生じなければならない．そのため，崩壊の確率は非常に小さく，その半減期は $10^{18} \sim 10^{21}$ 年と非常に長いが，これまで $2\nu\beta\beta$ 崩壊は 10 種類以上の核で観測されている．ニュートリノがマヨラナ粒子であると，図 10.19(b) で示すようにニュートリノを外部に放出することなく，

$$(A, Z) \to (A, Z+2) + 2e^- \tag{10.37}$$

の $0\nu\beta\beta$ 崩壊が起こる可能性がある．この崩壊はレプトン数の保存則を破るため，標

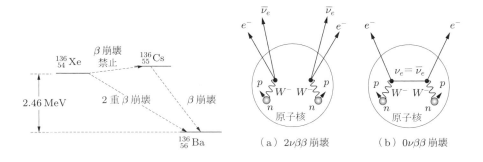

図 10.18　2 重ベータ崩壊核のエネルギー準位の例 (^{136}Xe)

図 10.19　$0\nu\beta\beta$ と $2\nu\beta\beta$ 崩壊のダイアグラム

準模型を超える過程であり，主として軽いマヨラナニュートリノの交換で起こると考えられている．すなわち，一方の中性子から電子とともに放出されたニュートリノ（右巻きの反ニュートリノ）がゼロでない質量により生じるわずかな左巻き成分により左巻きニュートリノとして他方の中性子に吸収されて電子を放出する過程である．これはニュートリノが質量をもち，かつマヨラナ粒子であれば起こる反応であり，ニュートリノがディラック粒子なら起こらない．

$0\nu\beta\beta$ 崩壊が軽いマヨラナニュートリノの交換による場合，崩壊の半減期 $T_{1/2}^{0\nu}$ は，

$$\left(T_{1/2}^{0\nu}\right)^{-1} = G^{0\nu}|M^{0\nu}|^2 \langle m_{\beta\beta}\rangle^2 \tag{10.38}$$

と表される．ここで，$G^{0\nu}$ は位相空間因子で信頼度よく決まる量である．$M^{0\nu}$ は核行列要素とよばれ，モデルの不定性はあるが核ごとに理論計算により求められる．$\langle m_{\beta\beta}\rangle$ は有効マヨラナ質量とよばれ，

$$\langle m_{\beta\beta}\rangle = \left|\sum_{i=1}^{3} U_{ei}^2 m_i\right| \tag{10.39}$$

と書かれる量で，核によらないニュートリノのすべての情報が含まれる．U_{ei} は式 (10.14) の MNSP 行列に 2 つの位相パラメータ（マヨラナ CP 位相という）を含む対角行列を乗じた行列の成分である．m_i は 3 つのニュートリノ質量の固有値である．

$T_{1/2}^{0\nu}$ が決まると，$\langle m_{\beta\beta}\rangle$ の値を決定できる．ニュートリノ振動実験から混合角の値が得られているので，ニュートリノ質量を 1 つ仮定すると，$\langle m_{\beta\beta}\rangle$ を決めることができる．図 10.20 にその様子を示す．もし質量階層性が逆階層ならば，$\langle m_{\beta\beta}\rangle$ には 15 meV という下限値が存在する．この場合，もし 15 meV 以上で $0\nu\beta\beta$ 崩壊が観測されない場合，ニュートリノはディラックニュートリノであることが決定される．次項で述べ

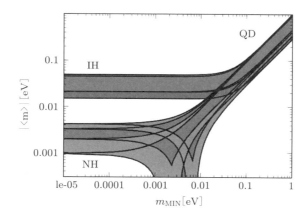

図 10.20 ニュートリノ混合角の測定から求まるニュートリノ有効質量 $\langle m_{\beta\beta}\rangle$ と最も軽いニュートリノの質量 (m_{MIN}) の関係　ニュートリノ質量構造の違いにより $\langle m_{\beta\beta}\rangle$ の許される範囲に違いが出る．QD は縮退構造 ($m_1 \approx m_2 \approx m_3$)，IH は逆階層構造 ($m_2 > m_1 \gg m_3$)，NH は標準階層構造 ($m_3 \gg m_2 > m_1$) とよばれる．
（[p1] より転載）

る実験から，現在 $\langle m_{\beta\beta}\rangle$ が 0.1 eV 程度以下であることがわかっている．

10.6.3　$0\nu\beta\beta$ 探索の現状

2 重ベータ崩壊で放出される 2 個の電子のエネルギーの和を図 10.21 に示す．$2\nu\beta\beta$ 崩壊では 2 個のニュートリノが崩壊エネルギーの一部を持ち去るため，Q 値，すなわち $M(A,Z) - M(A,Z+2) - 2m_e$ に相当するエネルギーを上限とする連続分布であるのに対し，$0\nu\beta\beta$ 崩壊では Q 値でピークをなす．実験ではこの違いを利用して探索が行われる．$0\nu\beta\beta$ 崩壊はこれまで数多くの探索が行われてきたが，いずれも数 kg 程度の同位体核を用いた小規模な実験であった．しかし，ニュートリノ振動実験による混合角の精密測定の結果，目標感度が立てやすくなり，数 100 kg～1 トンクラスの同位体核 (^{76}Ge をはじめ ^{48}Ca，^{82}Se，^{130}Te，^{136}Xe，^{150}Nd など) を用いる高感度 $0\nu\beta\beta$ 探索実験が世界各地で進行中あるいは計画されている．

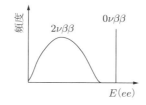

図 10.21 放出される 2 電子のエネルギー和 $E(ee)$ の分布

いずれの実験も宇宙線や実験装置を取り巻く環境放射能，さらには検出器自体に含まれる放射性不純物による背景事象をいかに排除できるかが実験の成否を決定する．また，Q 値付近での高いエネルギー分解能や，β 線の飛跡検出を行うなど背景事象をいかに排除できるかが実験では問われる．実験の手法は用いる核種を含む実験条件の最適化によりさまざまである．また，核行列要素の不定性を補うために異なる核種での探索を行うことが重要である．

現在，$0\nu\beta\beta$ 探索の最も厳しい制限は ^{136}Xe を用いたカムランド禅実験で与えられ，$T^{0\nu}_{1/2} > 1.07 \times 10^{26}$ 年（90%信頼度），$\langle m_{\beta\beta}\rangle < (61 \sim 165)$ meV が得られている．この実験は，キセノンが液体シンチレータによく溶ける性質を利用し，神岡の地下 1000 m に建設されたニュートリノ検出器カムランド（図 10.14 参照）の中心部に直径 3.1 m の透明な袋を設置し，内部に ^{136}Xe 核 340 kg を溶かした液体シンチレータを満たしたものである．

演習問題

10.1 エネルギー $E_\nu = 1$ GeV の電子ニュートリノ ν_e が，地球を北極から南極まで貫通したとき，地球の物質中の電子に散乱される確率はいくらか．ただし，地球の直径は 13000 km，平均密度は $5.5 \mathrm{g/cm^3}$ であり，地球を構成している物質の原子核の電荷と質量数比は $Z/A = 1/2$ とする．

10.2 $\Delta m^2 = 1 \, (\mathrm{eV}/c^2)^2$ の場合，$E_\nu = 100$ MeV のニュートリノの振動が最大になるベースラインはいくらか．

10.3 原子炉中では，ウラン原子核 1 個が核分裂したときに約 200 MeV のエネルギーが解放され，この熱を電気エネルギーに変えている．一方，ウラン原子核 1 個の核分裂に伴い平均約 6 個の $\bar{\nu}_e$ が生じる．熱出力 3 GW の原子炉から 1 km 離れている場所で，$\bar{\nu}_e$ の流量を計算し，$\mathrm{cm^{-2}s^{-1}}$ の単位で表せ．

11 標準理論と今後の展望

　これまで学んできたさまざまな素粒子現象のほとんどは，標準理論により統一的に理解できる．本章前半の 11.6 節まではこの標準理論の構造を示し，これまで出てきた質量や混合角などの基本パラメータの物理的意味などを説明する．後半の 11.7 節以降では，標準理論の実験的検証および今後の展望について解説する．前半は，抽象的な議論が多いため，慣れない読者はこの部分は飛ばして，11.7 節から読み進んでもよいであろう．

　標準理論では，ゲージ対称性を要求することにより，ゲージ粒子を導入し，相互作用はフェルミオンがゲージ粒子を交換することで生じるとする．ゲージ対称性はゲージ粒子の質量がゼロであることを要求するため，ヒッグス場とよばれる特殊なポテンシャルをつくる場が存在し，そのポテンシャルによる自発的対称性の破れにより，ヒッグス場と結合するゲージ粒子やフェルミオンに質量や混合を与えている．

　この標準理論では比較的少数のパラメータで数多くの実験的結果を予言でき，それを利用して実験による長く厳しいテストが行われてきた．そして，高次効果によるヒッグス粒子の質量の予言と，2012 年のその発見で，この標準理論の発展はクライマックスを迎えた．一方，ニュートリノ振動という，現在の標準理論では説明できない現象も確認されており，標準理論は今後さらに発展していかなければならない．

11.1 ゲージ対称性とゲージボソン

　量子力学では，存在確率などの物理現象は波動関数 $\psi(x)$ そのものではなく，その波動関数の絶対値の 2 乗で表される．

$$P = |\psi(x)|^2 \tag{11.1}$$

元の波動関数に任意の複素位相をつけた状態

$$\psi(x) \to \psi'(x) = e^{if(x)}\psi(x) \tag{11.2}$$

の絶対値の 2 乗は，

$$|\psi'(x)|^2 = |\psi(x)|^2 \tag{11.3}$$

になるため，$\psi(x)$ と $\psi'(x)$ は同じ物理を表すことになる．式 (11.2) をゲージ変換とよぶ．とくに，f が時空座標 x による場合，局所的ゲージ変換とよび，そうでない場合，大局的ゲージ変換とよぶ．

ところで，$\psi(x)$ がディラック方程式

$$(i\gamma_\mu \partial^\mu - m)\psi(x) = 0 \tag{11.4}$$

を満たしても，$\psi'(x)$ は，同じディラック方程式を満たさない．

$$(i\gamma_\mu \partial^\mu - m)\psi'(x) = -\gamma_\mu(\partial^\mu f)\psi'(x) \neq 0 \tag{11.5}$$

これは，同じ物理を表す $\psi'(x)$ と $\psi(x)$ が同じ時空内の発展を行わないことを意味して都合が悪い．

よく考えてみると，ψ が電子だとすると，その存在や運動により電磁場が生じることになる．また，逆に電子の状態は電磁場に影響される．したがって，電子の状態を規定するためには，電子のディラック方程式だけでは不十分で，電磁場に対応する A_μ の運動方程式も考えなければならない．実際，電子と電磁場は，数学的には，次の連立微分方程式に従って互いに影響を与えながら時空内を発展する [1]．

$$\begin{cases} (i\gamma_\mu \partial^\mu - m)\psi = e\gamma_\nu A^\nu \psi \\ \partial_\mu \partial^\mu A^\nu = e[\overline{\psi}\gamma^\nu \psi] \end{cases} \tag{11.6}$$

ここで，第 1 式は，電磁場 A^ν の影響下での電子 ψ の状態を表し，第 2 式は，右辺の 4 元電流により発生する電磁場 A^μ を表す．このとき，電子の波動関数のゲージ変換 (11.2) と同時に電磁場がゲージ変換

$$A^\mu \to A'^\mu = A^\mu - (\partial^\mu f)/e \tag{11.7}$$

を行うとすると，この連立微分方程式 (11.6) は，

$$\begin{cases} (i\gamma_\mu \partial^\mu - m)\psi' = e\gamma_\nu A'^\nu \psi' \\ \partial_\mu \partial^\mu A'^\nu = e[\overline{\psi'}\gamma^\nu \psi'] \end{cases} \tag{11.8}$$

になる（演習問題 11.1）．つまり，電磁場の運動方程式まで含めると，この体系はゲージ変換に対して不変になる．これをゲージ対称性という．

ここで，簡単な具体例を考えて，ゲージ変換で何が起こっているか見てみよう．式

---

[1] 以後ローレンツゲージ $(\partial_\mu A^\mu = 0)$ をとる．

11.1 ゲージ対称性とゲージボソン 173

(11.2) の $f(x)$ は何でもよいのだから，$f(x) = at$ だとしても構わない．このとき，電子の波動関数のゲージ変換は $\psi(t) = e^{-iEt} \to \psi'(t) = e^{iat}e^{-iEt} = e^{-i(E-a)t}$ なので，このゲージ変換をした状態はエネルギーが a だけ小さい状態である．一方，電場によるポテンシャルエネルギーは $eA^0 \to eA'^0 = eA^0 - a$ のように変換されるため，電場によるポテンシャルエネルギーも $-a$ だけ小さくなる．運動を司る運動エネルギーは全エネルギーとポテンシャルエネルギーの差なので，この変換により変化せず，ψ と ψ' は同じ振る舞いをすることになる．

標準理論では，次節以降で解説するように，ゲージ対称性を要求することにより，光子，$W^\pm$ ボソン，Z^0 ボソン，グルーオンなどのゲージボソンが導入される．

■**ラグランジアンと対称性** これより先の議論では，ラグランジアン密度を使うほうが説明が簡単になる[2]．ある変換に対して，物理現象が変わらないということは，その変換に対して，ラグランジアンの形が変わらないことを意味する．たとえば，式 (11.6) の第1式に対応するラグランジアン密度は，

$$\mathcal{L} = \overline{\psi}(\gamma_\mu(i\partial^\mu - eA^\mu) - m)\psi \tag{11.9}$$

と表される．これに対して，フェルミオンとゲージ場の波動関数にゲージ変換[3]，

$$\begin{aligned}\psi(x) &\to \psi'(x) = e^{ie\alpha(x)}\psi(x) \\ A^\mu(x) &\to A'^\mu(x) = A^\mu(x) - \partial^\mu \alpha(x)\end{aligned} \tag{11.10}$$

を行うと，$\overline{\psi'(x)} = \psi^\dagger(x)e^{-ie\alpha(x)}\gamma^0 = \overline{\psi(x)}e^{-ie\alpha(x)}$ なので，ラグランジアンの形は，

$$\mathcal{L}' = \overline{\psi'}(\gamma_\mu(i\partial^\mu - eA'^\mu) - m)\psi' = \cdots = \overline{\psi}(\gamma_\mu(i\partial^\mu - eA^\mu) - m)\psi = \mathcal{L} \tag{11.11}$$

のように変化しないことが確かめられる．素粒子物理研究の方法論の1つは，実験により観測された現象を，ある変換に対する対称性から説明することで，そのためには，その変換に対して形を変えないラグランジアンを探し出せばよい．

局所的ゲージ変換の場合，一般に，元のラグランジアン内の時空座標に対する微分を，

$$\mathcal{D}^\mu = \partial^\mu + ieA^\mu \tag{11.12}$$

のように置き換えてやれば，ゲージ変換に対して対称なラグランジアンを得ることができる．

$$\mathcal{L} = \overline{\psi}(i\gamma_\mu \mathcal{D}^\mu - m)\psi \tag{11.13}$$

---

[2] ラグランジアンについては，付録 C.8 節で説明してある．
[3] 今後，$f(x)$ の代わりに $\alpha(x) = f(x)/e$ を使う．

この $\mathcal{D}^\mu$ のことを共変微分とよぶ．ラグランジアンに光子の運動項を入れるためには，

$$f^{\mu\nu} \equiv \partial^\mu A^\nu - \partial^\nu A^\mu \tag{11.14}$$

という項を定義して，式 (11.13) のラグランジアンに次のような項を加えればよい．

$$\mathcal{L}_{\mathrm{QED}} = \overline{\psi}(i\gamma_\mu \mathcal{D}^\mu - m)\psi - \frac{1}{4} f^{\mu\nu} f_{\mu\nu} \tag{11.15}$$

これが，QED のラグランジアンである．試しに，A^μ と $\overline{\psi}$ をパラメータとしてオイラー・ラグランジュ方程式をつくってみると（付録 C.8 節参照），

$$\begin{aligned}
0 &= \frac{\partial \mathcal{L}_{\mathrm{QED}}}{\partial \overline{\psi}} - \partial^\nu \left(\frac{\partial \mathcal{L}_{\mathrm{QED}}}{\partial (\partial^\nu \overline{\psi})} \right) &\Rightarrow \quad [\gamma_\mu(i\partial^\mu - eA^\mu) - m]\psi = 0 \\
0 &= \frac{\partial \mathcal{L}_{\mathrm{QED}}}{\partial A^\mu} - \partial^\nu \left(\frac{\partial \mathcal{L}_{\mathrm{QED}}}{\partial (\partial^\nu A^\mu)} \right) &\Rightarrow \quad \partial_\nu \partial^\nu A^\mu = e\overline{\psi}\gamma^\mu \psi
\end{aligned} \tag{11.16}$$

と，電磁相互作用の入ったディラック方程式とクライン・ゴルドン方程式を得る（演習問題 11.2）．

11.2 QCD

標準理論で強い相互作用を記述する量子色力学 QCD は，ゲージ対称性から直接導くことができる．強い相互作用は，カラーとグルーオンが結合することで生じる．カラー荷に対する対称性から，ゲージボソンであるグルーオンの存在が導かれ，さまざまな素過程が現れる．

クォークの波動関数 Ψ はカラーの 3 成分により，

$$\Psi = \begin{pmatrix} q_R \\ q_G \\ q_B \end{pmatrix} \tag{11.17}$$

と表される．強い相互作用は，カラーの変換に対して不変である．

$$\Psi \to \Psi' = U_S \Psi \tag{11.18}$$

ただし，U_S は行列式が $+1$ の 3×3 のユニタリー変換（特殊ユニタリー変換 SU(3)）である．U_S は，トレースが 0 の 8 つのエルミート行列 T_a を用いて次のように表される[4]．

---

[4] $U_S^\dagger U_S = e^{i\theta_a(x) T_a^\dagger} e^{-i\theta_a(x) T_a} = e^{i\theta_a(x)(T_a^\dagger - T_a)} = 1$

$$U_S = \exp\{-i[\theta_a(x)T_a]\}; \quad a = 1, 2, \ldots, 8 \tag{11.19}$$

ただし，θ_a は実パラメータである[5]．式 (11.19) は，式 (11.18) の変換がゲージ変換の一種であることを示す．したがって，ゲージボソンであるグルーオンの存在により，ラグランジアンが SU(3) ゲージ変換に対して不変になる．QED のラグランジアンの式 (11.15) の類推から強い相互作用のラグランジアンは，次のように表されると考えられる．

$$\mathcal{L}_{\mathrm{QCD}} = \overline{\Psi}(i\gamma_\mu D^\mu - m)\Psi - \frac{1}{4}F_a{}^{\mu\nu}F_{\mu\nu}{}^a \tag{11.20}$$

ここで，

$$\begin{aligned} D^\mu &= \partial^\mu + ig_S(G_a{}^\mu T^a) \\ F_{\mu\nu}{}^a &= \partial_\mu G_\nu{}^a - \partial_\nu G_\mu{}^a - g_S f_{abc} G_\mu{}^b G_\nu{}^c \end{aligned} \tag{11.21}$$

である．$G_a{}^\mu$ はグルーオンを表す．$g_S f^{abc} G_b{}^\mu G_c{}^\nu$ の項は，このゲージ変換が交換に対して非対称 ($U_1 U_2 \neq U_2 U_1$; 非アーベリアンとよぶ) であることからくる．f^{abc} は，(a,b,c) の入れ替えに対して完全反対称である．この項からは，グルーオンの 3 点結合などが生まれ，それが電磁相互作用にはない，クォークの閉じ込めなどの効果を生んでいると考えられる．

11.3 自発的対称性の破れ

$11.3.1$ 質量をもつ中性ゲージボソンのラグランジアンの問題点

質量 91 GeV の Z^0 ボソンが存在し，それが弱い相互作用を引き起こしていることが知られている．この相互作用は，Z^0 ボソンが質量をもつこと以外は，電磁相互作用とよく似ている．QED のラグランジアン (11.15) の類推から，Z^0 ボソンとフェルミオンに対するラグランジアンは，次のように書けると仮定する．

$$\mathcal{L}_{Zff} = \overline{\psi}(i\gamma_\mu(\partial^\mu - gZ^\mu) - m)\psi - \frac{1}{4}F^{\mu\nu}F_{\mu\nu} \tag{11.22}$$

ここで，Z^μ は Z^0 ボソンの波動関数を表し，式 (11.14) の類推から，

$$F^{\mu\nu} = \partial^\mu Z^\nu - \partial^\nu Z^\mu \tag{11.23}$$

である．しかし，Z^0 ボソンは，光子と異なり質量をもつため，さらに，質量項 $M^2 Z^\mu Z_\mu/2$ をラグランジアンに入れなければならない．

---

[5] T_a の具体的な例と対応するグルーオンの形は，付録 C.9 節に示される．

$$\mathcal{L}_{Zff} = \overline{\psi}(i\gamma_\mu(\partial^\mu - gZ^\mu) - m)\psi - \frac{1}{4}F^{\mu\nu}F_{\mu\nu} + \frac{1}{2}M^2 Z^\mu Z_\mu \tag{11.24}$$

このラグランジアンから Z^μ をパラメータとしてオイラー・ラグランジュ方程式を立てると，次のように質量 M をもった粒子のクライン・ゴルドン方程式を得ることができる．

$$\left(\partial^\nu \partial_\nu + M^2\right) Z^\mu = g\overline{\psi}\gamma^\mu\psi \tag{11.25}$$

しかし，ここで 1 つ問題が生じる．Z^0 ボソンの質量を入れるためにラグランジアンに入れた $\mathcal{L}_M = M^2 Z^\mu Z_\mu/2$ の項は，$Z^\mu \to Z'^\mu = Z^\mu + \partial^\mu b$ のゲージ変換に対して不変ではない．

$$\begin{aligned}\mathcal{L}_M \to \mathcal{L}'_M &= \frac{1}{2}M^2(Z^\mu + \partial^\mu b)(Z_\mu + \partial_\mu b) \\ &= \frac{1}{2}M^2[Z^\mu Z_\mu + \partial^\mu b Z_\mu + Z^\mu \partial_\mu b + (\partial^\mu b)^2] \neq \mathcal{L}_M\end{aligned} \tag{11.26}$$

つまり，ラグランジアンがゲージ対称性をもつためには，ゲージボソンの質量はゼロでなければならず，このままでは質量をもつ Z^0 ボソンをゲージ対称性から導くことはできないと考えられる．この事情のため，ゲージ対称性から相互作用の存在を説明しようとするゲージ理論は，当初受け入れられなかった．しかし，次の項で説明する「自発的対称性の破れ」により，ラグランジアンの全体的なゲージ対称性を保ちつつゲージボソンに質量を与えることができることが明らかになり，現在ではゲージ理論は標準理論の重要な骨組みとなっている．

11.3.2 ヒッグス場導入の考え方

我々の課題は，「ゲージ対称性を保ちながら，どうやってラグランジアンに $M^2 Z^\mu Z_\mu$ の項を入れることができるか？」である．そもそも質量とは何だろうか．一般に，量子力学では素粒子の波動関数が，

$$\psi(t) = \psi(0)e^{-imt} \tag{11.27}$$

と表されるとき，この素粒子は質量 m をもつという．ここで，また我々がよく知っている電磁相互作用を考えてみよう．ベクトルポテンシャル $A^\mu = (A^0, \vec{0})$ 中の荷電粒子の波動関数は，

$$\psi(t) = e^{-i(m+eA^0)t}\psi(0) \tag{11.28}$$

になる．つまり，ポテンシャルとの相互作用により，eA^0 の「質量」が生じたことになる．これは，ほかの粒子の場がつくったポテンシャルとの相互作用が質量になる可

能性があることを示している．そこで，Z^0 ボソンの質量も，何らかのスピンが 0 のボソン ϕ とこの Z^0 ボソンの相互作用から生まれていると仮定してみる．一般に，質量をもたないボソンのラグランジアン密度は，

$$\mathcal{L} = \frac{1}{2}\partial^\mu \phi^* \partial_\mu \phi \tag{11.29}$$

である．このボソンの波動関数がゲージ変換

$$\phi(x) \to \phi'(x) = e^{i\beta(x)}\phi(x) \tag{11.30}$$

に対して不変であると考える．このボソンに対するゲージ対称なラグランジアンは，電磁相互作用と同じように，対応するゲージ変換を行うゲージ場 B^μ を入れることで得ることができる．さらに，$|\phi|^2$ も式 (11.30) の変換に対して不変なので，ポテンシャル $V(|\phi|^2)$ をラグランジアンに入れた，

$$\mathcal{L}_{\phi B} = \frac{1}{2}|(\partial^\mu + igB^\mu)\phi|^2 - V(|\phi|^2) - \frac{1}{4}f_{\mu\nu}f^{\mu\nu} \tag{11.31}$$

は，ゲージ変換に対して不変である．ただし，$f_{\mu\nu} = \partial_\mu B_\nu - \partial_\nu B_\mu$ である．

以下の説明を簡単にするために，ϕ は実数であると仮定する．ポテンシャルは一般的に考え，$V(\phi^2)$ を ϕ^2 で展開して，物理的効果のない定数項を除いて ϕ^2 の最初の 2 項をとってみる．

$$V(\phi^2) = a\phi^2 + b\phi^4 \tag{11.32}$$

ここで，$(b > 0, a < 0)$ のとき，何が起こるか見てみよう．これは単なる仮説であり，蓋然性があるわけではなく，この仮説で我々が観測している事実を説明できるかを調

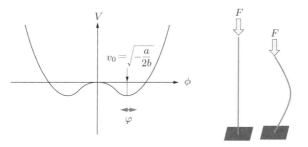

（a）ヒッグスポテンシャル　　（b）自発的対称性の破れの類推

図 11.1　自発的対称性の破れ　（a）$\phi = \pm v_0$ で極小値をとるため，そのどちらかが安定点になる．（b）長い棒を上から押すと，押す力は対称だが，棒はいずれかの方向へ曲がった状態が安定となる．

べることが目的である．このとき，ポテンシャルエネルギーの形は，図11.1(a)のようになる．このポテンシャルは，

$$\phi = \pm\sqrt{-\frac{a}{2b}} \equiv \pm v_0 \tag{11.33}$$

で極小値をとる．$\phi = 0$ の点は，エネルギーが高いため安定点にはなっておらず，$\phi = +v_0$ または，$\phi = -v_0$ が安定になっていて，実際の状態はこのどちらかにあると考えられる．このように，元のラグランジアンは対称だが，安定状態は対称とは限らない場合がある．どちらかに選ばれるということは，対称性が破れることになる．このような状況を**自発的対称性の破れ** (spontaneous symmetry breaking) とよぶ．これは図(b)の棒のように，力は偏りなくかかっているが，棒は，どちらかの方向に曲がった状態のほうが安定であることに似ている．

図11.1(a)のように，2つの安定点からのずれ

$$\varphi = \phi - v_0 \quad \text{あるいは} \quad \varphi = \phi + v_0 \tag{11.34}$$

を使ってラグランジアン (11.31) を書き換えると，

$$\mathcal{L}_\varphi = \frac{1}{2}(\partial^\mu\varphi)^2 + 2a\varphi^2 + \frac{1}{2}g^2v_0^2B^2 - \frac{1}{4}f_{\mu\nu}f^{\mu\nu} + \cdots \tag{11.35}$$

になる．ここで，このラグランジアンの物理的描像を考えてみよう．先入観をもたずにこのラグランジアンを眺めると，

$$\mathcal{L}_\varphi = \frac{1}{2}(\partial_\mu\varphi)^2 + 2a\varphi^2 \tag{11.36}$$

の項は，質量が $m_\varphi = 2\sqrt{-a}$ のボソン φ のラグランジアンであることを示し，

$$\mathcal{L}_{m_B} = \frac{1}{2}g^2v_0^2B^2 - \frac{1}{4}f_{\mu\nu}f^{\mu\nu} \tag{11.37}$$

の項は，$m_B = gv_0$ のボソン B のラグランジアンであることを示す．また，式 (11.35) の $\mathcal{L}_\varphi = \cdots$ の部分には，残りの項がさまざまな結合として含まれる．これらの結論は ϕ を実数と仮定しなくても同様に得ることができる．

ここまでゲージ不変なラグランジアン (11.31) を記号を変えるだけで形式的に変換してきただけなので，「$\cdots$」まで含めると，全体としてのラグランジアンはゲージ不変である．式 (11.37) の実効的な質量項の存在は，見かけ上このラグランジアンのゲージ対称性を破るが，自発的対称性の破れがそれを相殺して，全体としてのゲージ対称性を担保している．ゲージボソンの質量はこのようにして生まれたと考えることができる．φ をヒッグス粒子，式 (11.32) をヒッグスポテンシャルとよぶ．また，v_0 をヒッグス場の真空期待値とよび，式 (11.70) の関係から，$v_0=246\,\mathrm{GeV}$ と測定されている．

次節以下に，ヒッグス–ゲージボソン，ヒッグス–フェルミオン，ゲージボソン–フェルミオン間の相互作用についての説明を順次行う．

11.4 電弱統一理論

　以上では，ゲージ対称性，ヒッグス粒子と自発的対称性の破れの考え方を一番簡単な U(1) の場合を例に取り説明してきた．実際には，U(1) のほかに弱い相互作用の特徴である SU(2) ゲージ対称性があり，さらに SU(2) と U(1) ゲージ粒子がヒッグス場により混合して，物理的な光子と Z^0 ボソンになっている．ヒッグス場も 4 自由度あり，そのうち 3 自由度を自発的対称性の破れで Z^0 と $W^{\pm}$ ボソンの質量に転化する．光子の質量はゼロのまま残る．標準模型のラグランジアンをつくる際には，さらに，SU(2) ゲージ場は左巻きのフェルミオンとしか結合しないことも考慮に入れなければならない．これらの事情をすべて入れて議論することは本書の方針ではなく，以下では，素粒子現象を理解するのに必要な部分に重みをおいて単純化して説明する．より詳しく学習したい人は，たとえば，文献 [b1] を参照されたい．

11.4.1 弱ボソンの混合と質量

　弱い相互作用は，u クォークと d クォークを変換するため，波動関数は $|u\rangle$ と $|d\rangle$ の混合状態になっている．

$$\Psi(x) = u(x)|u\rangle + d(x)|d\rangle = \begin{pmatrix} u(x) \\ d(x) \end{pmatrix} \tag{11.38}$$

物理は，d クォークと u クォーク成分の変換により変化しない，すなわちフレーバー SU(2) 対称性をもつとする．

$$\Psi \to \Psi' = U_W \Psi \tag{11.39}$$

2×2 のユニタリー行列 U_W は，パウリ行列を使って次のように表すことができる．

$$U_W = \exp[i\vec{\alpha}(x) \cdot \vec{\sigma}] \tag{11.40}$$

したがって，式 (11.39) は，

$$\Psi \to \Psi' = e^{i\vec{\alpha}(x) \cdot \vec{\sigma}} \Psi \tag{11.41}$$

と書かれる．QCD との類推から，式 (11.41) の変換に対して変化しないラグランジアンは，次のような形に表される．

$$\mathcal{L}_{ffG} = \overline{\Psi}\gamma_\mu \left[i\partial^\mu - g_0(\vec{W}^\mu \cdot \vec{\sigma})\right]\Psi \tag{11.42}$$

ただし，$\vec{W}^\mu = (W_1{}^\mu, W_2{}^\mu, W_3{}^\mu)$ である．フェルミオンの質量は，後でヒッグス場との相互作用により生まれることを期待して，ここではゼロとする．式 (11.2) のゲージ変換に対する対称性も考慮に入れて，SU(2) と U(1) 対称性をもつ，最も一般的なラグランジアンは，

$$\mathcal{L}_{ffG} = \overline{\Psi}\gamma_\mu \left[i\partial^\mu - g_1 B^\mu I - g_0(\vec{W}^\mu \cdot \vec{\sigma})\right]\Psi \tag{11.43}$$

の形をしている．一般に，g_0 や g_1 は，電荷のようにフェルミオンによって異なり，実験事実と比較することで決定される．

さて，$W^\pm$ ボソンも Z^0 ボソンのように大きな質量をもつ．この質量をヒッグス機構でつくるためには，もっと多くのヒッグス場の自由度が必要である．そこで，ヒッグス場も 2 成分，4 自由度あると仮定する．

$$\Phi = \begin{pmatrix} \phi^+ \\ \phi^0 \end{pmatrix} = \frac{1}{\sqrt{2}}\begin{pmatrix} \phi_1 + i\phi_2 \\ \phi_3 + i\phi_4 \end{pmatrix} \tag{11.44}$$

このヒッグス場についても SU(2) と U(1) 対称性があると考え，ヒッグス場のラグランジアンは，

$$\mathcal{L}_\phi = \left|\left[i\partial^\mu - \frac{g'}{2}B^\mu I - \frac{g}{2}(\vec{W}^\mu \cdot \vec{\sigma})\right]\Phi\right|^2 - a|\Phi|^2 - b|\Phi|^4; \quad b > 0, \, a < 0 \tag{11.45}$$

と書く[6]．1/2 などの係数は，後で便利なようにつけた．このポテンシャルは，式 (11.33) と同じように，

$$|\Phi|^2 = \frac{1}{2}(\phi_1^2 + \phi_2^2 + \phi_3^2 + \phi_4^2) = -\frac{a}{2b} \tag{11.46}$$

のときに極小値をとる．ここでは，$\phi_1 = \phi_2 = \phi_4 = 0$ と選び，$\phi_3^2 = -a/b \equiv v_0^2$ の周りで Φ を展開することにより，自発的対称性の破れ (SSB) を導入する．数学的には，これは，

$$\Phi = \begin{pmatrix} \phi^+ \\ \phi^0 \end{pmatrix} \xrightarrow{\text{SSB}} \frac{1}{\sqrt{2}}\begin{pmatrix} 0 \\ v_0 + h(x) \end{pmatrix} \tag{11.47}$$

と置き換えることに相当する．ヒッグス場とゲージ場の相互作用部分のラグランジアンは，このとき，

---

[6] $|X^\mu|^2 = X_\mu^\dagger X^\mu$

11.4 電弱統一理論

$$\mathcal{L}_{\Phi GG} = -\frac{1}{4}\left|[g'B^\mu + g(\vec{W}^\mu \cdot \vec{\sigma})]\Phi\right|^2 \xrightarrow{\text{SSB}}$$
$$-\frac{(v_0+h)^2}{8}\{g^2(|W^+|^2 + |W^-|^2) + [g^2 W_3^2 + g'^2 B^2 - gg'(W_3 B + B W_3)]\} \tag{11.48}$$

と書き換えられる．ここで，$W^\pm = (W_1 \mp iW_2)/\sqrt{2}$ は荷電ボソンを表し，ラグランジアン中のボソンの質量項が $(M^2/2)W^2$ で表されることを思い出すと，$W^\pm$ の質量は，

$$M_W = \frac{1}{2}v_0 g \tag{11.49}$$

であることがわかる．式 (11.48) の B と W_3 の項は，図 11.2 のようにヒッグス場により B と W_3 が転換することを意味する．この遷移により，B と W_3 は，

$$\partial_\mu \partial^\mu \begin{pmatrix} B \\ W_3 \end{pmatrix} = -\frac{v_0^2}{4}\begin{pmatrix} g'^2 & -gg' \\ -gg' & g^2 \end{pmatrix}\begin{pmatrix} B \\ W_3 \end{pmatrix} \tag{11.50}$$

のように時空内を発展し，この結果，付録 C.4.6 項の 2 成分状態の議論の類推から，質量固有状態と質量は次のようになる．

$$\begin{cases} Z^0 = -\sin\theta_W B + \cos\theta_W W_3 : & M_Z = \frac{1}{2}v_0\sqrt{g^2 + g'^2} \\ A = \cos\theta_W B + \sin\theta_W W_3 : & M_A = 0 \end{cases} \tag{11.51}$$

ただし，ワインバーグ角 [7] θ_W は次で定義される．

$$\tan\theta_W \equiv \frac{g'}{g} \tag{11.52}$$

不思議なことに A の質量は，パラメータによらずゼロになった．A の質量はゼロであるため，我々の光子に対応し，Z^0 が中性弱ボソンに対応する．つまり，標準理論では，光子は単なる U(1) ゲージボソンではない．以上の議論より，M_Z，M_W，θ_W の間には次のような関係があることが導かれる．

$$M_W = M_Z \cos\theta_W \tag{11.53}$$

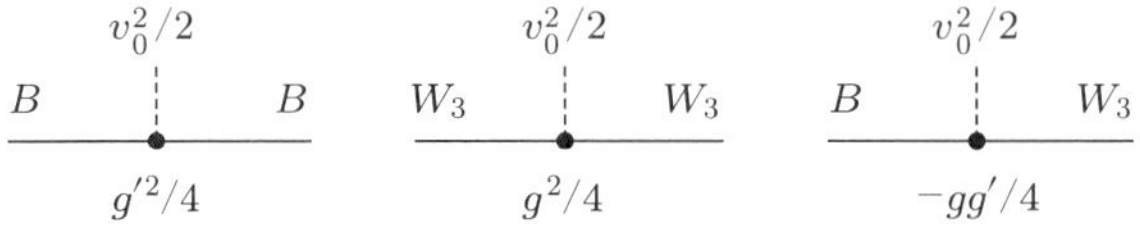

図 11.2 ヒッグス場による B と W_3 の混合

---

[7] 弱混合角ともよばれる．

11.5 フェルミオンの質量と混合

フェルミオンの質量と混合も，フェルミオンとヒッグス場との結合から生まれると考えることができる．標準理論では，d, s, b クォークは，ヒッグス場と相互作用することにより，お互いに姿を変えると考える．その結果，質量固有状態は，その3つのクォークが混じった状態になる．質量固有状態とフレーバー固有状態（$W^\pm$ や Z^0 と結合する状態）を区別する必要がある場合，フレーバー固有状態を d', s', b' のように書き，質量固有状態を d, s, b と書く．一方，u, c, t は質量固有状態とフレーバー固有状態は一致すると定義されているため，その区別をせず，常に u, c, t と書く．たとえば，u, c, d', s' のクォークとヒッグス場との相互作用のラグランジアンは，自発的対称性の破れの後，次のようになる．

$$\mathcal{L}_{ff\phi} = \frac{v_0 + h}{\sqrt{2}}(G_{uu}[\overline{u}u] + G_{cc}[\overline{c}c] + G_{dd}[\overline{d'}d'] + G_{ss}[\overline{s'}s'] + G_{sd}[\overline{s'}d'] + G^*_{sd}[\overline{d'}s']) \tag{11.54}$$

$G_{\alpha\beta}$ はヒッグス場とフェルミオンの結合定数で $\alpha = \beta$ のときは実数である．このような結合を**湯川結合**とよぶ [8]．

図 11.3 のように，式 (11.54) の中で定数である v_0 がかかった項がフェルミオンの質量項になる．u, c クォークはほかのクォークと遷移しないので，その質量は次のようになる．

$$m_u = \frac{1}{\sqrt{2}}G_{uu}v_0, \quad m_c = \frac{1}{\sqrt{2}}G_{cc}v_0 \tag{11.55}$$

d', s' クォークは，互いに遷移するため，

$$i\frac{d}{dt}\begin{pmatrix} s' \\ d' \end{pmatrix} = \frac{v_0}{\sqrt{2}}\begin{pmatrix} G_{ss} & |G_{sd}|e^{i\phi} \\ |G_{sd}|e^{-i\phi} & G_{dd} \end{pmatrix}\begin{pmatrix} s' \\ d' \end{pmatrix} \tag{11.56}$$

という状態方程式を満たし，その結果，質量固有状態と質量は次のようになる．

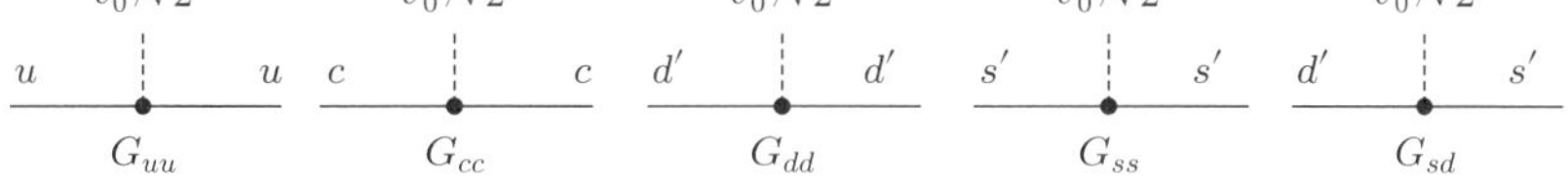

図 11.3 ヒッグス場とフェルミオンの結合 d', s' はフレーバー固有状態を表す．

---

8 この名称は，相互作用の素過程が2つのフェルミオンの直接結合により生じるとするフェルミ相互作用に対して，フェルミオンとスピン0のボソンが結合することにより生じるとする湯川相互作用からきている．

$$\begin{pmatrix} |s\rangle \\ |d\rangle \end{pmatrix} = \begin{pmatrix} \cos\theta_C & e^{-i\phi}\sin\theta_C \\ -e^{i\phi}\sin\theta_C & \cos\theta_C \end{pmatrix} \begin{pmatrix} |s'\rangle \\ |d'\rangle \end{pmatrix} \tag{11.57}$$

$$m_{s/d} = \frac{v_0}{\sqrt{2}}\left(\frac{G_{dd}+G_{ss}}{2} \pm \sqrt{\left(\frac{G_{ss}-G_{dd}}{2}\right)^2 + |G_{sd}|^2}\right) \tag{11.58}$$

混合角 θ_C はカビボ角に対応し,次のように定義される.

$$\tan 2\theta_C = \frac{2|G_{sd}|}{G_{ss}-G_{dd}} \tag{11.59}$$

ラグランジアン (11.54) を質量固有状態を用いて表すと,

$$\mathcal{L}_{ff\phi} = \left(1+\frac{h}{v_0}\right)(m_u[\overline{u}u] + m_c[\overline{c}c] + m_d[\overline{d}d] + m_s[\overline{s}s]) \tag{11.60}$$

と簡単になる.$h[\overline{f}f]$ の項はヒッグス粒子 h とフェルミオン f の結合を表している.その結合定数は m_f/v_0 なので,フェルミオン質量に比例する.これは,ヒッグスからフェルミオン–反フェルミオン対への崩壊確率はフェルミオンの質量の 2 乗に比例することを表す.この性質を利用して,実験的にヒッグス機構のテストを行うことができる.

11.6 ゲージボソン–フェルミオン結合項

$W^{\pm}$ 粒子は左巻きのフェルミオンとしか結合しない.一方,光子と Z^0 ボソンは,左巻きと右巻き両方のフェルミオンが結合する.この事情から,SU(2) ゲージボソンと結合するのは左巻きのフェルミオン Ψ_L だけで,右巻きフェルミオンは U(1) ゲージ対称なラグランジアンを個別に加えることにする.すると,ゲージボソンとフェルミオンの相互作用のラグランジアンは次のようになる.

$$\begin{aligned}\mathcal{L}_{ffG} = &\overline{\Psi_L}\gamma_\mu(i\partial^\mu - g_0\vec{W}^\mu\cdot\vec{\sigma} - g_1 B^\mu)\Psi_L \\ &+ \overline{u_R}\gamma_\mu(i\partial^\mu - g_2 B^\mu)u_R + \overline{d'_R}\gamma_\mu(i\partial^\mu - g_3 B^\mu)d'_R\end{aligned} \tag{11.61}$$

この中で,式 (11.51) を利用し,B と W_3 を質量固有状態 Z^0 と A で置き換え,A と u, d' クォークの結合部分のラグランジアンが

$$\begin{aligned}\mathcal{L}_{ffA} &= -eA^\mu\left(Q_u[\overline{u}\gamma_\mu u] + Q_d[\overline{d'}\gamma_\mu d']\right) \\ &= -eA^\mu\{Q_u[(\overline{u_L}+\overline{u_R})\gamma_\mu(u_L+u_R)] + Q_d[(\overline{d'_L}+\overline{d'_R})\gamma_\mu(d'_L+d'_R)]\}\end{aligned} \tag{11.62}$$

に一致することを要請することで，結合定数 g_i を次のように決定できる．

$$g_0 = \frac{e}{2\sin\theta_W}, \quad g_1 = \frac{(Q_u + Q_d)e}{2\cos\theta_W}, \quad g_2 = \frac{Q_u e}{\cos\theta_W}, \quad g_3 = \frac{Q_d e}{\cos\theta_W} \quad (11.63)$$

ここで，$Q_u - Q_d = 1$ を使った．これから，$W^\pm$, Z^0 ボソンとフェルミオンとの結合部分のラグランジアンは，次のようになる．

$$\begin{aligned}
\mathcal{L}_{ffW} &= -\frac{e}{\sqrt{2}\sin\theta_W}(W^{-\mu}[\overline{d'_L}\gamma_\mu u_L] + W^{+\mu}[\overline{u_L}\gamma_\mu d'_L]) \\
\mathcal{L}_{ffZ} &= -\frac{eZ^\mu}{\sin 2\theta_W}\begin{pmatrix} ([\overline{u_L}\gamma_\mu u_L] - 2Q_u\sin^2\theta_W[\overline{u}\gamma_\mu u]) \\ -([\overline{d'_L}\gamma_\mu d'_L] - 2Q_d\sin^2\theta_W[\overline{d'}\gamma_\mu d']) \end{pmatrix}
\end{aligned} \quad (11.64)$$

ラグランジアンに s クォークまで入れ，式 (11.57) の関係を使うと，

$$[\overline{d'}\gamma_\mu d'] + [\overline{s'}\gamma_\mu s'] = [\overline{d}\gamma_\mu d] + [\overline{s}\gamma_\mu s] \quad (11.65)$$

とフレーバー固有状態を質量固有状態に置き換えることができるので，$\mathcal{L}_{ffA}$ と $\mathcal{L}_{ffZ}$ は，次のようになる．

$$\begin{aligned}
\mathcal{L}_{ffA} &= -eA^\mu(Q_u[\overline{u}\gamma_\mu u] + Q_d[\overline{d}\gamma_\mu d]) + (s, c, b, t) \text{ 項} \\
\mathcal{L}_{ffZ} &= -\frac{eZ^\mu}{\sin 2\theta_W}\begin{pmatrix} ([\overline{u_L}\gamma_\mu u_L] - 2Q_u\sin^2\theta_W[\overline{u}\gamma_\mu u]) \\ -([\overline{d_L}\gamma_\mu d_L] - 2Q_d\sin^2\theta_W[\overline{d}\gamma_\mu d]) \end{pmatrix} + \cdots
\end{aligned} \quad (11.66)$$

素電荷 e と本書で使用している g_W, g_Z との関係は次のようになる．

$$e = \sqrt{2}g_W \sin\theta_W = g_Z \sin 2\theta_W \quad (11.67)$$

レプトンの場合も同様のプロセスでゲージボソンとの結合を求めることができる．$W^\pm$ ボソンとフェルミオンの結合はすべてのフェルミオンで同じだが，Z^0 ボソンとフェルミオンの結合はフェルミオンの種類やカイラリティに依存する．

$$\mathcal{L}_{ffZ} = -g_Z Z^\mu(C_L^f[\overline{f_L}\gamma_\mu f_L] + C_R^f[\overline{f_R}\gamma_\mu f_R]) \quad (11.68)$$

で C_L, C_R を定義すると，$U = u, c, t$, $D = d, s, b$ として，

$$\begin{aligned}
C_L^U &= 1 - 2Q_f\sin^2 Q_W, & C_R^U &= 2Q_f\sin^2\theta_W \\
C_L^D &= -1 + 2Q_f\sin^2 Q_W, & C_R^D &= -2Q_f\sin^2\theta_W
\end{aligned} \quad (11.69)$$

になり，その値は表 11.1 のようになる．

11.4.1 項の g, g', v_0 の 3 つは電弱理論の基本パラメータである．本節で扱ったパラメータとは，$g = 2g_0$ の関係があるので，$g = \sqrt{2}g_W$ に対応する．そのため，フェ

表 11.1　Z^0-フェルミオン結合係数　$\sin^2\theta_W = 0.23$ を仮定する.

フェルミオン	Q_f	C_L^f	C_R^f
$\nu_e,\ \nu_\mu,\ \nu_\tau$	0	1	0
$e,\ \mu,\ \tau$	-1	$-1 + 2\sin^2\theta_W \sim -0.54$	$2\sin^2\theta_W \sim 0.46$
$u,\ c,\ t$	$+2/3$	$1 - (4/3)\sin^2\theta_W \sim 0.69$	$-(4/3)\sin^2\theta_W \sim -0.31$
$d,\ s,\ b$	$-1/3$	$-1 + (2/3)\sin^2\theta_W \sim -0.85$	$(2/3)\sin^2\theta_W \sim 0.15$

ルミ定数 (2.23) と微細構造定数は,

$$G_F = \frac{1}{2\sqrt{2}}\frac{g_W^2}{M_W^2} = \frac{1}{\sqrt{2}v_0^2}, \quad \alpha = \frac{e^2}{4\pi} = \frac{g^2 g'^2}{4\pi(g^2 + g'^2)} \tag{11.70}$$

で表される.

11.7 電弱理論の実験的検証

11.7.1　$W^\pm$ ボソンの崩壊分岐比

11.6 節で説明したように, $W^\pm$ とフェルミオンの結合の強さはすべて同じである. したがって, フェルミオンの質量の違いを無視すると,

$$\begin{aligned}W^+ \to & (e^+\nu_e),\ (\mu^+\nu_\mu),\ (\tau^+\nu_\tau), \\ & (u_R\overline{d'_R}),\ (u_G\overline{d'_G}),\ (u_B\overline{d'_B}),\ (c_R\overline{s'_R}),\ (c_G\overline{s'_G}),\ (c_B\overline{s'_B})\end{aligned} \tag{11.71}$$

への崩壊確率はすべて同じである. その結果, それぞれのレプトンへの崩壊確率は, $\mathrm{Br}(W \to l\nu) = 1/9 \sim 11\%$, ハドロンへの崩壊確率は, $\mathrm{Br}(W \to \mathrm{hadrons}) = 6/9 \sim 67\%$ が予想される. 測定値は, 表 E.1 のように, $\mathrm{Br}(W \to l\nu) \sim 10.9\%$, $\mathrm{Br}(W \to \mathrm{hadrons}) \sim 67.4\%$ なので, 予想と一致する.

11.7.2　Z^0-フェルミオン結合の検証

標準理論によると, 表 11.1 のように, Z^0 ボソンとフェルミオンの結合は, ワインバーグ角により決定される. 実際のデータがそのとおりになっているかどうかは, 電弱理論の非常によいテストとなる. 1990 年代に CERN の LEP 加速器の ALEPH, DELPHI, L3, OPAL の 4 実験と, SLAC の SLD 実験が, $e^+e^- \to Z^0 \to f\bar{f}$ の実験により, これらのパラメータの精密測定を行った.

■ **ワインバーグ角の精密測定**　SLAC の SLD 実験では, 電子−陽電子衝突実験で, 電子ビームを進行方向に対し ±80% 偏極することにより, 図 11.4 の反応を用いて電子のパリティ非対称性を精度よく測定した.

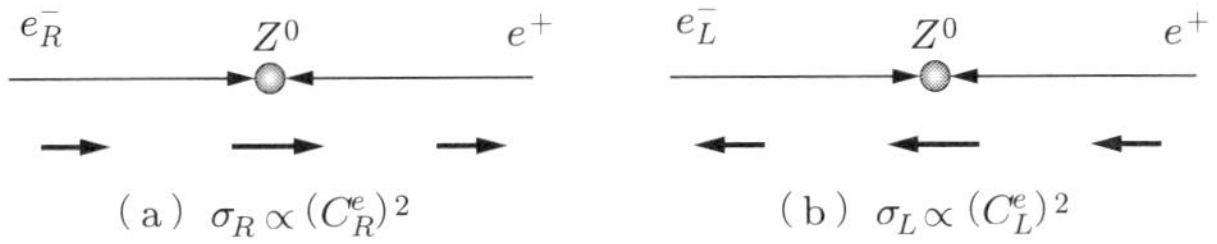

図 11.4 偏極電子による偏極 Z^0 ボソンの生成

(a) $\sigma_R \propto (C_R^e)^2$　　(b) $\sigma_L \propto (C_L^e)^2$

$$e^+ + e^-(\Uparrow) \to Z^0(\Uparrow) \to f + \overline{f} \tag{11.72}$$

ここで，「$\Uparrow$」はスピンが偏極していることを表す．

図 11.4 と表 11.1 から，電子ビームが左巻きの場合の反応数と右巻きの場合の反応数 ($N_{L/R}$) の非対称度は，

$$A_{LR} \equiv \frac{N_L - N_R}{N_L + N_R} = \frac{\sigma_L - \sigma_R}{\sigma_L + \sigma_R} = \frac{(C_L^e)^2 - (C_R^e)^2}{(C_L^e)^2 + (C_R^e)^2} = \frac{2(1 - 4\sin^2\theta_W)}{1 + (1 - 4\sin^2\theta_W)^2} \tag{11.73}$$

のようにワインバーグ角と直接関係づけられる．この非対称度 A_{LR} のことを「左右非対称性 (left-right asymmtory)」とよぶ．この測定は，Z^0 ボソンの生成数を数えるだけなので，細かい事象選択は不必要で検出器の不完全性には依存せず，系統誤差がほとんど入らない高精度の測定が可能である．さらに，式 (11.73) から，この測定は，$\sin^2\theta_W$ の 1/4 からのずれの 8 倍を測定していることになる．$\sin^2\theta_W$ は，約 0.23 と 1/4 に近いので，結果的に非常に精度のよいワインバーグ角の測定を行うことができる．この実験だけで，

$$\sin^2\theta_W = 0.23096 \pm 0.00026 \tag{11.74}$$

が測定されている．ワインバーグ角が決まると，フェルミオンと Z^0 ボソンの結合定数が決定され，$Z^0 \to f\overline{f}$ の崩壊幅 $\hat{\Gamma}_f$ や，パリティ非対称パラメータ A_f を，表 11.2 のように計算できるようになる．これと測定値を比較することにより，標準理論の検証を行うことができる．

表 11.2　Z^0–フェルミオン結合の相対的な崩壊幅とパリティ非対称パラメータ
数値は $x_W \equiv \sin^2\theta_W = 0.23$ を仮定した．

フェルミオン f	$\hat{\Gamma}_f$ $(C_L^f)^2 + (C_R^f)^2$	A_f $[(C_L^f)^2 - (C_R^f)^2]/\hat{\Gamma}_f$
$\nu_e,\ \nu_\mu,\ \nu_\tau$	1	1
$e,\ \mu,\ \tau$	$[1 + (1 - 4x_W)^2]/2\ \sim 0.50$	$(1 - 4x_W)/\hat{\Gamma}_f\ \sim 0.16$
$u,\ c,\ t$	$\{1 + [1 - (8/3)x_W]^2\}/2 \sim 0.57$	$[1 - (8/3)x_W]/\hat{\Gamma}_f \sim 0.67$
$d,\ s,\ b$	$\{1 + [1 - (4/3)x_W]^2\}/2 \sim 0.74$	$[1 - (4/3)x_W]/\hat{\Gamma}_f \sim 0.94$
全幅	$21 - 40x_W + (160/3)x_W^2 \sim 14.6$	—

11.7 電弱理論の実験的検証

■ $Z^0 \to f\bar{f}$ の崩壊幅　　$Z^0 \to f\bar{f}$ の崩壊幅は，

$$\hat{\Gamma}_f = (C_L^f)^2 + (C_R^f)^2 = \frac{1 + (1 - 4|Q_f|x_W)^2}{2} \tag{11.75}$$

で表される．測定は，SLD，LEP などで行われた．一般に，終状態のクォークのフレーバーの同定は難しいが，崩壊までの距離を利用して b, c クォークを同定し，$\hat{\Gamma}_{c,b}$ が測定された．測定結果は，

$$\hat{\Gamma}_\nu : \hat{\Gamma}_e : \hat{\Gamma}_\mu : \hat{\Gamma}_\tau : \hat{\Gamma}_c : \hat{\Gamma}_b = 0.99 : 0.50 : 0.50 : 0.50 : 0.60 : 0.75 \tag{11.76}$$

と，表 11.2 の予言値とよく一致する．また，Z^0 の全崩壊幅は，

$$3 \times \hat{\Gamma}_\nu + 3 \times \hat{\Gamma}_l + 6 \times \hat{\Gamma}_u + 9 \times \hat{\Gamma}_d = 21 - 40x_W + \frac{160}{3}x_W^2 \sim 14.6 \tag{11.77}$$

に比例するので，崩壊分岐比は，

$$\begin{aligned}&\mathrm{Br}(Z^0 \to l^+l^-) \sim 0.034, \quad \mathrm{Br}(Z^0 \to \mathrm{hadrons}) \sim 0.69, \\ &\mathrm{Br}(Z^0 \to \textstyle\sum \nu\bar{\nu}) \sim 0.21\end{aligned} \tag{11.78}$$

と表 E.1 とよく一致する．

■ パリティ非対称パラメータ A_f の測定　　表 11.2 中の A_f はパリティ非対称パラメータ

$$A_f \equiv \frac{\Gamma(Z^0 \to f_L\bar{f}_R) - \Gamma(Z^0 \to f_R\bar{f}_L)}{\Gamma(Z^0 \to f_L\bar{f}_R) + \Gamma(Z^0 \to f_R\bar{f}_L)} = \frac{(C_L^f)^2 - (C_R^f)^2}{(C_L^f)^2 + (C_R^f)^2} \tag{11.79}$$

である．フェルミオンのヘリシティを区別することは難しいので，実際は次のような込み入った測定を行う．

Z^0 ボソンが崩壊して生じる右巻き（左巻き）フェルミオンの角度分布は，図 11.5 で示すように，

$$\sigma_{f_R} \propto (C_R^f)^2 \cos^4(\theta/2), \quad \sigma_{f_L} \propto (C_L^f)^2 \sin^4(\theta/2) \tag{11.80}$$

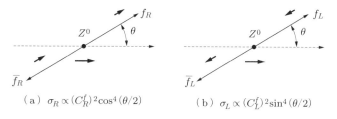

図 11.5　偏極 Z^0 ボソンの崩壊フェルミオンの角度分布

になる．ここで，角度分布はフェルミオンのスピンの Z^0 ボソンのスピン方向の成分からきている．実験的には，終状態のフェルミオンのスピンは見ないので，フェルミオンと反フェルミオンを崩壊先のレプトンの電荷などで区別し，フェルミオンが θ 方向に出る確率，

$$\sigma_f(\theta) = \sigma_{fR} + \sigma_{fL} \propto [(C_R^f)^2 + (C_L^f)^2](1+\cos^2\theta) + 2[(C_R^f)^2 - (C_L^f)^2]\cos\theta \quad (11.81)$$

を測定することになる．このため，フェルミオンが Z^0 ボソンのスピンに対して前方に出る確率と後方に出る確率の非対称性

$$A_{FB} \equiv \frac{\sigma_f(\theta) - \sigma_f(\pi-\theta)}{\sigma_f(\theta) + \sigma_f(\pi-\theta)} = \frac{2\cos\theta}{1+\cos^2\theta} \frac{(C_R^f)^2 - (C_L^f)^2}{(C_R^f)^2 + (C_L^f)^2} = A_\theta A_f \quad (11.82)$$

を測定することにより，A_f を測定することができる．この A_{FB} を**前後非対称性** (forward–backward asymmetry) とよぶ．SLD 実験では，電子ビームのスピンを高偏極させることで，Z^0 ボソンを高偏極し，A_f を測定した．LEP では，電子は偏極していないが，左巻きの電子のほうが右巻きの電子よりも Z^0 ボソンをつくりやすいため，Z^0 ボソンは電子ビームの進行方向とは逆向きに約 16% 偏極している．LEP では，Z^0 ボソンのこの自然偏極を利用し，A_f を測定した．式 (11.83) に文献 [p1] からの代表的な値を示す．

$$A_b = 0.92, \quad A_c = 0.67, \quad A_s = 0.90, \quad A_e = 0.154, \quad A_\mu = 0.14, \quad A_\tau = 0.14 \tag{11.83}$$

これらは表 11.2 の予言値とよく一致する．Z^0 ボソンとフェルミオンの結合は，標準理論の中でも込み入ったメカニズムから決定されるが，このように実験値と予言値がよく合うことから，その考え方が正しいことが示された．

11.8 ヒッグス粒子の質量の予言と電弱理論の勝利

電弱理論に出てくる 3 つのパラメータ，g, g', v_0 を組み合わせた次のような 5 つのパラメータは，高精度に測定されている．

$$M_Z = \frac{1}{2}v_0\sqrt{g^2 + g'^2} = 91.1876 \pm 0.0021\,\mathrm{GeV}/c^2$$

$$M_W = \frac{1}{2}v_0 g = 80.385 \pm 0.015\,\mathrm{GeV}/c^2$$

$$\sin^2\theta_W = \frac{g'^2}{g^2 + g'^2} = 0.23122 \pm 0.00015 \quad (11.84)$$

$$\alpha = \frac{g^2 g'^2}{4\pi(g^2 + g'^2)} = \frac{1}{137.03599911 \pm 0.00000046}$$

$$G_F = \frac{1}{\sqrt{2}v_0^2} = (1.16637 \pm 0.00001) \times 10^{-5}\,\mathrm{GeV}^{-2}$$

測定パラメータの数が電弱理論のパラメータの数より多いため,電弱理論の厳しいテストを行うことができる.たとえば,g, g', v_0 を適当に消去すると,これらの観測量の間には次の関係がなければならないことが示される.

$$\rho = \frac{M_W^2}{M_Z^2 \cos^2\theta_W} = \frac{\pi\alpha}{\sqrt{2}G_F M_Z^2 \sin^2\theta_W \cos^2\theta_W} = 1 \quad (11.85)$$

実際の観測量を当てはめると,この値は,0.9403 ± 0.0007 と有意に 1 からずれる.しかしこれは,電弱理論が不完全なためではなく,むしろ高いレベルでの完全性を示している.このずれは,図 11.6 のダイアグラムのように高次の輻射補正の効果と考えられる.実際のパラメータの測定値は高次のダイアグラムの寄与を含むため,その補正が入る.歴史的には,この 1 からのずれと図 11.6 の 2 つ目のダイアグラムの寄与から,まず t クォークの質量が予言され,実際にその近くで t クォークが発見された.しかし,発見された t クォークの質量を入れて計算してもまだずれが残った.このずれはヒッグス粒子の効果であると考えられ,その小さなずれと図 11.6 の 3 つ目のダイアグラムの寄与から,1990 年代中頃にはすでに $m_H < 300\,\mathrm{GeV}$ と軽いヒッグス粒子が予想されていた.そして 2013 年に,ついに $m_H \sim 126\,\mathrm{GeV}$ でヒッグス粒子は発見された.図 11.7 にこの輻射補正に対する t クォーク質量とヒッグス粒子の質量の関係を示す.図 11.7 で,さまざまな実験結果が 1 点で交わっていることは,電弱理論は高

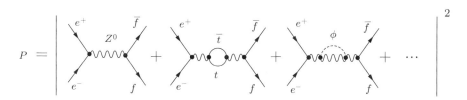

図 11.6 高次効果まで入れた $e^+e^- \to Z^0 \to f\bar{f}$ の反応確率 高次のダイアグラムに t クォークとヒッグス粒子の影響が現れる.

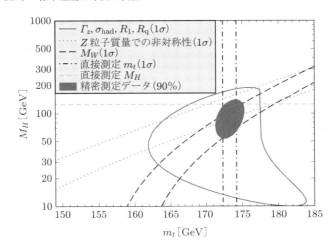

図 11.7 高次効果 (輻射補正) による t クォークとヒッグス質量の関係　さまざまな測定により，予言された領域が楕円で示され，ヒッグス粒子の質量の測定値（水平の破線）は，それと一致した．([p1] より転載)

次効果も含めて正しいことが示されたことになる．

11.9 ヒッグス粒子の発見

前節までの標準理論の解説にあるとおり，ヒッグス場により，電弱ゲージボソン $W^{\pm}$，Z^0 および個々のフェルミオンが質量をもつことが説明される．この考え方が正しいとすれば，物理的なスカラー（スピン 0）粒子としてヒッグス粒子が存在するはずであり，それを実験的に検証することが標準理論の完成を意味する．ヒッグス粒子の質量は $W^{\pm}$, Z^0, t クォークなどの粒子が見つかっても，それらの質量とは直接には[9]無関係の新たなパラメータであるため，実験的に発見して測定する必要がある．

前述のように，ヒッグス粒子は質量の大きい粒子とより強く結合するため，e^+e^- コライダーでの生成は $e^+e^- \to H \to f\bar{f}$ という直接生成ではなく，重い Z 粒子からの随伴生成 $e^+e^- \to Z^* \to ZH \to (Z \to f'\bar{f'})(H \to f\bar{f})$ がおもな生成プロセスになる（図 11.8(a)）．CERN の LEP2 コライダーは重心系エネルギーを 209 GeV まで上げてヒッグス粒子を探したが，有意な信号は得られず，4 つの実験からのデータを統合して下限値 $m_H > 114.4$ GeV を与えた．

2000 年に LEP2 の運転が終了した後は，探索の舞台は米国の $p\bar{p}$ コライダー Tevatron

---

[9] 電弱相互作用にヒッグス粒子のループを含む補正項が効くため，精密測定からヒッグス粒子の質量にある程度の制限は付いていた．しかし，補正は質量の対数で効くため，図 11.7 に示されるように $m_H \lesssim 160$ GeV という緩いものであった．

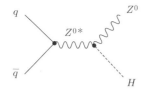 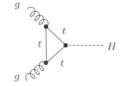 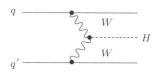

（a）電子 – 陽電子衝突における　　（b）陽子 – 陽子衝突における　　（c）陽子 – 陽子衝突における
　　　Z 随伴生成　　　　　　　　　　　　グルーオン融合　　　　　　　　　ベクターボソン融合

図 11.8　ヒッグス粒子の生成過程

図 11.9　Large Hadron Collider　　（ⓒCERN）

および 2008 年に完成した CERN の pp コライダー LHC に移った．LHC（図 11.9）は，周長約 27 km の超伝導リング内で 2 つの陽子ビームを 7 TeV まで加速し，重心系エネルギー 14 TeV で衝突する（2012 年までの運転では 4 TeV のビームエネルギーで重心系エネルギー 8 TeV を達成している）．設計ルミノシティ値は $1 \times 10^{34}\,\mathrm{cm^{-2}s^{-1}}$（達成値は $0.75 \times 10^{34}\,\mathrm{cm^{-2}s^{-1}}$）である．2013～2014 年にかけて加速器のエネルギーを設計値まで上げる作業を行い，重心系エネルギー 13 TeV で開始した 2015 年からの新しい実験ではルミノシティも設計値の 2 倍まで達する予定である．さらに，2025 年からは，高輝度化を進めた High – Luminosity LHC（目標値は $5 \times 10^{34}\,\mathrm{cm^{-2}s^{-1}}$）も計画されている．

LHC では，4 つの大型実験，ATLAS，CMS，ALICE，LHCb が稼働している．ATLAS と CMS は大型の汎用実験であり，重い新粒子探索はおもにこの 2 つの実験で行われている．LHC では重イオン（鉛）の加速も可能であり，鉛 – 鉛，鉛 – 陽子の衝突実験のデータも収集している．重イオン衝突で発生するとされているクォーク・グルー

オンプラズマ状態の研究を主目的としているのが ALICE 実験である．LHCb 実験は，ハドロン衝突で大量に発生する B メソンを用いて，CP 対称性の破れなど b クォークに関する研究をおもな目的としている．超前方に多く発生する B メソンを効率よく検出するため，ビームから小角度に検出器が配置されており，衝突点の片側だけを覆っている．図 11.10 に ATLAS 検出器の外観を示す．

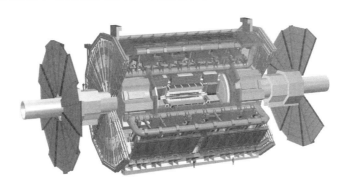

図 11.10 ATLAS 検出器 （ⓒCERN）

ハドロンコライダーでは，陽子（反陽子）中に豊富に存在するグルーオンどうしが衝突して t クォーク対をつくり，そこからヒッグス粒子が生成されるグルーオン融合（図 11.8(b)）がおもな生成過程となる．また，2 つのクォークがゲージボソン W/Z を放出し，それらが融合するベクトルボソン融合（図 11.8(c)）も，探索には有効な過程となる．

生成したヒッグス粒子は，やはり質量の大きな粒子に好んで崩壊する．WW, ZZ 崩壊が運動学的に可能になる領域より下では，b クォーク対がおもな崩壊モードであり，次いで τ レプトン対となる．しかし，ハドロンコライダーの環境では，b クォーク対で共鳴を探すのは圧倒的に大きな断面積をもつ強い相互作用でのジェット生成のバックグラウンドに埋もれてかなり難しい．

2012 年 7 月，ATLAS と CMS の両実験が質量約 126 GeV の新しいボソンの発見を発表したときに用いた崩壊モードは，$ZZ \to 4$ レプトンモード（H の質量は 180 GeV より小さいため，片方の Z は off–shell で質量は 91 GeV よりも小さく，Z^*Z モードである）および分岐比が 10^{-3} 程度と小さい $\gamma\gamma$ モード（光子はヒッグス粒子と直接の結合をもたないため，ループを通した高次のダイヤグラムとなる）であった [p33, p34]．4 レプトンチャンネルは $Z \to ee, \mu\mu$ の分岐比が 3%と小さいため事象数は限られるが，バックグラウンドが非常に小さい「黄金モード」である．$\gamma\gamma$ チャンネルはそれよりはバックグラウンドは大きいが，ジェット対に比べればはるかに少なく，統計的に

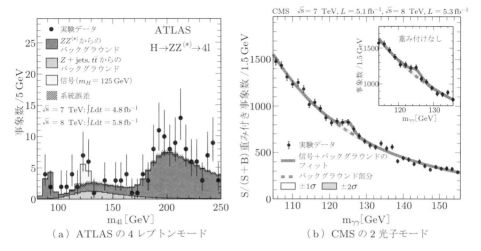

図 11.11　ヒッグス粒子の存在を示す不変質量分布
((a): [p33] より転載) ((b): [p34] より転載)

ピークを同定することが可能である．

　図 11.11 に ATLAS(CMS) で得られたヒッグス粒子の質量ピークを示す．どちらの実験も 5σ 以上の統計的有意度で新粒子の存在を示した．2013 年にはさらに解析が進み，その粒子のスピン・パリティが 0^+ であることも示され，「ヒッグス粒子とみられる粒子」から「ヒッグス粒子」へと呼び方も確定した．この発見を受けて，2013 年には，ヒッグス (D. Higgs) とアングレール (F. Englert) が，素粒子の起源に関する理論的研究でノーベル賞を受賞した．

　今後は，この粒子がヒッグス機構を担っている粒子であることを示すために，各フェルミオンおよびゲージボソンとの結合定数を測定し，それが各粒子の質量と比例していることを示すことが必要である．現時点の測定ではいくつかの粒子についておおよそそれが成り立っていることが示されているが，ほかの粒子も含めた精密測定，そしてヒッグス粒子の自己結合定数まで測るには，将来の LHC のアップグレード計画，および e^+e^- リニアコライダーでの実験が必要となる．

11.10　最後に

　これまで見てきたように，ゲージ対称性に基づく標準理論は，素粒子間にはたらく電磁気力と弱い力を見事に統一し，自発的破れと，その鍵となるヒッグス粒子の存在が実証されるに及んで理論として完結したといえる．今後 LHC での実験でさらにデータが蓄積されれば，ヒッグス粒子のより詳細な性質が明らかにされるであろう．また，

グルーオンをゲージ粒子とする QCD は，強い相互作用のさまざまな側面を説明することにも成功している．

しかし，標準理論は多くの予言不可能なパラメータを含んでおり，究極の理論でないことは明らかである．また，ヒッグス粒子自身の自己結合により引き起こされる，質量の発散の問題が存在する．これを解決するための有力な理論として，ボソンとフェルミオンの対称性を要求する超対称性理論が盛んに研究されているが，エネルギー 1 TeV 付近にあるとされる超対称性粒子が未発見であり，LHC 実験ではその探索が最重要課題となっている．現在，標準理論を超える物理過程の研究に多くの努力が注がれているのは，まさにこれら標準理論が内包する問題の解決に尽きる．

一方，宇宙に目を転ずると，近年の観測技術の進歩により，観測に基づく宇宙の誕生と進化の研究が長足の進歩を遂げている．宇宙が 137 億年前に「ビッグバン」という大爆発で誕生したとする理論は多くの観測結果により広く受け入れられている．また，宇宙が誕生した直後に指数関数的な急膨張をしたとするインフレーション理論は，初期のビッグバン理論の問題を解決し，その確立を一層ゆるぎないものにしている．誕生直後の宇宙は超高エネルギーの世界であり，それは重力まで含めた 4 つの力が統一された世界であろう．宇宙の急激な膨張とともに，温度が下がるにつれ何らかのメカニズムがはたらき，時空の相転移が起こり，自発的対称性の破れにより重力の分化が起こり，続いて強い力，弱い力の分化が起こったと考えられる．その過程で素粒子，すなわちゲージ粒子や物質粒子が誕生し，陽子や中性子が合成され，それらの結合により原子核，さらに電子が結合して原子がつくられ，その結合で分子が形成され，宇宙を構成する物質がつくられたと考えられる．宇宙の誕生と進化の解明は，現実の世界そして我々がなぜ存在するのかという疑問の解明につながる深遠な研究課題である．その解明に素粒子の研究が不可欠であることはいうまでもない．

一例として，現代物理学における未解決の重要課題の 1 つである「宇宙の物質優勢の謎」がある．すなわち，宇宙が誕生した直後は粒子と反粒子がまったく同数であったはずなのに，なぜ現実の宇宙は物質ばかりで反物質が存在しないのか，という疑問である．これには素粒子物理からは陽子崩壊探索や CP 対称性の破れの研究が直接関与するが，ニュートリノのマヨラナ性の検証や暗黒物質探索の研究も密接な関係があると考えられる．いずれも最先端の重要な研究として世界中で行われている．とくに，暗黒物質は，古くは銀河の回転速度の観測から存在が提唱された物質で，通常の光を使った観測手段では見えないが，それから生じている重力は観測されているという謎の物質である．宇宙に存在する通常の物質量の 5 倍以上が暗黒物質として存在することが，疑いようのない事実として受け入れられている．しかし，その正体は未だに不明であり，通常の物質，すなわちバリオンではなく，未知の素粒子である可能性が高

い．このため，その解明は宇宙物理学のみならず，素粒子物理学上の最重要課題の1つと位置づけられている．

すでに見たように，標準理論の完成に至るまで加速器実験によってもたらされた成果は極めて重要である．新たな現象の直接探索において，エネルギーは加速器の最も重要なパラメータであり，最高エネルギー加速器（エネルギーフロンティア）であるLHCでの新たな成果が期待されている．加えてTeVスケールでの電子-陽電子衝突による精密観測を目指し，長らく開発研究が続けられてきた国際リニアコライダー計画（ILC）においては，我が国での建設が提案されるなど，今後の高エネルギー加速器実験は新たな時代を迎えつつある．その一方で，超大型加速器の建設はもはや一国ではまかないきれないほどの多額の費用を要することから容易でないことは明らかである．その点，新物理の間接的な寄与を高感度で探る手法は重要であり，ビーム強度（ルミノシティー）を飛躍的に高めた新型加速器（インテンシティフロンティア）の実験も計画されている．つくば市にある高エネルギー加速器研究機構（KEK）のスーパーBファクトリーや，大強度陽子加速器で生成した大量のμ粒子を用いた$\mu \to e\gamma$探索（PSI研究所（スイス）で進行中），そしてJ-PARC（東海村）での$\mu \to e$転換事象探索，μ粒子の異常磁気モーメントの超精密測定（$g-2$測定），中性K中間子の稀崩壊$K_L^0 \to \pi^0 \nu \bar{\nu}$の分岐比の高感度測定などがこれに含まれる．

しかし，今後の加速器実験で解明されるであろう物理過程が解決のすべてではないことは明らかである．すでに述べた陽子崩壊やCP対称性の破れの根源，ニュートリノの性質の研究，暗黒物質の探索など，未解明の問題には別の有効なアプローチが存在する．いわゆる非加速器実験がそれであり，主として大深度地下実験室で進行中あるいは計画中の素粒子・原子核実験がこれにあたる．おもな目的は，自然界のニュートリノ観測（スーパーカミオカンデ），ニュートリノを伴わない原子核の2重ベータ崩壊の探索（カムランド禅，EXO, GERDA, CUOREなど），暗黒物質探索（XMASS, LUX, XENON100, DAMAなど）である．これらの実験では大型化による探索感度の飛躍的な向上を目指して開発研究が行われている．メガトンクラスの純水を用いて加速器ニュートリノ検出や核子崩壊探索などを行うハイパーカミオカンデ計画もその1つである．参考までに，LHCやILC, Bファクトリーのほかに興味深い実験を表11.3にまとめた．これ以外にも数多くの興味深い実験が行われていることを付記する．

このように，標準理論の先には実に多彩で魅力的な世界が広がっている．自然に対する人類の理解は，その全貌を明らかにするにはほど遠く，我々は未だその入り口に立っているといわざるを得ない．しかし，これに挑戦する手法は極めて多様であり，新たな着想と緻密でたゆまぬ努力による理論的および実験的研究が新しい物理の扉を開く鍵であることを記して，本書を終えたい．

表 11.3 **標準理論を超える物理のさらなる探索** LHC, ILC, スーパー B ファクトリーのほか.

測定対称	物理の目的	実験名・実験施設
$\mu \to e\gamma$ 探索	レプトンフレーバーの破れ	MEG 実験
$\mu \to e$ 転換探索	レプトンフレーバーの破れ	COMET, Mu2e など
μ 粒子異常磁気能率 $(g-2)$	新物理の寄与	J-PARC, FNAL など
中性子寿命精密測定	CKM 行列要素 $|V_{ud}|$ の精密測定	J-PARC
$K_L \to \pi^0 \nu\nu / K^+ \to \pi^+ \nu\nu$ 探索	CP の破れ, 標準理論の検証	KOTO(J-PARC)/ NA62(CERN)
ν 振動実験	混合角, ν 質量の階層構造, CP の破れ	ν ビーム実験, 原子炉 ν, 大気 ν など
$0\nu\beta\beta$ 探索	ν のマヨラナ性検証, 質量の絶対値, 階層構造	カムランド禅, EXO, GERDA など
^{3}H ベータ崩壊のスペクトル	ν 絶対質量	KATRIN
暗黒物質探索	新粒子, 宇宙の物質量の謎	X-MASS, LUX, XENON など
不毛 ν 探索	第 4 世代 ν の探索	加速器, 原子炉, 高強度 ν 線源
電気双極子能率 (EDM)	P, T の破れ	中性子, 電子, μ 粒子, 原子など
アクシオン探索	強い相互作用での CP の破れ, 暗黒物質	マイクロ波空洞 太陽アクシオン探索
核子崩壊探索	大統一理論の検証	ハイパーカミオカンデなど

=== 演習問題 ===

11.1 連立微分方程式 (11.6) がゲージ変換に対して不変であること, すなわち式 (11.8) を示せ.

11.2 式 (11.16) を確かめよ.

11.3 ラグランジアン (11.24) を使ってオイラー・ラグランジュ方程式をつくり, Z^0 ボソンに対する運動方程式 (11.25) を導け. ただし, ローレンツゲージ $\partial_\mu Z^\mu = 0$ を使うこと.

11.4 電子 ($m_e = 0.51\,\mathrm{MeV}/c^2$) と t クォーク ($m_t = 178\,\mathrm{GeV}/c^2$) のヒッグス場との結合定数の大きさを求めよ. さらに, ニュートリノの質量もヒッグス粒子との結合によると仮定して, ニュートリノの質量が $m_\nu = 0.1\,\mathrm{eV}/c^2$ だとした場合のニュートリノとヒッグス場の結合定数を求めよ.

付録A 物理定数と便利な使い方

素粒子物理の実験で頻繁に用いられる考え方や定数について，実例を上げて紹介し，問題を解くことにより，その使い方を習得する．

- 真空中の光速 $c = 2.99792458 \times 10^8$ m/s $\approx 3 \times 10^8$ m/s
- 素電荷（電子の電荷の大きさ，陽子の電荷）$e = 1.6 \times 10^{-19}$ C

    エネルギーは $1\,\mathrm{eV} = 1.6 \times 10^{-19}$ J が基本である．これは個々の素粒子のエネルギーを表すのに必須の単位である．素粒子の運動量 $\times c$，静止質量 $\times c^2$ もエネルギーの次元である．高エネルギー物理学では，[keV]($= 10^3$[eV])，[MeV]($= 10^6$[eV])，[GeV]($= 10^9$[eV])，[TeV]($= 10^{12}$[eV]) もよく用いられる [1]．

- プランク定数 $h = 6.62606957 \times 10^{-34}$ Js．

    $\hbar (= h/2\pi)$ と光速 c の積である次の値が特に有用である．
    $$\hbar c = 197.32697 \,\mathrm{MeV\,fm} \approx 200\,\mathrm{MeV\,fm}$$

- 微細構造定数 $\alpha = e^2/(4\pi\varepsilon_0 \hbar c) = 1/137$（無次元である）
- アボガドロ数 $N_A = 6.02 \times 10^{23}$ mol^{-1}
- ボルツマン定数 $k_B = 8.6173324 \times 10^{-5}$ eV/K

    ⇒ $1/k_B \approx 11600$ K/eV

    ⇒ 1 eV は約 1 万 K の熱平衡状態にある粒子の平均の運動エネルギーに等しい．

- 粒子の質量 m は c^2 を乗じるとエネルギーの次元となる $(\mathrm{kg} \times (\mathrm{m/s})^2 = \mathrm{N} \times \mathrm{m} = \mathrm{J})$ ので，質量の単位は [MeV/c^2] や [GeV/c^2] のように表す．

    代表的な素粒子：電子は $m_e = 0.511\,\mathrm{MeV}/c^2 (= 511\,\mathrm{keV}/c^2)$，陽子は $938\,\mathrm{MeV}/c^2$，中性子は $940\,\mathrm{MeV}/c^2$（陽子とほぼ同じ），荷電 π メソンは $140\,\mathrm{MeV}/c^2$，中性 π メソンはやや軽く $135\,\mathrm{MeV}/c^2$，μ 粒子は $106\,\mathrm{MeV}/c^2$（電子の約 200 倍）である．なお，陽子は電子より 1836 倍重く，中性子は陽子に比べて 2.5 電子質量 (m_e) だけ重い．

- 同様に，粒子の運動量 p に光速を乗じた cp も，エネルギーの次元をもつ $((\mathrm{kg\,m/s}) \times (\mathrm{m/s}) = \mathrm{kg\,m/s^2} \times \mathrm{m} = \mathrm{N} \times \mathrm{m} = \mathrm{J})$．高エネルギー粒子の運動量 p の値を $100\,\mathrm{MeV}/c$ とか $1.5\,\mathrm{GeV}/c$ のように表す．

---

[1] 接頭辞については第 1 章の脚注 2 を参照．

演習問題

A.1 核力の到達範囲はどの程度か.核力の媒介粒子が π メソン(質量 $m_\pi = 140\,\mathrm{MeV}/c^2$)であることから,不確定性関係を用いて求めよ.

A.2 1 MeV の光子の波長を求めよ.

A.3 150 ボルトの電位差で加速した電子の波長を求めよ.

A.4 原子内の電子の速さ v は光速 c と比べてどのくらいか.水素原子(原子の直径が $1\,\text{Å}=10^{-10}\,\mathrm{m}$)を例にとり,不確定性関係を $\Delta p \times \Delta x \approx \hbar/2$ として v/c を求めよ.

A.5 電子のもつ静電エネルギーが質量エネルギーに等しいとして計算上求められる電子の半径 r_e を求めよ.これを 古典電子半径 という.

A.6 絶対温度 300 K での中性子(熱中性子という)の平均の運動エネルギーは約何 eV か,またその速度は約何 m/s か.

付録 B　特殊相対論

素粒子物理の分野では，高速粒子の物理現象を取り扱うので，相対論で使われる基本的な事項と式についてまとめて解説する．

$B.1$　4元ベクトルとローレンツ変換

アインシュタイン (Albert Einstein) により提唱された特殊相対性相対論では，（時間・空間）と（エネルギー・運動量）を4元ベクトルとして取り扱い，それぞれを x^μ と p^μ として次のように表す．

$$x^\mu = (x^0, x^1, x^2, x^3) = (ct,\ x,\ y,\ z)\ =\ (ct, \vec{x}) \tag{B.1}$$

$$p^\mu = (p^0, p^1, p^2, p^3) = (E/c, p_x, p_y, p_z) = (E/c, \vec{p}) \tag{B.2}$$

これを**反変ベクトル**とよぶ．いま，2つの慣性系 Σ，Σ' での4元座標系をそれぞれ x^μ，x'^μ とし，Σ' 系は Σ 系に対し $+z$ 軸方向に相対速度 v で移動しているとすると，この2つの慣性系の間の4元座標間の関係は，

$$\beta = \frac{v}{c}, \quad \gamma = \frac{1}{\sqrt{1-\beta^2}} \tag{B.3}$$

として，

$$\begin{pmatrix} ct' \\ z' \end{pmatrix} = \gamma \begin{pmatrix} 1 & -\beta \\ -\beta & 1 \end{pmatrix} \begin{pmatrix} ct \\ z \end{pmatrix}, \quad x' = x,\ y' = y \tag{B.4}$$

と表され，この変換 $x^\mu \to x'^\mu$ を**ローレンツ変換**とよぶ．一般には，この変換行列は 4×4 表示になるが，相対運動方向に垂直なベクトル成分はローレンツ変換に対し不変なので，2×2 行列表示で示した．この変換は4元運動量にも適用できる．逆変換 $x'^\mu \to x^\mu$ は，単に v の符号を反転させ，$\beta \to -\beta$ とすればよい．

$$\begin{pmatrix} ct \\ z \end{pmatrix} = \gamma \begin{pmatrix} 1 & \beta \\ \beta & 1 \end{pmatrix} \begin{pmatrix} ct' \\ z' \end{pmatrix}, \quad x = x',\ y = y' \tag{B.5}$$

一般的なローレンツ変換では，変換行例はもっと複雑になるが，物理的状況を変えずに，**回転** (rotation)[1] と**移動** (boost) により，いつでも z 軸を相対運動方向に選ぶことができるので，この簡単な変換行列をこれからも使うことにする．

飛行する粒子を地上で t 秒間観測し，その間にこの粒子に固定された時計で $t' = \tau$ 秒経過したとする．粒子に固定された時計位置 ($z' = 0$) は粒子の座標系で変わらないので，ローレ

---

[1]　空間回転はローレンツ変換の一種である．

ンツ逆変換式で $z' = 0$ とおいて，次式が得られる．

$$\begin{pmatrix} ct \\ z \end{pmatrix} = \gamma \begin{pmatrix} 1 & \beta \\ \beta & 1 \end{pmatrix} \begin{pmatrix} c\tau \\ 0 \end{pmatrix} = \begin{pmatrix} \gamma c\tau \\ \gamma \beta c\tau \end{pmatrix} = \begin{pmatrix} \gamma c\tau \\ vt \end{pmatrix} \tag{B.6}$$

したがって，

$$t = \gamma\tau, \quad z = \beta ct = vt \tag{B.7}$$

の関係を得る．この式より，Σ 系から見て，Σ' 系の原点は $z = vt$ で運動しており，飛行する粒子上の時間は地上からは，τ の γ 倍長く観測されることがわかる．この τ を**固有時** (proper time) といい，γ をローレンツ係数とよぶ．

相対論では，反変ベクトル，

$$A^\mu = (A^0, \ A^1, \ A^2, \ A^3) = (A^0, \ \vec{A}) \tag{B.8}$$

に対し，**共変ベクトル**を次で定義する．

$$B_\mu = (B_0, B_1, B_2, B_3) \equiv (B^0, -B^1, -B^2, -B^3) = (B^0, -\vec{B}) \tag{B.9}$$

次のような積の和をとると，

$$A \cdot B = \sum_\mu A^\mu B_\mu = A^0 B^0 - A^1 B^1 - A^2 B^2 - A^3 B^3 = A^0 B^0 - \vec{A} \cdot \vec{B} \tag{B.10}$$

この値は，慣性系によらないローレンツ不変量になる．このような量を 4 元ベクトルの積とよぶ．ベクトルの積を計算するときは，そのベクトルが 3 元ベクトル（空間ベクトル）なのか 4 元ベクトルなのか注意をしなければならない．

4 元運動量も時空座標とまったく同じ変換性をもつ．

$$\begin{pmatrix} E/c \\ p_z \end{pmatrix} = \gamma \begin{pmatrix} 1 & \beta \\ \beta & 1 \end{pmatrix} \begin{pmatrix} E'/c \\ p'_z \end{pmatrix}, \quad p_x = p'_x, \ p_y = p'_y \tag{B.11}$$

粒子の 4 元運動量 p どうしの積，

$$p^2 = p \cdot p = \frac{E^2}{c^2} - |\vec{p}|^2 = \text{一定} \tag{B.12}$$

もローレンツ変換に対して不変になり，粒子の速度に無関係になる．いま，粒子が静止系 ($\vec{p} = 0$) にあると考えると，この量は静止エネルギーの 2 乗であり不変量となるので，この粒子の質量 m_0 に対応すると解釈することができる．

$$p^2 = \frac{E_{\text{rest}}^2}{c^2} = m_0^2 c^2 \tag{B.13}$$

ここで，m_0 はこの粒子の**静止質量** (rest mass) と定義される．$\vec{p} \neq 0$ の運動系では，粒子のエネルギー E は，次のように表される．

$$E = \sqrt{(\vec{p}c)^2 + (m_0 c^2)^2} \tag{B.14}$$

観測者から眺め速度 $\vec{v} = \vec{\beta}c$ で運動している粒子の4元運動量を $(E/c, \vec{p})$ とし，運動している系に静止している粒子の4元運動量を $(m_0 c, 0)$ とすると，式 (B.11) は，

$$\begin{pmatrix} E/c \\ p_z \end{pmatrix} = \gamma \begin{pmatrix} 1 & \beta \\ \beta & 1 \end{pmatrix} \begin{pmatrix} m_0 c \\ 0 \end{pmatrix} \tag{B.15}$$

と表され，一般に次の関係式が得られる．

$$\vec{\beta} = \frac{c\vec{p}}{E}, \quad \gamma = \frac{E}{m_0 c^2} \tag{B.16}$$

$$\vec{p} = \frac{m_0 \vec{v}}{\sqrt{1-\beta^2}} = m_0 \gamma \vec{\beta} c, \quad E = \frac{m_0 c^2}{\sqrt{1-\beta^2}} = m_0 \gamma c^2 \tag{B.17}$$

また，$T = E - m_0 C^2$ を運動エネルギーとよび，古典力学でのエネルギー $\frac{1}{2}mv^2$ に対応する．

B.2 エネルギー・運動量保存と素粒子の質量

いま，粒子の崩壊 $A \to a + b$ を考える．それぞれの4元運動量を p_A, p_a, p_b，質量を m_A, m_a, m_b とすると，エネルギー・運動量保存則は次式で表される．

$$p_A = p_a + p_b \tag{B.18}$$

普通，実験では，粒子 a と粒子 b の運動量 $\vec{p}_a, \vec{p}_b$ を測定し，既知の質量 m_a と m_b を使い，粒子 A の運動量とエネルギーを次のように求める．

$$\vec{p}_A = \vec{p}_a + \vec{p}_b, \quad E_A = E_a + E_b = \sqrt{m_a^2 c^4 + \vec{p}_a^2 c^2} + \sqrt{m_b^2 c^4 + \vec{p}_b^2 c^2} \tag{B.19}$$

これから粒子 A の質量を次のように知ることができる．

$$m_A^2 c^4 = E_A^2 - \vec{p}_A^2 c^2 = m_a^2 c^4 + m_b^2 c^4 + 2(E_a E_b - \vec{p}_a \cdot \vec{p}_b c^2) \tag{B.20}$$

2個以上の粒子への崩壊の場合も同様に，それらの4元運動量を加え，2乗をとることにより，親粒子の質量の2乗を計算することができる．この量を**不変質量** (invariant mass) という．もし，素粒子反応でこの分布にピークが観測されると，そのピークを質量とする粒子，または共鳴状態が存在することを意味する．

図 B.1 に示すような質量，エネルギー，運動量をもつ粒子散乱 $a + b \to c + d$ の場合，2つの入射粒子の4元運動量の和の2乗を s と表す．s を実験室系 ($\vec{p}_b = 0$) で表すと，

$$\begin{aligned} s &= (E_a + E_b)^2 - (\vec{p}_a + \vec{p}_b)^2 c^2 \\ &= (E_a + m_b c^2)^2 - p_a^2 c^2 = m_a^2 c^4 + m_b^2 c^4 + 2 E_a m_b c^2 \end{aligned} \tag{B.21}$$

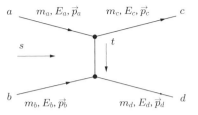

図 B.1 $a+b \to c+d$ の散乱反応. e は仮想交換粒子.

になる. 重心系では, 粒子のエネルギー・運動量を $*$ をつけて表すと, $\vec{p}_a^* + \vec{p}_b^* = 0$ なので,

$$s = (E_a^* + E_b^*)^2 - (\vec{p}_a^* + \vec{p}_b^*)^2 c^2 = (E_a^* + E_b^*)^2 \tag{B.22}$$

が成り立つ. Tevatron などのようなコライダーでは実験室系が入射粒子 $p\bar{p}$ の重心系なので, 入射ビームエネルギーを E_{beam} とすると, $s = 4E_{\text{beam}}^2$ となる.

散乱問題でもう1つの重要な不変量として, **4元移行運動量** $q = p_a - p_c = p_d - p_b$ の2乗があり, 通常, 記号 t で表され, 以下のように定義される.

$$\begin{aligned} t = q^2 &= (p_a - p_c)^2 = (E_a - E_c)^2 - (\vec{p}_a - \vec{p}_c)^2 c^2 \\ &= (p_d - p_b)^2 = (E_d - E_b)^2 - (\vec{p}_d - \vec{p}_b)^2 c^2 \end{aligned} \tag{B.23}$$

t は系によらない不変スカラー量であり, 交換粒子の質量に対応する意味をもっている. 高エネルギーでの散乱で, 入射粒子の質量が運動量の大きさに比べ無視できる場合,

$$|\vec{p}_a| = \frac{E_a}{c}, \quad |\vec{p}_c| = \frac{E_c}{c} \tag{B.24}$$

なので,

$$t = m_a^2 c^4 + m_c^2 c^4 - 2p_a p_c \sim -2E_a E_c (1 - \cos\theta) = -4E_a E_c \sin^2(\theta/2) \tag{B.25}$$

になる. ここで, θ は $\vec{p}_a$ と $\vec{p}_c$ の間の角度で, 散乱角とよばれる. どのような角度の弾性散乱でも, $t < 0$ になる. t の符号を変えて正値になるようにした量 $Q^2 = -q^2$ を運動量移行 (momentum transfer squared) とよぶことも多い.

$B.3$ 微分演算子の4元ベクトル

$B.3.1$ ローレンツ変換のテンソル計算

本節では, 本書に出てくるテンソル計算のまとめを行う. まず, 添え字の μ などのギリシャ文字は4元ベクトルの添え字 $\mu = (0,1,2,3)$ を表し, k などのアルファベットは, 空間3次元ベクトルの添え字 $k = (1,2,3)$ を表すと約束する. ローレンツ変換は, ローレンツ変換係数 $\Lambda^\mu_{\ \nu}$ を用いて,

のように書く．最後の項は「同じ添え字があれば，その添え字について足し合わせる」というアインシュタインの規約である．式 (B.4) のローレンツ変換の場合，

$$\Lambda^0{}_0 = \gamma, \quad \Lambda^1{}_1 = \gamma, \quad \Lambda^0{}_1 = -\gamma\beta, \quad \Lambda^1{}_0 = -\gamma\beta,$$
$$\Lambda^2{}_2 = 1, \quad \Lambda^3{}_3 = 1, \quad \text{それ以外の}\Lambda^\mu{}_\nu = 0 \tag{B.27}$$

である．共変ベクトルと反変ベクトルの間の変換は，式 (C.58) で導入している．$\eta^{\mu\nu}$, $\eta_{\mu\nu}$ というテンソルを使い，

$$A^\mu = \eta^{\mu\nu} A_\nu, \quad A_\mu = \eta_{\mu\nu} A^\nu \tag{B.28}$$

で行うことができる．$\eta^{\mu\nu}$ は「下付き添え字を上付き添え字に変換するテンソル」，$\eta_{\mu\nu}$ は「上付き添え字を下付き添え字に変換するテンソル」と覚えておけばよい．ローレンツ変換の条件 $x'_\mu x'^\mu = x_\mu x^\mu$ より，

$$\begin{aligned} x'_\mu x'^\mu &= \eta_{\mu\nu} x'^\nu x'^\mu = \eta_{\mu\nu} \Lambda^\nu{}_\rho \Lambda^\mu{}_\sigma x^\rho x^\sigma = \eta_{\mu\nu} \eta^{\rho\tau} \Lambda^\nu{}_\rho \Lambda^\mu{}_\sigma x_\tau x^\sigma \\ &= \Lambda_\mu{}^\tau \Lambda^\mu{}_\sigma x_\tau x^\sigma = x_\sigma x^\sigma \end{aligned} \tag{B.29}$$

より，δ^τ_σ をクロネッカーのデルタ [2] として $\Lambda_\mu{}^\tau \Lambda^\mu{}_\sigma = \delta^\tau_\sigma$ の関係がある．このとき，

$$\Lambda_\mu{}^\tau x'^\mu = \Lambda_\mu{}^\tau \Lambda^\mu{}_\nu x^\nu = \delta^\tau_\nu x^\nu = x^\tau \tag{B.30}$$

なので，$\Lambda_\mu{}^\nu$ は $\Lambda^\mu{}_\nu$ の逆ローレンツ変換係数であることがわかる．

B.3.2　4元微分演算子

相対論的な波動方程式では4元ベクトルの微分を頻繁に使用する．そこで，微分記号を次のように定義し，表示を簡略化する．

$$\partial^\mu \equiv \frac{\partial}{\partial x_\mu} = \left(\frac{\partial}{\partial(ct)}, -\vec{\nabla}\right), \quad \partial_\mu \equiv \frac{\partial}{\partial x^\mu} = \left(\frac{\partial}{\partial(ct)}, \vec{\nabla}\right) \tag{B.31}$$

ここで，

$$\vec{\nabla} = \vec{e}_x \frac{\partial}{\partial x} + \vec{e}_y \frac{\partial}{\partial y} + \vec{e}_z \frac{\partial}{\partial z} \tag{B.32}$$

である．微分する時空座標と微分記号の添え字の上下が逆で，その結果空間ベクトルの符号の対応も逆になることに注意．また，次のような関係を導くことができる．

$$\partial_\mu x^\nu = \delta^\nu_\mu, \quad \partial^\mu x_\nu = \delta^\mu_\nu, \quad \partial^\mu x^\nu = \eta^{\mu\nu}, \quad \partial_\mu x_\nu = \eta_{\mu\nu} \tag{B.33}$$

微分演算子のローレンツ変換は，

---

[2] $\tau = \sigma$ のとき，$\delta^\tau_\sigma = 1$. $\tau \neq \sigma$ のとき $\delta^\tau_\sigma = 0$.

$$\partial'^{\mu} \equiv \frac{\partial}{\partial x'_{\mu}} = \frac{\partial x'^{\nu}}{\partial x'_{\mu}} \frac{\partial x^{\rho}}{\partial x'^{\nu}} \frac{\partial x_{\sigma}}{\partial x^{\rho}} \frac{\partial}{\partial x_{\sigma}} = \eta^{\nu\mu} \Lambda_{\nu}{}^{\rho} \eta_{\sigma\rho} \partial^{\sigma} = \Lambda^{\mu}{}_{\sigma} \partial^{\sigma} \tag{B.34}$$

のように,時空ベクトルのローレンツ変換 (B.26) と同じ形になる.また,次のような形が頻繁に出てくる.

$$\begin{aligned} &\partial_{\mu} j^{\mu} = \frac{\partial}{\partial (ct)} j^0 + \vec{\nabla} \vec{j}, \quad \gamma^{\mu} \partial_{\mu} \psi = \left(\gamma^0 \frac{\partial}{\partial (ct)} + \vec{\gamma} \vec{\nabla} \right) \psi \\ &\partial^{\mu} \partial_{\mu} A^{\nu} = \left(\frac{\partial^2}{\partial (ct)^2} - \vec{\nabla}^2 \right) A^{\nu}, \quad \psi(x + \delta x) \sim \psi(x) + \partial_{\mu} \psi(x) \delta x^{\mu} \\ &\partial^{\mu} e^{-ipx} = -ip^{\mu} e^{-ipx} \end{aligned} \tag{B.35}$$

付録 C の量子化のための置き換え (C.43) は,4 元微分演算子を使うと,

$$p^{\mu} \to i \partial^{\mu} \tag{B.36}$$

と簡単に表すことができる.

付録C 素粒子物理と量子力学的効果

素粒子の世界を記述するためには量子力学が必要となる．本章では，本文の説明を理解するために役立つ量子力学の基本的事柄を，実用性を重視してまとめる．

> 本書では，付録 C のうち必要最小限の内容に絞って掲載をしています．
> 付録 C の完全版は，以下の URL から入手可能です．
> http://www.morikita.co.jp/books/mid/015581

C.4 基礎方程式

素粒子の波動関数の時空間内の発展は，非相対論的な運動方程式であるシュレディンガー方程式，スピンの振る舞いを規定するパウリ方程式，相対論的なボソンの時空発展を規定するクライン・ゴルドン方程式，相対論的なフェルミオンの時空発展を規定するディラック方程式などの基礎方程式により規定される．

基礎方程式は，古典的なエネルギーと運動量の関係を**量子化**して得られる．次項でシュレディンガー方程式を例に量子化のプロセスを復習し，次に，それを利用し相対論的な基礎方程式であるクライン・ゴルドン方程式とディラック方程式を導く．なお，式が複雑になるため，本節以降は自然単位系 ($\hbar \to 1$, $c \to 1$) を使用する．

C.4.1 シュレディンガー方程式

シュレディンガー方程式は，非相対論的なエネルギーと運動量の関係を量子化して得られる．量子化は次のような手続きで行う．

① 非相対論的なエネルギーと運動量とポテンシャルエネルギー U の関係を求める．

$$E = \frac{\vec{p}^2}{2m} + U \tag{C.42}$$

② エネルギーと運動量を次のように時間と空間の微分で置き換える[2]．

$$E \to i\frac{\partial}{\partial t}, \quad p_x \to -i\frac{\partial}{\partial x}, \quad p_y \to -i\frac{\partial}{\partial y}, \quad p_z \to -i\frac{\partial}{\partial z} \tag{C.43}$$

すると，次の微分演算子ができる．

$$i\frac{\partial}{\partial t} = \left[-\frac{1}{2m}\vec{\nabla}^2 + U\right] \tag{C.44}$$

---

[2] 4元ベクトルの表記を使うと，エネルギー・運動量の部分の置き換えは，$p^\mu \to i\partial^\mu$ と簡単に表現できる．空間ベクトル部分の符号に注意．

③ ②でつくった微分演算子を波動関数 $\psi(t,\vec{x})$ に作用させる.

$$i\frac{\partial}{\partial t}\psi(t,\vec{x}) = \left[-\frac{1}{2m}\vec{\nabla}^2 + U\right]\psi(t,\vec{x}) \tag{C.45}$$

これがシュレディンガー方程式である.

④ ③でつくったシュレディンガー方程式を解いて $\psi(t,\vec{x})$ を求め, その絶対値の 2 乗,

$$P = |\psi(t,\vec{x})|^2 \tag{C.46}$$

をその素粒子の存在確率密度と解釈する.

ポテンシャルがない ($U = 0$) 自由空間の場合, 式 (C.45) の平面波解は次のようになる.

$$\psi_S(t,\vec{x}) = \exp\left[-i(Et - \vec{p}\vec{x})\right]\psi_S(0,\vec{0}) \tag{C.47}$$

ただし, E は運動エネルギーである.

U が静電ポテンシャル, $U(\vec{x}) = -\alpha/|\vec{x}|$ で, $E + U < 0$ のとき, 式 (C.45) は, 水素原子中の電子のシュレディンガー方程式になる. 一般に, この束縛状態の解は,

$$\psi_H(t,\vec{x}) = R_{n\ell}(|\vec{x}|)Y_\ell^{m_z}(\theta,\phi)e^{-iE_n t} \tag{C.48}$$

になることが知られている. $Y_\ell^{m_z}$ は球面調和関数で, ℓ は軌道角運動量, m_z はその z 成分を表す量子数である.

$$Y_\ell^{m_z}(\pi - \theta, \phi + \pi) = (-1)^\ell Y_\ell^{m_z}(\theta,\phi) \tag{C.49}$$

という関係式はよく使われるので, ここで紹介しておく. n は動径方向の励起を表す量子数で, 静電ポテンシャルのように U が $|\vec{x}|$ に反比例するときは, エネルギーは ℓ, m_z には依存しない. シュレディンガー方程式の解の球面調和関数の部分は, メソン中のクォークの波動関数でも同じである.

$E + U > 0$ のときは, 散乱の状態になり, C.7.1 項で説明するように, シュレディンガー方程式を使用してラザフォード散乱断面積を求めることができる.

C.4.2 クライン・ゴルドン方程式

相対論的なエネルギーと運動量の関係

$$E^2 = \vec{p}^2 + m^2 \tag{C.50}$$

を ①〜③ の手続きで量子化すると,

$$\frac{\partial^2}{\partial t^2}\phi_K = [\vec{\nabla}^2 - m^2]\phi_K \tag{C.51}$$

になる. これを**クライン・ゴルドン方程式**とよび, ボソンに対する基礎方程式となる. この平面波解は,

$$\phi_K(x) = \exp\left[-i(Et - \vec{p}\vec{x})\right] \tag{C.52}$$

になる。次に行うことは、粒子の描像を得るために、連続の式を満足する4元ベクトル j^μ を求めることである。

$$\partial_\mu j^\mu = \frac{\partial}{\partial t} j^0 + \vec{\nabla} \cdot \vec{j} = 0 \tag{C.53}$$

これを領域 V で体積積分して、ガウスの定理を使うと次のように表せる。

$$\frac{\partial}{\partial t} \int_V j^0 d^3x = -\int_V \vec{\nabla} \cdot \vec{j} d^3x = -\int_S \vec{j} \cdot d\vec{S} \tag{C.54}$$

ただし、S は V を囲む表面で、$d\vec{S}$ は面積積分を表す。この関係は、たとえば領域 V の中にある j^0 という量が減った場合、その量は $\vec{j}$ という流れにより表面 S を通して出る量に等しいことを意味する。したがって、j^μ は、存在確率が保存する粒子としての描像を示す。クライン・ゴルドン方程式 (C.51) を満たす ϕ_K に対しては、一般に、

$$j^\mu = i(\phi_K^* \partial^\mu \phi_K - \phi_K \partial^\mu \phi_K^*) \tag{C.55}$$

の場合、連続の式 (C.53) を満たすことを示すことができる。試しに、式 (C.52) を入れてみると、

$$j^\mu = 2(E, \vec{p}) \tag{C.56}$$

になる。

C.4.3 ディラック方程式

相対論的なエネルギーと運動量の関係式 (C.50) は、行列を用いて次のように「因数分解」することができる。

$$(\gamma^0 E - \vec{\gamma}\vec{p} + m)(\gamma^0 E - \vec{\gamma}\vec{p} - m) = 0 \tag{C.57}$$

γ_μ は、次の関係を満たす 4×4 の行列である。

$$\frac{1}{2}(\gamma^\mu \gamma^\nu + \gamma^\nu \gamma^\mu) = \eta^{\mu\nu} I; \quad \eta^{\mu\nu} = \begin{pmatrix} 1 & 0 & 0 & 0 \\ 0 & -1 & 0 & 0 \\ 0 & 0 & -1 & 0 \\ 0 & 0 & 0 & -1 \end{pmatrix} = \eta_{\mu\nu} \tag{C.58}$$

γ^μ は一意には決まらないが、本書では、ディラックの表現とよばれる次の表現を使う。

$$\gamma^0 = \begin{pmatrix} I & 0 \\ 0 & -I \end{pmatrix}, \quad \vec{\gamma} = \begin{pmatrix} 0 & \vec{\sigma} \\ -\vec{\sigma} & 0 \end{pmatrix} \tag{C.59}$$

I は 2×2 の単位行列、$\vec{\sigma}$ はパウリのスピン行列で、次のように表される。

$$I = \begin{pmatrix} 1 & 0 \\ 0 & 1 \end{pmatrix}, \quad \sigma_x = \begin{pmatrix} 0 & 1 \\ 1 & 0 \end{pmatrix}, \quad \sigma_y = \begin{pmatrix} 0 & -i \\ i & 0 \end{pmatrix}, \quad \sigma_z = \begin{pmatrix} 1 & 0 \\ 0 & -1 \end{pmatrix} \quad \text{(C.60)}$$

さらに,

$$\gamma^5 \equiv i\gamma^0\gamma^1\gamma^2\gamma^3 = \begin{pmatrix} 0 & I \\ I & 0 \end{pmatrix} \quad \text{(C.61)}$$

も弱い相互作用などで頻繁に使われるので,ここで定義しておく.

ディラック方程式は,式 (C.57) の右側の括弧が 0 になる場合を量子化したものである.

$$\left[i\gamma^0 \frac{\partial}{\partial t} + i\vec{\gamma}\vec{\nabla} - m \right] \psi_D = 0 \quad \text{(C.62)}$$

テンソル式で書くと,

$$(i\gamma^\mu \partial_\mu - m)\psi(x) = 0 \quad \text{(C.63)}$$

となる.ディラック方程式は重要なので,少し詳しく説明する.

■ **自由粒子の平面波解** ディラック方程式を行列で表すと,

$$\begin{pmatrix} i\partial_0 - m & i\vec{\sigma}\cdot\vec{\nabla} \\ -i\vec{\sigma}\cdot\vec{\nabla} & -i\partial_0 - m \end{pmatrix} \psi(x) = 0 \quad \text{(C.64)}$$

となる.なお,この行列の各要素も 2×2 の行列である.ディラック方程式を満足する平面波の波動関数を求めるため,$p = (p_0, \vec{p})$ として,

$$\psi(x) = we^{-ipx} = \begin{pmatrix} u \\ v \end{pmatrix} e^{-i(p_0 t - \vec{p}\vec{x})} \quad \text{(C.65)}$$

とおいてみると,式 (C.64) は,u, v に対する次の連立方程式になる.

$$\begin{cases} (p_0 - m)u - (\vec{\sigma}\cdot\vec{p})v = 0 \\ (\vec{\sigma}\cdot\vec{p})u - (p_0 + m)v = 0 \end{cases} \quad \text{(C.66)}$$

これから v を消去すると,$p_0 \neq -m$ のとき [3],

$$(p_0^2 - |\vec{p}|^2 - m^2)u = 0 \quad \text{(C.67)}$$

さらに,$u \neq 0$ のとき [4],

$$p_0 = \pm\sqrt{|\vec{p}|^2 + m^2} \equiv \pm E \quad \text{(C.68)}$$

---

[3] $p_0 = -m$ のとき,$(u, v) = (0, 0)$. これは,この時空にこの粒子が存在しないという解なので,以後取り扱わない.

[4] $u = 0$ のとき $(u, v) = (0, 0)$ なので,以後取り扱わない.

であればよい．これはエネルギーが正と負の2つの解があることを意味する．そこで，粒子が静止している場合の質量も正と負があるとして，その静止状態の波動関数 $e^{\pm imt}$ を速度 $-\vec{\beta}$ で移動している系から見ると，ローレンツ変換より，

$$e^{\pm imt} \to e^{\pm i(\gamma mt - \gamma m \vec{\beta} \vec{x})} = e^{\pm i(Et - \vec{p}\vec{x})}; \quad E = \gamma m, \ \vec{p} = \gamma m \vec{\beta} \tag{C.69}$$

なので，

$$m \to (E, \vec{p}), \quad -m \to (-E, -\vec{p}) \tag{C.70}$$

に対応する．このとき，式 (C.66) から，$\vec{\eta} \equiv \vec{p}/(E+m)$ として，

$$p_0 = +E \text{ のとき}, \quad v = \frac{\vec{p} \cdot \vec{\sigma}}{E+m} u \quad \Rightarrow \quad w_+ = \begin{pmatrix} u \\ (\vec{\eta} \cdot \vec{\sigma}) u \end{pmatrix} \tag{C.71}$$

$$p_0 = -E \text{ のとき}, \quad u = \frac{\vec{p} \cdot \vec{\sigma}}{E+m} v \quad \Rightarrow \quad w_- = \begin{pmatrix} (\vec{\eta} \cdot \vec{\sigma}) v \\ v \end{pmatrix} \tag{C.72}$$

であることを示すことができる．$w_\pm$ は4つの成分をもつため，4成分スピノールとよぶ．この2つの解の和もディラック方程式を満たすため，結局，自由なディラック方程式の一般解は，

$$\psi(x) = w_+ e^{-ipx} + w_- e^{ipx} \tag{C.73}$$

になる．物理的には，負エネルギー状態は時間を逆行し，正エネルギーの反粒子として認識される．

u, v の大きさは，規格化条件から決定する．規格化にはさまざまな方法があるが，本書では次のように定義する．相対論的に運動している系の密度は，ローレンツ収縮により，静止している場合のローレンツ係数 (γ) 倍になる．そのため，確率密度が $\gamma = E/m$ になるようにとる．式 (C.73) の正エネルギー解の場合，

$$\gamma = \frac{1}{V} \int_V |\psi|^2 d^3x = \frac{1+\eta^2}{V} \int_V |u|^2 d^3x = (1+\eta^2)|u|^2 \tag{C.74}$$

これより，

$$|u|^2 = \frac{\gamma}{1+\eta^2} = \frac{E+m}{2m} \tag{C.75}$$

規格化係数を前に出して，

$$u = \sqrt{\frac{E+m}{2m}} \hat{u} \equiv N\hat{u} \tag{C.76}$$

と書く場合もある．ただし，$|\hat{u}|^2 = 1$ である．

■**4元カレント** ディラック方程式 (C.63) の解 ψ を使って，次のように定義された j^μ

$$j^\mu \equiv \overline{\psi}\gamma^\mu\psi = (\psi^\dagger \gamma^0)\gamma^\mu\psi \tag{C.77}$$

は，一般に連続の式 (C.53) を満足する．試しに，正エネルギーの平面波解を入れてみると，

$$j^\mu = \gamma(1, \vec{\beta}) \tag{C.78}$$

になる．

C.4.4 電磁相互作用

標準理論では，電磁相互作用はゲージ対称性からディラック方程式に入れられる．ここでは，古典電磁気学との対応原理から電磁相互作用を導入してみる．

■ **ディラック方程式と電磁相互作用**　古典電磁力学では，運動方程式中の運動量を

$$p \to p - eA \tag{C.79}$$

と置き換えることにより，電荷 e の質点の運動方程式に電磁相互作用を入れることができた．同様に，式 (C.43) に対応し，ディラック方程式で，

$$i\partial^\mu \to i\partial^\mu - eA^\mu \tag{C.80}$$

と置き換えることにより，次のように電磁相互作用をディラック方程式に入れることができる．

$$[\gamma_\mu(i\partial^\mu - eA^\mu) - m]\psi = 0 \tag{C.81}$$

■ **クライン・ゴルドン方程式と電磁相互作用**　マクスウェル方程式を電磁ポテンシャルで表すと，クーロンゲージ ($\partial_\mu A^\mu = 0$) の場合，次のようになる．

$$\partial_\mu \partial^\mu A^\nu = j^\nu \tag{C.82}$$

ここで，j^ν は荷電粒子が運動することによる電流を表し，$j^\nu = e[\overline{\psi}\gamma^\nu\psi]$ と対応づけることができる．したがって，電磁ポテンシャルのマクスウェル方程式をクライン・ゴルドン方程式と対応づけて，次のようになる．

$$\partial_\mu \partial^\mu A^\nu = e[\overline{\psi}\gamma^\nu\psi] \tag{C.83}$$

これらの方程式は，ゲージ対称性を満たし，電磁相互作用を正しく扱うことができる．

C.4.5 ディラック方程式と低エネルギーでの電磁相互作用

■ **ディラックフェルミオンの磁気双極子モーメント**　電磁相互作用の入ったディラック方程式 (C.81) の非相対論的近似を行うと，

$$\left\{\frac{1}{2m}(-i\vec{\nabla} + e\vec{A})^2 + \frac{e}{2m}[\vec{\sigma}\cdot(\vec{\nabla}\times\vec{A})] - eA^0\right\}\psi = (E - m)\psi \tag{C.84}$$

になる[b1]. $\vec{B} = \vec{\nabla} \times \vec{A}$ に注意すると,第 2 項は,次のような形をしている.

$$H_P = \frac{e}{2m}\vec{\sigma} \cdot \vec{B} = \vec{\mu} \cdot \vec{B} \tag{C.85}$$

これは,磁場と磁気モーメントとの相互作用によるポテンシャルエネルギーに対応し,このフェルミオンが

$$\mu = \frac{e}{2m} \tag{C.86}$$

の大きさの磁気モーメントをもつことを示す. m が電子の質量の場合, $\mu_B = e/(2m_e)$ のことをボーア磁子とよび,陽子の質量の場合, $\mu_N = e/(2m_p)$ を核磁子とよぶ.本書ではボーア磁子は,ポジトロニウムのエネルギーレベルの議論で使用され,核磁子は,バリオンの磁気双極子モーメントの評価で使用される.

C.4.6 パウリ方程式と 2 成分状態

$m = m_e$ のとき,式 (C.84) の左辺の 2 番目の部分は,磁場中の電子のスピンの振る舞いを表し,パウリ方程式とよばれる.磁場を $\vec{B} = B(\sin\theta\cos\phi, \sin\theta\sin\phi, \cos\theta)$ とすると,パウリ方程式は次のようになる.

$$\begin{aligned} i\frac{d}{dt}\psi = \mu_B(\vec{\sigma} \cdot \vec{B})\psi &= \mu_B \begin{pmatrix} B_z & B_x - iB_y \\ B_x + iB_y & -B_z \end{pmatrix} \psi \\ &= \mu_B B \begin{pmatrix} \cos\theta & e^{-i\phi}\sin\theta \\ e^{i\phi}\sin\theta & -\cos\theta \end{pmatrix} \psi \end{aligned} \tag{C.87}$$

この運動方程式の形は,磁場中のスピンに限らず,さまざまな 2 状態系で出てくるため,ここで少し詳しく説明する.まず,基本状態はスピン上向き $|\Uparrow\rangle$ と下向き $|\Downarrow\rangle$ の 2 つあり,一般の状態の波動関数を

$$\psi(t) = C_\Uparrow(t)|\Uparrow\rangle + C_\Downarrow(t)|\Downarrow\rangle = \begin{pmatrix} C_\Uparrow(t) \\ C_\Downarrow(t) \end{pmatrix} \tag{C.88}$$

と書く.いま,簡単のため,磁場が x 方向を向いているとすると, $\vec{B} = (B, 0, 0)$ になり,このとき,式 (C.87) のパウリ方程式は次の連立微分方程式になる.

$$\begin{cases} i\dot{C}_\Uparrow = \mu_B B C_\Downarrow \\ i\dot{C}_\Downarrow = \mu_B B C_\Uparrow \end{cases} \tag{C.89}$$

これは磁場のため,スピンの方向が反転 ($|\Uparrow\rangle \leftrightarrow |\Downarrow\rangle$) することを意味する.この一般解は,次のようになる.

$$C_\Uparrow(t) = \alpha e^{-i\mu_B B t} + \beta e^{i\mu_B B t}, \quad C_\Downarrow(t) = \alpha e^{-i\mu_B B t} - \beta e^{i\mu_B B t} \tag{C.90}$$

ただし α, β は積分定数である.したがって波動関数 (C.88) は,一般に次のようになる.

$$\psi(t) = \alpha(|\Uparrow\rangle + |\Downarrow\rangle)e^{-i\mu_B B t} + \beta(|\Uparrow\rangle - |\Downarrow\rangle)e^{i\mu_B B t} \tag{C.91}$$

これから，

$$|\psi_\pm\rangle = \frac{|\Uparrow\rangle \pm |\Downarrow\rangle}{\sqrt{2}} \tag{C.92}$$

がそれぞれエネルギー $\pm\mu_B B$ をもつエネルギー固有状態であることがわかる．一方，この状態はスピンが $\pm x$ 方向を向いている状態でもあるため，スピンが $\pm x$ 方向を向いている状態は，スピンが $\pm z$ 方向を向いている基本状態の重ね合わせ状態であることを意味する．

次に，磁場の成分が $x-z$ 平面内にある場合，$\phi = 0$ になり，式 (C.87) のパウリ方程式は

$$i\frac{d}{dt}\begin{pmatrix} C_\Uparrow \\ C_\Downarrow \end{pmatrix} = \mu_B B \begin{pmatrix} \cos\theta & \sin\theta \\ \sin\theta & -\cos\theta \end{pmatrix} \begin{pmatrix} C_\Uparrow \\ C_\Downarrow \end{pmatrix} \tag{C.93}$$

と書くことができる．この場合，次の状態

$$\psi_+(t) = \begin{pmatrix} \cos(\theta/2) \\ \sin(\theta/2) \end{pmatrix} e^{-i\mu_B B t}, \quad \psi_-(t) = \begin{pmatrix} -\sin(\theta/2) \\ \cos(\theta/2) \end{pmatrix} e^{i\mu_B B t} \tag{C.94}$$

が，エネルギー $\pm\mu_B B$ のエネルギー固有状態である．$|\pm\rangle$ を

$$\begin{pmatrix} |+\rangle \\ |-\rangle \end{pmatrix} \equiv \begin{pmatrix} \cos(\theta/2) & \sin(\theta/2) \\ -\sin(\theta/2) & \cos(\theta/2) \end{pmatrix} \begin{pmatrix} |\Uparrow\rangle \\ |\Downarrow\rangle \end{pmatrix} \tag{C.95}$$

と定義すると，$|\pm\rangle$ はエネルギー $\pm\mu_B B$ をもつ基本状態であり，スピンが磁場 $\vec{B}$ と平行と反平行の状態である．これらを用いて，任意の時間での波動関数は，

$$\psi(t) = C_+(0)|+\rangle e^{-i\mu_B B t} + C_-(0)|-\rangle e^{i\mu_B B t} \tag{C.96}$$

と表すことができる．

■ **振動** もし $t = 0$ で $|\Uparrow\rangle$ であったとすると，式 (C.96) の初期条件

$$\psi(0) = |\Uparrow\rangle = [\cos(\theta/2)C_+(0) - \sin(\theta/2)C_-(0)]|\Uparrow\rangle$$
$$+ [\sin(\theta/2)C_+(0) + \cos(\theta/2)C_-(0)]|\Downarrow\rangle \tag{C.97}$$

より，係数は，$C_+(0) = \cos(\theta/2)$，$C_-(0) = -\sin(\theta/2)$ と決定される．このとき，波動関数 (C.96) は，

$$\psi(t) = [\cos^2(\theta/2)e^{-i\mu_B B t} + \sin^2(\theta/2)e^{i\mu_B B t}]|\Uparrow\rangle - i\sin\theta\sin(\mu_B B)t|\Downarrow\rangle \tag{C.98}$$

になる．時刻 t に $|\Downarrow\rangle$ である確率は，

$$P(t; \Uparrow \to \Downarrow) = |\langle\Downarrow|\psi(t)\rangle|^2 = \sin^2\theta\sin^2(\mu_B B t) \tag{C.99}$$

となる．式 (C.99) は，最初 $|\Uparrow\rangle$ から始まっても時間とともに $|\Downarrow\rangle$ が生じ，その確率は，振幅 $\sin^2\theta$，角速度 $2\mu_B B$ で振動することを示している．これは，磁場中でスピンが磁場と垂直な平面内で歳差運動をしていることを表す．

■ **一般的な場合**　パウリ方程式を一般化すると，質量エネルギーまで含めて，

$$i\frac{d}{dt}\psi = \left[m\begin{pmatrix}1 & 0\\ 0 & 1\end{pmatrix} + \mu B\begin{pmatrix}\cos\theta & e^{-i\phi}\sin\theta\\ e^{i\phi}\sin\theta & -\cos\theta\end{pmatrix}\right]\psi \tag{C.100}$$

になる．ここで，

$$\begin{pmatrix}\cos\theta & e^{-i\phi}\sin\theta\\ e^{i\phi}\sin\theta & -\cos\theta\end{pmatrix}\begin{pmatrix}\cos(\theta/2)\\ e^{i\phi}\sin(\theta/2)\end{pmatrix} = \begin{pmatrix}\cos(\theta/2)\\ e^{i\phi}\sin(\theta/2)\end{pmatrix},$$
$$\begin{pmatrix}\cos\theta & e^{-i\phi}\sin\theta\\ e^{i\phi}\sin\theta & -\cos\theta\end{pmatrix}\begin{pmatrix}-e^{-i\phi}\sin(\theta/2)\\ \cos(\theta/2)\end{pmatrix} = -\begin{pmatrix}-e^{-i\phi}\sin(\theta/2)\\ \cos(\theta/2)\end{pmatrix} \tag{C.101}$$

に注目すると，エネルギー固有状態と対応するエネルギーは，次のようになる．

$$\begin{pmatrix}|+\rangle\\ |-\rangle\end{pmatrix} = \begin{pmatrix}\cos(\theta/2) & e^{i\phi}\sin(\theta/2)\\ -e^{-i\phi}\sin(\theta/2) & \cos(\theta/2)\end{pmatrix}\begin{pmatrix}|\Uparrow\rangle\\ |\Downarrow\rangle\end{pmatrix}, \quad E_\pm = m \pm \mu B \tag{C.102}$$

本書では，$K^0 \leftrightarrow \overline{K^0}$, $d' \leftrightarrow s'$, $\nu_e \leftrightarrow \nu_\mu$, $|u\overline{u}\rangle \leftrightarrow |d\overline{d}\rangle$, $|ud\rangle \leftrightarrow |du\rangle$, $B \leftrightarrow W_3$ などさまざまな 2 状態間の遷移を取り扱っているが，これまでのパウリ方程式の議論と対応づけることで，それらのエネルギー固有状態やエネルギーを知ることができる．

2 状態系 (α, β) の一般的な運動方程式は，次のように書くことができる．

$$i\frac{d}{dt}\begin{pmatrix}\alpha\\ \beta\end{pmatrix} = \begin{pmatrix}\mu_1 & \tau e^{-i\phi}\\ \tau e^{i\phi} & \mu_2\end{pmatrix}\begin{pmatrix}\alpha\\ \beta\end{pmatrix} \tag{C.103}$$

ただし，μ_i, τ, ϕ は実数とする．式 (C.100) と比較すると，次のように対応づけることができる．

$$m = \frac{\mu_1 + \mu_2}{2}, \quad \tan\theta = \frac{2\tau}{\mu_1 - \mu_2}, \quad \mu B = \sqrt{\left(\frac{\mu_1 - \mu_2}{2}\right)^2 + \tau^2} \tag{C.104}$$

したがって，運動方程式 (C.103) から導かれるエネルギー固有状態，混合角およびエネルギーは，

$$\begin{pmatrix}|+\rangle\\ |-\rangle\end{pmatrix} = \begin{pmatrix}\cos(\theta/2) & e^{i\phi}\sin(\theta/2)\\ -e^{-i\phi}\sin(\theta/2) & \cos(\theta/2)\end{pmatrix}\begin{pmatrix}|\alpha\rangle\\ |\beta\rangle\end{pmatrix}, \quad \tan\theta = \frac{2\tau}{\mu_1 - \mu_2},$$
$$E_\pm = \frac{\mu_1 + \mu_2}{2} \pm \sqrt{\left(\frac{\mu_1 - \mu_2}{2}\right)^2 + \tau^2} \tag{C.105}$$

になる．これは，

$$|+\rangle = \begin{pmatrix} \cos(\theta/2) \\ e^{i\phi}\sin(\theta/2) \end{pmatrix} \tag{C.106}$$

が，(θ, ϕ) 方向を向いたスピン 1/2 の波動関数であることを意味する．全体の複素位相の自由度があるため，$e^{-i\phi/2}$ をかけ，

$$|+\rangle = \begin{pmatrix} e^{-i(\phi/2)}\cos(\theta/2) \\ e^{i(\phi/2)}\sin(\theta/2) \end{pmatrix} \tag{C.107}$$

と，角度に関して対称性がよい表現を使うこともある．この波動関数を $360°$ 回転すると，たとえば，

$$|+\rangle \xrightarrow{\theta \to \theta + 360°} -|+\rangle \tag{C.108}$$

のように，元に戻らず符号が変化するという興味深い性質がある．

$C.4.7$ スピンが 2 つある状態：磁気双極子相互作用

強い相互作用による「磁気」双極子相互作用は，スピンの異なるハドロンの質量の違いの原因になっている．2.3.2 項の議論から，フェルミオン 1 と 2 の間の磁気双極子相互作用の運動方程式は，次で表される．

$$i\dot{\psi} = K(\vec{\mu}_1 \cdot \vec{\mu}_2)\psi = K\mu_1\mu_2(\vec{\sigma}_1 \cdot \vec{\sigma}_2)\psi \tag{C.109}$$

波動関数は 4 つの基本状態からなり，次のように表す．

$$\psi(t) = C_1(t)|\Uparrow\Uparrow\rangle + C_2(t)|\Uparrow\Downarrow\rangle + C_3(t)|\Downarrow\Uparrow\rangle + C_4(t)|\Downarrow\Downarrow\rangle \tag{C.110}$$

ここで，1 つ目のスピンはフェルミオン 1 のスピン，2 つ目はフェルミオン 2 のスピンである．式 (C.109) 中のハミルトニアンを具体的に書き下すと，

$$\begin{aligned}(\vec{\sigma}_1 \cdot \vec{\sigma}_2)|\Uparrow\Uparrow\rangle &= \sigma_x|\Uparrow\rangle\sigma_x|\Uparrow\rangle + \sigma_y|\Uparrow\rangle\sigma_y|\Uparrow\rangle + \sigma_z|\Uparrow\rangle\sigma_z|\Uparrow\rangle = |\Uparrow\Uparrow\rangle \\ (\vec{\sigma}_1 \cdot \vec{\sigma}_2)|\Uparrow\Downarrow\rangle &= \sigma_x|\Uparrow\rangle\sigma_x|\Downarrow\rangle + \sigma_y|\Uparrow\rangle\sigma_y|\Downarrow\rangle + \sigma_z|\Uparrow\rangle\sigma_z|\Downarrow\rangle = 2|\Downarrow\Uparrow\rangle - |\Uparrow\Downarrow\rangle \end{aligned} \tag{C.111}$$

となり，同様に

$$(\vec{\sigma}_1 \cdot \vec{\sigma}_2)|\Downarrow\Downarrow\rangle = |\Downarrow\Downarrow\rangle, \quad (\vec{\sigma}_1 \cdot \vec{\sigma}_2)|\Downarrow\Uparrow\rangle = 2|\Uparrow\Downarrow\rangle - |\Downarrow\Uparrow\rangle \tag{C.112}$$

となる．したがって，運動方程式 (C.109) は，次のような 4 つの方程式で書くことができる．

$$\dot{C}_1 = -iAC_1, \quad \dot{C}_4 = -iAC_4, \quad \begin{pmatrix} \dot{C}_2 \\ \dot{C}_3 \end{pmatrix} = -iA\begin{pmatrix} -1 & 2 \\ 2 & -1 \end{pmatrix}\begin{pmatrix} C_2 \\ C_3 \end{pmatrix} \tag{C.113}$$

ただし，$A \equiv K\mu_1\mu_2$ である．C_1, C_4 についてはただちに解くことができて，

となる．C_2，C_3 については，式 (C.103) の解を借りてくればよい．2 つの運動方程式を見比べて，対応関係は，

$$\mu_1 = \mu_2 \to -A, \quad \tau \to 2A, \quad \phi \to 0, \quad |\alpha\rangle \to |\Uparrow\Downarrow\rangle, \quad |\beta\rangle \to |\Downarrow\Uparrow\rangle \tag{C.115}$$

なので，$\theta = \pi/2$ であり，質量固有状態は，

$$\psi_+(t) = \frac{|\Uparrow\Downarrow\rangle + |\Downarrow\Uparrow\rangle}{\sqrt{2}} e^{-iAt}, \quad \psi_-(t) = \frac{|\Uparrow\Downarrow\rangle - |\Downarrow\Uparrow\rangle}{\sqrt{2}} e^{i3At} \tag{C.116}$$

になる．したがって，波動関数 (C.110) は，$C_\pm$ を適当な定数として，

$$\psi(t) = \left(C_1(0) |\Uparrow\Uparrow\rangle + C_+ \frac{|\Uparrow\Downarrow\rangle + |\Downarrow\Uparrow\rangle}{\sqrt{2}} + C_4(0) |\Downarrow\Downarrow\rangle \right) e^{-iAt} + C_- \frac{|\Uparrow\Downarrow\rangle - |\Downarrow\Uparrow\rangle}{\sqrt{2}} e^{i3At} \tag{C.117}$$

と書ける．$|\Uparrow\Uparrow\rangle$，$\dfrac{|\Uparrow\Downarrow\rangle + |\Downarrow\Uparrow\rangle}{\sqrt{2}}$，$|\Downarrow\Downarrow\rangle$ は，同じエネルギー A をもつエネルギー固有状態で，自由度が 3 なので，3 重項 (triplet) とよばれ，合成スピン $= 1$ に対応する．一方，$\dfrac{|\Uparrow\Downarrow\rangle - |\Downarrow\Uparrow\rangle}{\sqrt{2}}$ は，エネルギー $-3A$ をもつエネルギー固有状態で，自由度は 1 で**スカラー** (scaler) とよばれ，合成スピン $= 0$ に対応する．

$C.5$ 素粒子の交換関係

$C.5.1$ パウリの排他原理とフェルミオンの交換関係

パウリの排他原理は，「同一状態（たとえばスピンが同じ向き）の同一フェルミオン（たとえば電子）は同じ状態（たとえば水素原子の 1S 軌道）を同時に占めることはできない」というものである．この性質は，スピン方向 s_1，s_2 の 2 つの電子の波動関数が，

$$\Psi(e^-(s_1), e^-(s_2)) = \frac{|e^-(s_1) e^-(s_2)\rangle - |e^-(s_2) e^-(s_1)\rangle}{\sqrt{2}} \tag{C.118}$$

であれば，満足することができる．ここで，$|\alpha\beta\rangle$ は，位置 $\vec{r}_1$ に粒子 α が存在し，$\vec{r}_2$ に粒子 β が存在する状態を表し，$|\beta\alpha\rangle$ は，その逆の状態である．$\Psi(\beta, \alpha)$ は，$\Psi(\alpha, \beta)$ の 2 つの粒子を交換した状態を表す．

2 つのスピンが両方とも上向き ($\Uparrow$) の電子の波動関数は，式 (C.118) の s_1，s_1 に $\Uparrow$ を入れて，

$$\Psi(e^-(\Uparrow), e^-(\Uparrow)) = \frac{|e^-(\Uparrow) e^-(\Uparrow)\rangle - |e^-(\Uparrow) e^-(\Uparrow)\rangle}{\sqrt{2}} = 0 \tag{C.119}$$

になり，この状態は許されない．これがパウリの排他原理である．

スピンの向きが異なる場合 ($s_1 = \Uparrow$, $s_2 = \Downarrow$) の波動関数は，

$$\Psi(e^-(\Uparrow), e^-(\Downarrow)) = \frac{|e^-(\Uparrow)e^-(\Downarrow)\rangle - |e^-(\Downarrow)e^-(\Uparrow)\rangle}{\sqrt{2}} \equiv |e^-e^-\rangle \frac{|\Uparrow\Downarrow\rangle - |\Downarrow\Uparrow\rangle}{\sqrt{2}} \quad (C.120)$$

になり，この状態は存在できる．ここで，右辺の最後の項は，「電子である」という状態 ($|e^-\rangle$) と，「スピンの向き」の状態（たとえば $|\Uparrow\rangle$）を分離して書き（$|e^-(\Uparrow)\rangle = |e^-\rangle|\Uparrow\rangle$），「因数分解」したものである．このように書くと，表現が簡略化され，この状態の合成スピンは $S = 0$ であることがすぐにわかるなど便利である．

以上のことは，パウリの排他原理により，2 つの電子の波動関数は単純な $|e^-(s_1)e^-(s_2)\rangle$ ではなく，常に式 (C.118) のような重ね合わせ状態になっていることを意味する[5]．また，この状態は一般に質量固有状態でもある．この考え方を一般化すると，任意のフェルミオン α とフェルミオン β の波動関数は，

$$|\Psi_-(\alpha, \beta)\rangle = \frac{|\alpha\beta\rangle - |\beta\alpha\rangle}{\sqrt{2}} \quad (C.121)$$

になる．この状態は，

$$|\Psi_-(\beta, \alpha)\rangle = -|\Psi_-(\alpha, \beta)\rangle \quad (C.122)$$

のように 2 つのフェルミオンを交換すると，波動関数の符号が変化する（反対称性）という一般的な性質をもち[6]，逆にこの関係を要請することで，波動関数の構造を決定することが多い．

C.5.2 ボソンの交換関係

ボソンのスピンは整数であり，メソンが 2 つのクォークからできているように，ボソンは 2 つのフェルミオンからできていると考えることができる．A, B をボソンとして，その波動関数をそれぞれ，$\psi_A = \Psi(\alpha_1, \alpha_2)$, $\psi_B = \Psi(\beta_1, \beta_2)$ で表すとする．ここで，α_i, β_i はフェルミオンである．A, B, 2 つのボソンの系の波動関数を，

$$\Psi(A, B) = \Psi(\alpha_1, \alpha_2; \beta_1, \beta_2) \quad (C.123)$$

と書くと，これは 4 つのフェルミオンの波動関数と解釈できる．式 (C.122) の関係から 2 つのフェルミオンを交換すると波動関数の符号が変わるため，

$$\begin{aligned}\Psi(A, B) = \Psi(\alpha_1, \alpha_2; \beta_1, \beta_2) &= -\Psi(\beta_1, \alpha_2; \alpha_1, \beta_2) = \Psi(\beta_1, \beta_2; \alpha_1, \alpha_2) \\ &= +\Psi(B, A)\end{aligned} \quad (C.124)$$

つまり，2 つのボソンを交換しても波動関数の符号は変わらない．この場合，式 (C.121) に対応して

---

[5] これからしばらくの間は，2 つの粒子間の軌道角運動量が $\ell = 0$ の場合を考える．
[6] ファインマン[b14]によると，2 つの粒子を交換することは，一方の粒子を他方の粒子に対して 360° 回転することと同等であり，その結果，波動関数の符号は，式 (C.108) の関係から逆転すると説明されている．

$$\Psi_+(A,B) = \frac{|AB\rangle + |BA\rangle}{\sqrt{2}} \tag{C.125}$$

であると考えることができる.

C.5.3 電子対のパリティ

C.5.1 項で議論した, $\ell = 0$ の状態の電子対の波動関数は, 次のようにまとめられる.

$$\begin{aligned}|\Psi_-(e^-(\Uparrow), e^-(\Uparrow))\rangle &= 0 \\ |\Psi_-(e^-(\Uparrow), e^-(\Downarrow))\rangle &= \frac{|\Uparrow\Downarrow\rangle - |\Downarrow\Uparrow\rangle}{\sqrt{2}}|e^-e^-\rangle\end{aligned} \tag{C.126}$$

パリティ変換をすると,

$$\mathrm{P}\,|\Psi_-(e^-,e^-)\rangle = |\Psi_-((+e^-),(+e^-))\rangle = +|\Psi_-(e^-,e^-)\rangle \tag{C.127}$$

なので, パリティは正 ($P=+1$) である.

C.5.4 陽子–中性子対の場合

$\ell = 0$ の pn 系の波動関数は, 合成スピンが $S=1$ のとき, 反対称性 (C.122) から,

$$|\Psi_{S=1}(p,n)\rangle = \frac{|pn\rangle - |np\rangle}{\sqrt{2}} \frac{|\Uparrow\Downarrow\rangle + |\Downarrow\Uparrow\rangle}{\sqrt{2}} \tag{C.128}$$

になる. 陽子と中性子を「核子 N」という粒子のアイソスピンが異なった状態と解釈すると,

$$|p\rangle = |N\rangle\,|\uparrow\rangle_I, \quad |n\rangle = |N\rangle\,|\downarrow\rangle_I \tag{C.129}$$

のように書ける. すると, 式 (C.128) の波動関数は,

$$|\Psi_{S=1}(p,n)\rangle = |NN\rangle \frac{|\uparrow\downarrow\rangle_I - |\downarrow\uparrow\rangle_I}{\sqrt{2}} \frac{|\Uparrow\Downarrow\rangle + |\Downarrow\Uparrow\rangle}{\sqrt{2}} \tag{C.130}$$

のように書ける. つまり, この状態はアイソスピン $I=0$ で, 重陽子はこの状態であると考えることができる.

固有スピンが $S=0$ のとき, 固有スピン部分の波動関数は, $(|\Uparrow\Downarrow\rangle - |\Downarrow\Uparrow\rangle)/\sqrt{2}$ になるため, 全体の波動関数を反対称にするためには, $|pn\rangle$ 部分の波動関数は対称でなければならない.

$$|\Psi_{S=0}(p,n)\rangle = \frac{|pn\rangle + |np\rangle}{\sqrt{2}} \frac{|\Uparrow\Downarrow\rangle - |\Downarrow\Uparrow\rangle}{\sqrt{2}} = |NN\rangle \frac{|\uparrow\downarrow\rangle_I + |\downarrow\uparrow\rangle_I}{\sqrt{2}} \frac{|\Uparrow\Downarrow\rangle - |\Downarrow\Uparrow\rangle}{\sqrt{2}} \tag{C.131}$$

したがって, この状態は (束縛状態は観測されていないが) アイソスピン $I=1$ である.

C.5.5 フェルミオン–反フェルミオン対の場合

$\ell = 0$ の $f\bar{f}$ 対は素粒子物理によく登場する. まず電子と陽電子の系を考える. 電子–陽電

子の合成スピンが $S=1$ の場合，$f\overline{f}$ 系の波動関数は，

$$|\psi_{S=1}(f,\overline{f})\rangle = \frac{|\Uparrow\Downarrow\rangle + |\Downarrow\Uparrow\rangle}{\sqrt{2}} \frac{|f\overline{f}\rangle - |\overline{f}f\rangle}{\sqrt{2}} \tag{C.132}$$

であると考えられる．合成スピンが $S=0$ の場合の波動関数は，

$$|\psi_{S=0}(f,\overline{f})\rangle = \frac{|\Uparrow\Downarrow\rangle - |\Downarrow\Uparrow\rangle}{\sqrt{2}} \frac{|f\overline{f}\rangle + |\overline{f}f\rangle}{\sqrt{2}} \tag{C.133}$$

になる．フェルミオンのパリティを正とした場合，反フェルミオンのパリティは負になるので，

$$\mathrm{P}|f\rangle = +|f\rangle, \quad \mathrm{P}|\overline{f}\rangle = -|\overline{f}\rangle \tag{C.134}$$

したがって，

$$\mathrm{P}|\psi_{S=0,1}(f,\overline{f})\rangle = |\psi_{S=0,1}((+1)f,(-1)\overline{f})\rangle = -|\psi_{S=0,1}(f,\overline{f})\rangle \tag{C.135}$$

と $\ell = 0$ のポジトロニウムのパリティは，合成スピンによらず $P = -1$ になる．C 変換は，f と $\overline{f}$ を次のように変換する．

$$\mathrm{C}|f\rangle = |\overline{f}\rangle, \quad \mathrm{C}|\overline{f}\rangle = |f\rangle \tag{C.136}$$

そのため $f\overline{f}$ 系の変換は，

$$\begin{aligned}
\mathrm{C}|\psi_{S=1}(f,\overline{f})\rangle &= \frac{|\Uparrow\Downarrow\rangle + |\Downarrow\Uparrow\rangle}{\sqrt{2}} \frac{|\overline{f}f\rangle - |f\overline{f}\rangle}{\sqrt{2}} = -|\psi_{S=1}(f,\overline{f})\rangle \\
\mathrm{C}|\psi_{S=0}(f,\overline{f})\rangle &= \frac{|\Uparrow\Downarrow\rangle - |\Downarrow\Uparrow\rangle}{\sqrt{2}} \frac{|\overline{f}f\rangle + |f\overline{f}\rangle}{\sqrt{2}} = +|\psi_{S=0}(f,\overline{f})\rangle
\end{aligned} \tag{C.137}$$

になり，$\psi_{S=1}$ の C パリティは負，$\psi_{S=0}$ の C パリティは正である．
表 C.1 に $\ell = 0$ の e^-e^-, pn, $f\overline{f}$ 対の状態とその量子数をまとめる．

表 C.1 $\ell = 0$ の e^-e^-, pn, $f\overline{f}$ 系の状態と量子数

粒子対	S	構造	P	C	CP	I	備考
e^-e^-	0	$|e^-e^-\rangle$	$+1$	×	×	×	He の軌道電子
	1	禁止	×	×	×	×	パウリの排他原理
pn	0	$(|pn\rangle + |np\rangle)/\sqrt{2}$	$+1$	×	×	1	束縛状態は観測されない
	1	$(|pn\rangle - |np\rangle)/\sqrt{2}$	$+1$	×	×	0	重陽子
$f\overline{f}$	0	$(|f\overline{f}\rangle + |\overline{f}f\rangle)/\sqrt{2}$	-1	$+1$	-1	×	p-Ps, π^0, η, η', η_C, η_B
	1	$(|f\overline{f}\rangle - |\overline{f}f\rangle)/\sqrt{2}$	-1	-1	$+1$	×	o-Ps, ρ^0, ω, ϕ, J/ψ, Υ

C.5.6 π メソン対の場合

π メソンのスピンは 0 なので，$\ell = 0$ の 2π 系の許される状態は，π_i を $\pi^\pm$, π^0 のいずれかとして，

$$|\Psi_+(\pi_1\pi_2)\rangle = \frac{|\pi_1\pi_2\rangle + |\pi_2\pi_1\rangle}{\sqrt{2}} \tag{C.138}$$

の構造をしている．π_1 と π_2 が同種粒子 (π_i) の場合

$$|\Psi_+(\pi_i\pi_i)\rangle = \sqrt{2}\,|\pi_i\pi_i\rangle \tag{C.139}$$

になる．係数の $\sqrt{2}$ は，この状態が終状態の場合，反応の確率が 2 倍になることを意味する[7]．π メソンの固有パリティは，$P_\pi = -1$ なので，式 (C.138) のパリティを反転してみると，

$$\mathrm{P}\,|\Psi_+\rangle = \frac{|(-\pi_1)(-\pi_2)\rangle + |(-\pi_2)(-\pi_1)\rangle}{\sqrt{2}} = +\,|\Psi_+\rangle \tag{C.140}$$

と 2π 系のパリティは正 ($P=+1$) である．$|\Psi_+(\pi^+\pi^-)\rangle$，$|\Psi_+(\pi^0\pi^0)\rangle$ の場合，C 変換すると，

$$\begin{aligned}
\mathrm{C}\,|\Psi_+(\pi^+\pi^-)\rangle &= |\Psi_+(\pi^-\pi^+)\rangle = +\,|\Psi_+(\pi^+\pi^-)\rangle \\
\mathrm{C}\,|\Psi_+(\pi^0\pi^0)\rangle &= +\,|\Psi_+(\pi^0\pi^0)\rangle
\end{aligned} \tag{C.141}$$

なので 2π 系の荷電パリティは正 ($C=+1$) になる．

ρ メソンのスピンは $J=1$ なので，$\rho \to \pi\pi$ の崩壊中の $\pi\pi$ 間の軌道角運動量は $\ell=1$ になる．この場合，$\pi\pi$ 系の質量固有状態の波動関数は，

$$|\Psi_{\ell=1}(\pi_1,\pi_2)\rangle = \frac{|\pi_1\pi_2\rangle - |\pi_2\pi_1\rangle}{\sqrt{2}} Y_1^m(\theta,\phi) \tag{C.142}$$

と表せる．ここで，Y_ℓ^m は式 (C.48) で使われた球面調和関数である．2 つの π を交換すると，

$$\begin{aligned}
\mathrm{EX}\,|\Psi_{\ell=1}(\pi_1,\pi_2)\rangle &= \frac{|\pi_2\pi_1\rangle - |\pi_1\pi_2\rangle}{\sqrt{2}} Y_1^m(\pi-\theta,\phi+\pi) \\
&= (-1)\frac{|\pi_1\pi_2\rangle - |\pi_2\pi_1\rangle}{\sqrt{2}} \times (-1) Y_1^m(\theta,\phi) = +\,|\Psi_{\ell=1}(\pi_1,\pi_2)\rangle
\end{aligned} \tag{C.143}$$

と対称であることを示すことができる．とくに，π_1 と π_2 が同一粒子 ($=\pi_i$) の場合，

$$|\Psi_{\ell=1}(\pi_i\pi_i)\rangle = 0 \tag{C.144}$$

と，この状態は存在しない．これが $\rho^0 \to \pi^0\pi^0$ の崩壊が存在しない理由である．この系のパリティは，

$$P\,|\Psi_{\ell=1}(\pi_1\pi_2)\rangle = \frac{|(-\pi_1)(-\pi_2)\rangle - |(-\pi_2)(-\pi_1)\rangle}{\sqrt{2}} Y_1^m(\pi-\theta,\phi+\pi) = -\,|\Psi_{\ell=1}(\pi_1\pi_2)\rangle \tag{C.145}$$

なので，負 ($P=-1$) である．$\Psi_-(\pi^+\pi^-)$ を C 変換すると，

$$\mathrm{C}\,|\Psi_-(\pi^+\pi^-)\rangle = \frac{|\pi^-\pi^+\rangle - |\pi^+\pi^-\rangle}{\sqrt{2}} Y_1^m(\theta,\pi) = -\,|\Psi_-(\pi^+\pi^-)\rangle \tag{C.146}$$

---

[7] 2 つの光子の場合も同様な波動関数により，レーザーの誘導放出の原理になる．

なので，荷電パリティは負である．$\pi\pi$ 系の状態を表 C.2 にまとめる．可能なアイソスピン (I) は，付録 D のクレブシュ・ゴルダン係数の関係を逆に解くことで求めることができる．

表 C.2 $\pi\pi$ 系の可能な状態と量子数　$K\bar{K}$, $B\bar{B}$ 系の場合も同様．

ℓ	粒子対	構造	J	P	C	CP	I
0	$\pi^+\pi^-$	$(\|\pi^+\pi^-\rangle + \|\pi^-\pi^+\rangle)/\sqrt{2}$	0	+1	+1	+1	0, 2
	$\pi^\pm\pi^0$	$(\|\pi^\pm\pi^0\rangle + \|\pi^0\pi^\pm\rangle)/\sqrt{2}$	0	+1	×	×	2
	$\pi^0\pi^0$	$\sqrt{2}\|\pi^0\pi^0\rangle$	0	+1	+1	+1	0, 2
	$\pi^\pm\pi^\pm$	$\sqrt{2}\|\pi^\pm\pi^\pm\rangle$	0	+1	×	×	2
1	$\pi^+\pi^-$	$(\|\pi^+\pi^-\rangle - \|\pi^-\pi^+\rangle)/\sqrt{2}$	1	−1	−1	+1	1
	$\pi^\pm\pi^0$	$(\|\pi^\pm\pi^0\rangle - \|\pi^0\pi^\pm\rangle)/\sqrt{2}$	1	−1	×	×	1
	$\pi^0\pi^0$, $\pi^\pm\pi^\pm$	禁止	×	×	×	×	×

C.6 ヘリシティとカイラリティ

C.6.1 ヘリシティ

C.4.6 項では，スピンの方向は，z 軸方向の成分で定義してきた．しかし，方向の基準を外の座標に求めるのではなく，その粒子の運動量方向に対する成分でスピンの方向を定義すると便利な場合も多い．古典的には，スピンベクトル $(\vec{s})$ の運動量 $(\vec{p})$ 方向の成分は $\vec{s}\vec{p}/(|\vec{s}||\vec{p}|)$ なので，

$$\Sigma_\pm \equiv \frac{1 \pm \vec{s}\vec{p}/(|\vec{s}||\vec{p}|)}{2} \tag{C.147}$$

という量は，スピンが運動量方向（反対方向）を向いているとき $\Sigma_+ = 1(0)$，$\Sigma_- = 0(1)$ になる．式 (C.147) を量子化 $(\vec{s}/|\vec{s}| \to \vec{\sigma})$ して，

$$\psi_\pm \equiv \frac{1 \pm \hat{p}\vec{\sigma}}{2}\psi = \frac{1 \pm \hat{p}\vec{\sigma}}{2}\begin{pmatrix} u \\ \vec{\eta}\vec{\sigma}u \end{pmatrix}e^{-ipx} = \begin{pmatrix} u_\pm \\ \vec{\eta}\vec{\sigma}u_\pm \end{pmatrix}e^{-ipx}; \quad u_\pm \equiv \frac{1 \pm \hat{p}\vec{\sigma}}{2}u \tag{C.148}$$

とすると，$\psi_\pm$ はそれぞれ ψ の，スピンが運動量方向を向いている成分と反対方向を向いている成分である．ここで，$\hat{p}$ は運動量方向の単位ベクトル $(\vec{p}/|\vec{p}|)$ である．本書では，このスピンの運動量方向成分を**ヘリシティ**とよび，ψ_+ をヘリシティが正 $(+1)$ の状態，ψ_- をヘリシティが負 (-1) の状態とよぶ．それぞれの状態である確率は，

$$\frac{|\psi_\pm|^2}{|\psi|^2} = \frac{|u_\pm|^2}{|u|^2} = \frac{|u|^2 \pm \hat{p}[u^\dagger \vec{\sigma} u]}{|u|^2} = \frac{1}{2}(1 \pm \hat{p}\hat{s}) \tag{C.149}$$

ここで，

$$\frac{[u^\dagger \vec{\sigma} u]}{|u|^2} = \begin{pmatrix} e^{i\phi}\cos(\theta/2) & \sin(\theta/2) \end{pmatrix} \begin{pmatrix} \vec{e}_z & \vec{e}_- \\ \vec{e}_+ & -\vec{e}_z \end{pmatrix} \begin{pmatrix} e^{-i\phi}\cos(\theta/2) \\ \sin(\theta/2) \end{pmatrix} \qquad (C.150)$$

$$= \cdots = \sin\theta\cos\phi\vec{e}_x + \sin\theta\sin\phi\vec{e}_y + \cos\theta\vec{e}_z = \hat{s}$$

を使った．

C.6.2 カイラリティ

弱い相互作用の $W^\pm$ ボソンは，次の状態のフェルミオンとのみ結合する．

$$\psi_L \equiv \gamma_L \psi \equiv \frac{1}{2}(1-\gamma_5)\psi = \frac{1}{2}\begin{pmatrix} I & -I \\ -I & I \end{pmatrix}\psi = \frac{(1-\vec{\eta}\vec{\sigma})}{2}\begin{pmatrix} u \\ -u \end{pmatrix}e^{-ipx} \qquad (C.151)$$

もし，このフェルミオンが相対論的な速度で運動しているとすると，$\vec{\eta} = \vec{p}/(E+m) \to \hat{p}$ になるので，

$$\psi_L \to \frac{1-\hat{p}\vec{\sigma}}{2}\begin{pmatrix} u \\ -u \end{pmatrix}e^{-ipx} \qquad (C.152)$$

となる．一方このとき，ヘリシティが負の状態は，

$$\psi_- \to \frac{1-\hat{p}\vec{\sigma}}{2}\begin{pmatrix} u \\ \hat{p}\vec{\sigma}u \end{pmatrix}e^{-ipx} = \frac{1-\hat{p}\vec{\sigma}}{2}\begin{pmatrix} u \\ -u \end{pmatrix}e^{-ipx} \qquad (C.153)$$

になるので，ψ_L と ψ_- は一致する．同様に，$\psi_R \equiv (1+\gamma_5)\psi/2$ を定義することもでき，相対論的極限で $\psi_R = \psi_+$ になる．本書では，この ψ_L, ψ_R の状態を，**カイラリティ**が左巻き，右巻きとよぶ．右巻きカイラリティの基本状態を $|R\rangle$ と書くと，$\gamma_L|R\rangle = 0$ より一般に

$$|R\rangle \propto \begin{pmatrix} u \\ u \end{pmatrix} \qquad (C.154)$$

になる．同様に左巻きカイラリティの基本状態は，

$$|L\rangle \propto \begin{pmatrix} u \\ -u \end{pmatrix} \qquad (C.155)$$

になる．相対論的極限では，ψ_+ 中の ψ_L 成分は 0 だが，速度 $\beta < 1$ のとき，ψ_+ 中の ψ_L 成分は，

$$\psi_{+L} = \gamma_L \psi_+ = \frac{1}{2}\begin{pmatrix} I & -I \\ -I & I \end{pmatrix}\begin{pmatrix} u_+ \\ \vec{\eta}\vec{\sigma}u_+ \end{pmatrix}e^{-ipx} = \frac{(1-\eta)(1+\hat{p}\vec{\sigma})}{4}\begin{pmatrix} u \\ -u \end{pmatrix}e^{-ipx} \qquad (C.156)$$

になる．したがって ψ_+ 中の ψ_L 状態である確率は，

$$P_{+L} = \frac{|\psi_{+L}|^2}{|\psi_+|^2} = \frac{(1-\beta)(1+\hat{p}\hat{s})/4}{(1+\hat{p}\hat{s})/2} = \frac{1-\beta}{2}, \quad \text{同様に，} \quad P_{-R} = \frac{1-\beta}{2} \qquad (C.157)$$

C.6.3 カイラリティの保存と非保存

議論を簡素化するために，電磁相互作用の入ったディラック方程式 (C.81) の時間発展だけを取り出してみると，

$$\dot{\psi} = -ieA_0\psi - im\gamma_0\psi \tag{C.158}$$

になる．これに左から，式 (C.151) で定義された $\gamma_{L/R}$ を作用させてみると，$\gamma_L\gamma_0 = \gamma_0\gamma_R$ などより，

$$\begin{cases} \dot{\psi}_L = -ieA_0\psi_L - im\gamma_0\psi_R \\ \dot{\psi}_R = -ieA_0\psi_R - im\gamma_0\psi_L \end{cases} \tag{C.159}$$

になる．

式 (C.159) の 2 つの式の右辺の第 1 項は，フェルミオンのカイラリティは，電磁相互作用による反応の前後で変化しないことを意味する[8]．たとえば，始状態のフェルミオンのカイラリティが左巻きだった場合，ゲージボソンと反応した後のフェルミオンのカイラリティも，散乱角によらず左巻きである．この特徴を**カイラリティ保存**とよぶ．この特徴はまた，フェルミオンと反フェルミオンが対消滅，あるいは対生成する場合は，フェルミオンと反フェルミオンのカイラリティは逆でなければならないことを意味する．カイラリティ保存の特徴が顕著に表れているのが，第 3 章で説明される $\pi^\pm \to e^\pm + \nu$ 崩壊の強い抑制である．

式 (C.159) 右辺の第 2 項は，フェルミオンに質量がある場合カイラリティ成分が時間の経過とともに変化することを表す．$A_0 = 0$ のとき方程式 (C.158) の一般解は，

$$\psi(t) = \begin{pmatrix} ue^{-imt} \\ ve^{imt} \end{pmatrix} \tag{C.160}$$

である．ただし，u, v は任意の 2 成分スピノールである．$t = 0$ で $\psi(0) = |R\rangle = \begin{pmatrix} u \\ u \end{pmatrix}$ とすると，$v = u$ になるので，時刻 t では，

$$\psi(t) = \begin{pmatrix} ue^{-imt} \\ ue^{imt} \end{pmatrix} = \cos mt \begin{pmatrix} u \\ u \end{pmatrix} - i\sin mt \begin{pmatrix} u \\ -u \end{pmatrix} = \cos mt \, |R\rangle - i\sin mt \, |L\rangle \tag{C.161}$$

になることを示すことができる．つまり，純粋な $|R\rangle$ として生まれた状態でも，$1/m$ 秒程度後には $|L\rangle$ 成分が生まれることになる．これは，質量をもつフェルミオンのカイラリティは保存しないことを意味する．$e^+e^- \to \mu_L^+\mu_R^-$ など電磁相互作用により生まれた μ_R^- が μ_L^- としか反応しない弱い相互作用で崩壊できるのは，このためである．

---

[8] 電磁相互作用，弱い相互作用，強い相互作用など，ベクトル結合 ($\overline{\psi}\gamma_\mu\psi$) と軸性ベクトル結合 ($\overline{\psi}\gamma_5\gamma_\mu\psi$) の任意の組み合わせに対して成り立つ．

C.7 散乱断面積の計算

C.7.1 ラザフォード散乱断面積

ラザフォード (Rutherford) は，金などの重い原子核に数 MeV の α 粒子を入射し，その散乱の角度分布から，原子の構造を研究した．このような散乱をラザフォード散乱とよぶ．本項では，ラザフォード散乱断面積をシュレディンガー方程式から計算する [9]．

電荷 Ze の重い原子核による電荷 ze の軽い荷電粒子の散乱を想定する．重い原子核がつくるポテンシャルエネルギーは次のようになる．

$$U(\vec{x}) = -Zz\alpha \frac{e^{-\varepsilon|\vec{x}|}}{|\vec{x}|} \tag{C.162}$$

ここで，$e^{-\varepsilon|\vec{x}|}$ は，原子核の周辺の軌道電子による電荷の遮蔽の効果を表し，$\varepsilon \sim 1/(1\text{Å}) \sim 10\,\text{eV}$ 程度の大きさである．いま想定しているラザフォード散乱の場合，入射粒子のエネルギー (E_i) は数 MeV なので，$\varepsilon \ll E_i$ である．この場合，散乱断面積の計算結果は ε の大きさによらないことが後に示される．

入射粒子の波動関数は式 (C.45) のシュレディンガー方程式を満たしながら発展するため，一般に，微小時間 δt だけ異なった時間の波動関数の関係は，

$$\psi(t+\delta t) = \psi(t) + \dot{\psi}(t)\delta t = \psi(t) - i(H_0 + U)\psi(t)\delta t \tag{C.163}$$

で表すことができる．$\phi(x)$ を平面波の波動関数として，最初，$\phi_i(x) = e^{-ip_i x}$ がポテンシャルに入射したとすると，時刻 t での波動関数は，

$$\psi(t+\delta t, \vec{x}) = \phi_i(x) - i(H_0 + U)\phi_i(x)\delta t \tag{C.164}$$

になる．ここで，

$$H_0\phi_i = E_i\phi_i \tag{C.165}$$

の関係があるため，

$$\psi(t+\delta t, \vec{x}) = e^{-ip_i x}(1 - iE_i\delta t) - iU(\vec{x})\phi_i(x)\delta t \to \phi_i(t+\delta t, \vec{x}) - iU(\vec{x})e^{-ip_i x}\delta t \tag{C.166}$$

となる．右辺の第 1 項は，散乱されずにそのまま通り過ぎる振幅で，第 2 項の

$$\xi = -iU\phi_i = -iUe^{-ip_i x} \tag{C.167}$$

が単位時間に生じる散乱波の波動関数である．この入射粒子の波動関数 ϕ_i は，本来は散乱が進行するとともに変化するが，その変化は小さいためここでの議論では無視して，$\phi_i(\vec{x}) = e^{-ip_i x}$ であり続けると近似する．

---

[9] [b12]-II には，少し高度な数学的取り扱いが必要であるが，非常によい解説がある．

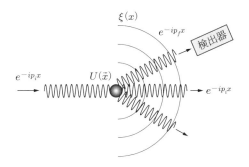

図 C.3 散乱波をさまざまな運動量の平面波の重ね合わせと考える

式 (C.167) で表される散乱波は，図 C.3 のように，さまざまな方向の運動量の平面波の重ね合わせであると考える．

$$\xi(x) = \frac{1}{(2\pi)^3} \int a(\vec{p})\phi(\vec{p})d^3p \tag{C.168}$$

単位時間に生じる，θ_f の方向に進む平面波 $\phi_f = e^{-ip_f x}$ の振幅 $a(\vec{p}_f)$ は，$\vec{q} \equiv \vec{p}_i - \vec{p}_f$ として，

$$a(\vec{p}_f) = \int \phi_f^*(x)\xi(x)d^3x = -i\int U(\vec{x})e^{i\vec{q}\vec{x}}d^3x\, e^{i(E_f - E_i)t} \tag{C.169}$$

になる．散乱が始まった後，粒子がポテンシャルを通り過ぎる時間より充分長い時間 T での振幅は，$\Delta E = E_f - E_i$ として，

$$a(\vec{p}_f, T) = \int_0^T a(\vec{p}_f)dt = -ie^{i(\Delta E T/2)}\frac{\sin(\Delta E T/2)}{(\Delta E/2)}\int U(\vec{x})e^{i\vec{q}\vec{x}}d^3x \tag{C.170}$$

ここで，

$$\mathcal{M}_{if}(\vec{q}) \equiv 2\pi \int U(\vec{x})e^{i\vec{q}\vec{x}}d^3x \tag{C.171}$$

と定義すると，

$$a(\vec{p}_f, T) = -i\frac{e^{i(\Delta E T/2)}}{2\pi}\frac{\sin(\Delta E T/2)}{(\Delta E/2)}\mathcal{M}_{if}(\vec{q}) \tag{C.172}$$

時刻が T のときに $\vec{p}_f$ の方向を向いている平面波の振幅が $a(\vec{p}_f, T)$ だから，散乱される粒子の数は，

$$N_{\text{scat}} = \frac{1}{(2\pi)^3}\int |a(\vec{p}_f, T)|^2 d^3p_f = \frac{1}{(2\pi)^5}\int |\mathcal{M}_{if}(\vec{q})|^2 \frac{\sin^2(\Delta E T/2)}{(\Delta E/2)^2} p_f^2 dp_f d\Omega_f \tag{C.173}$$

になる．いまは非相対論的な場合を考えているため，粒子の速度を v として，$E = mv^2/2 = p^2/2m$ である．そのため，$p_f^2 = 2mE_f$，$p_f dp_f = mdE_f$ の関係があり，

になる.

$$N_{\text{scat}} = \frac{T\sqrt{m^3}}{8\sqrt{2}\pi^5}\int |\mathcal{M}_{if}(\vec{q})|^2 \frac{\sin^2((E_f-E_i)T/2)}{[(E_f-E_i)T/2]^2}\sqrt{E_f}d(E_fT/2)d\Omega_f \quad (C.174)$$

になる.ここで,$\sin^2(\Delta ET/2)/(\Delta ET/2)^2$ は,$E_f = E_i$ に鋭いピークをもち,この項の以外の部分の関数の E_f 依存性は弱いので,$E_f = E_i$ と置き換えて,

$$N_{\text{scat}} = \frac{T\sqrt{m^3 E_i}}{8\sqrt{2}\pi^5}\int |\mathcal{M}_{if}(p_i(\vec{e}_i - \vec{e}_f))|^2 d\Omega_f \int_{-E_iT/2}^{\infty}\frac{\sin^2(\Delta ET/2)}{(\Delta ET/2)^2}d(\Delta ET/2)$$

$$\sim \frac{m^2 T v_i}{(2\pi)^4}\int |\mathcal{M}_{if}(p_i\Delta\vec{e}_{if})|^2 d\Omega_f \quad (C.175)$$

になる.ここで,$\int_{-\infty}^{\infty}(\sin^2 x/x^2)dx = \pi$ の関係を使った.

一方,入射粒子に関しては,散乱断面積を σ とすると,時間 $t = 0 \sim T$ の間に散乱される粒子数は,

$$N_{\text{scat}} = T|\phi_i|^2 v_i\sigma = Tv_i\sigma \quad (C.176)$$

になる.これが式 (C.175) と一致するのだから,

$$\frac{d\sigma}{d\Omega_f} = \frac{m^2}{(2\pi)^4}|\mathcal{M}_{if}(p_i\Delta\vec{e}_{if})|^2 \quad (C.177)$$

が得られる.

ポテンシャル (C.162) を用いて $\mathcal{M}_{if}(\vec{q})$ を具体的に計算すると,

$$\mathcal{M}_{if}(\vec{q}) = -2\pi Zz\alpha\int\frac{e^{-\epsilon|\vec{x}|}}{|\vec{x}|}e^{i\vec{q}\vec{x}}d^3x = -4\pi^2 Zz\alpha\int re^{-\epsilon r}e^{i|\vec{q}|r\cos\theta}drd\cos\theta$$

$$= -\frac{8\pi^2 Zz\alpha}{|\vec{q}|}\int e^{-\epsilon r}\sin|\vec{q}|rdr = -\frac{8\pi^2 Zz\alpha}{|\vec{q}|^2 + \epsilon^2} \xrightarrow{\epsilon^2 \ll |\vec{q}|^2} -\frac{8\pi^2 Zz\alpha}{|\vec{q}|^2}$$
$$(C.178)$$

になる.移行運動量は,

$$|\vec{q}|^2 = p_i^2|\vec{e}_i - \vec{e}_f|^2 = 4p_i^2\sin^2\frac{\theta_f}{2} = 8mE_i\sin^2\frac{\theta_f}{2} \quad (C.179)$$

なので,結局散乱断面積は次のようになる.

$$\frac{d\sigma}{d\Omega_f} = \frac{m^2}{(2\pi)^4}\left|\frac{8\pi^2 Zz\alpha}{8mE_i\sin^2(\theta_f/2)}\right|^2 = \frac{Z^2z^2\alpha^2}{16E_i^2\sin^4(\theta_f/2)} \quad (C.180)$$

ラザフォードの実験の場合は,入射粒子は α 線なので,$z = 2$ と置いて,

$$\left(\frac{d\sigma}{d\Omega_f}\right)_{\text{Rutherford}} = \frac{Z^2\alpha^2}{4E_i^2\sin^4(\theta_f/2)} \quad (C.181)$$

これをラザフォード散乱断面積とよぶ.

C.7.2 ディラック散乱

静止しているフェルミオンによる，相対論的なフェルミオンの散乱をディラック散乱とよぶ．ディラック散乱断面積の計算は，ディラック方程式から始めて，相対論的効果を考慮しつつ，前項でラザフォード散乱を導いたようなプロセスで計算できるが，本項では，ラザフォード散乱からの置き換えで求めることにする．正確な導出を知りたい場合は，たとえば，文献 [b2] を参照のこと．

相対論的フェルミオンの散乱断面積の場合，まず非相対論的な波動関数 ϕ を，ディラック方程式の解 ψ に置き換える．次に，静電ポテンシャルを一般的な電磁ポテンシャルに置き換える．ディラック方程式 (C.81) を書き換えて波動関数の時間微分の関数として見ると，

$$i\frac{\partial}{\partial t}\psi = (H_0 + U)\psi = (\gamma_0 m + e\gamma_0\gamma_\mu A^\mu)\psi \tag{C.182}$$

となるので，いまの場合の電磁ポテンシャルは，$U \to ze\gamma_0\gamma_\mu A^\mu$ と置き換えることができると考えられる．その結果，式 (C.171) の積分の中身は次のように表される．

$$[\phi_f^* U \phi_i] \to ze[\psi_f^\dagger \gamma^0 \gamma_\mu A^\mu \psi_i] = ze[\overline{\psi_f}\gamma_\mu A^\mu \psi_i] \equiv \mathcal{M}_{fi} \tag{C.183}$$

ここで，$\overline{\psi} = \psi^\dagger \gamma^0$ である．波動関数をスピン部分と平面波の部分に分離すると，

$$\psi = we^{-ipx} \tag{C.184}$$

と書け，これを使うと，

$$\mathcal{M}_{fi} = ze[\overline{w_f}\gamma_\mu w_i]A^\mu e^{-i(p_i - p_f)x} \tag{C.185}$$

と表すことができる．電磁ポテンシャル A^μ は，標的粒子 Ψ の電荷 Ze がつくる．式 (C.83) から，$\Psi_i \to \Psi_f$ に変化するときに生じる A^μ は，次のクライン・ゴルドン方程式を満たす．

$$\partial_\nu \partial^\nu A^\mu = j^\mu = Ze[\overline{\Psi_f}\gamma^\mu \Psi_i] = Ze[\overline{W_f}\gamma^\mu W_i]e^{-i(P_i - P_f)x} \tag{C.186}$$

ここで，A^μ として平面波を仮定し，

$$A^\mu = a^\mu e^{-ikx} \tag{C.187}$$

を式 (C.186) に入れると，

$$-k^2 a^\mu e^{-ikx} = Ze[\overline{W_f}\gamma^\mu W_i]e^{-i(P_i - P_f)x} \tag{C.188}$$

より，$k = P_i - P_f$，$a^\mu = -Ze[\overline{W_f}\gamma^\mu W_i]/k^2$ なので，

$$A^\mu = -\frac{Ze[\overline{W_f}\gamma^\mu W_i]}{(P_i - P_f)^2}e^{-i(P_i - P_f)x} \tag{C.189}$$

である．これを式 (C.185) に入れると，

$$\mathcal{M}_{fi} = zZe^2 \frac{[\overline{w_f}\gamma_\mu w_i][\overline{W_f}\gamma^\mu W_i]}{(P_f - P_i)^2} e^{i(P_f - P_i - p_i + p_f)x} \tag{C.190}$$

になる. 右端の指数関数の部分は後に x で積分することにより, δ 関数になり, エネルギー・運動量の保存則, $P_i + p_i = P_f + p_f$ を導く. これに対する散乱断面積は,

$$\frac{d\sigma}{d\Omega} = 4Z^2 z^2 \alpha^2 \frac{m^2 E_f^2}{E_i^2} \frac{\left|[\overline{w_f}\gamma_\mu w_i][\overline{W_f}\gamma^\mu W_i]\right|^2}{(q^2)^2} \tag{C.191}$$

になる[10].

C.7.3 $W^\pm$ ボソンを介した散乱

弱い相互作用では, 光子の代わりに $W^\pm$ 粒子を交換することにより, 反応が生じる. 弱い相互作用による散乱振幅は, 式 (C.185) に対応させ,

$$\mathcal{M}_W = g_W[\overline{w_{fL}}\gamma_\mu w_{iL}]W^\mu e^{-i(p_i - p_f)x} \tag{C.192}$$

と書くことができる. ここで, g_W は, $W^\pm$ とフェルミオンの結合定数, w_L は左巻きカイラリティ状態の 4 成分スピノールを表す. $W^\pm$ 粒子は M_W の質量をもつため, 式 (C.186) に対応して, 次のクライン・ゴルドン方程式を満足する

$$(\partial_\nu \partial^\nu + M_W^2)W^\mu = g_W[\overline{W_{fL}}\gamma^\mu W_{iL}]e^{-i(P_i - P_f)x} \tag{C.193}$$

式 (C.186) 以降の議論と同じように, $W^\mu = a^\mu e^{-iqx}$ とおくと,

$$(M_W^2 - q^2)a^\mu e^{-iqx} = g_W[\overline{W_{fL}}\gamma^\mu W_{iL}]e^{-i(P_i - P_f)x} \tag{C.194}$$

となる. したがって, $q = P_i - P_f$, $a^\mu = g_W \frac{[\overline{W_{fL}}\gamma^\mu W_{iL}]}{M_W^2 - q^2}$ であり,

$$W^\mu = g_W \frac{[\overline{W_{fL}}\gamma^\mu W_{iL}]}{M_W^2 - q^2} e^{-iqx} \tag{C.195}$$

になる. これを式 (C.192) に入れると,

$$\mathcal{M}_W = g_W^2 \frac{[\overline{w_{fL}}\gamma_\mu w_{iL}][\overline{W_{fL}}\gamma^\mu W_{iL}]}{M_W^2 - q^2} e^{-i(q - p_i + p_f)x} \tag{C.196}$$

になる.

---

10 参考文献 [b2] の式 (7.44).

付録D　クレブシューゴルダン係数

2つのスピンを合成すると新しいスピン状態になる．スピンが S, その z 成分が S_z の状態を $|S, S_z\rangle$ と表したとき，たとえば，スピン 1/2 を 2 つ組み合わせることで次のようにスピン 1 の状態をつくることができる．

$$|1, 0\rangle = \frac{1}{\sqrt{2}} |1/2, +1/2 : 1/2, -1/2\rangle + \frac{1}{\sqrt{2}} |1/2, -1/2 : 1/2, +1/2\rangle$$

ここで, $|\alpha : \beta\rangle$ は $|\alpha\rangle |\beta\rangle$ のように 2 つの状態を 1 つにまとめた表現である．このときの係数 $1/\sqrt{2}$ をクレブシュ・ゴルダン係数とよぶ．以下に，本書に登場するクレブシュ・ゴルダン係数をまとめる．

$|1/2\rangle + |1/2\rangle$ の場合

$$|1, +1\rangle = |1/2, +1/2 : 1/2, +1/2\rangle, \quad |1, -1\rangle = |1/2, -1/2 : 1/2, -1/2\rangle$$

$$\begin{pmatrix} |1, \ 0\rangle \\ |0, \ 0\rangle \end{pmatrix} = \begin{pmatrix} 1/\sqrt{2} & 1/\sqrt{2} \\ 1/\sqrt{2} & -1/\sqrt{2} \end{pmatrix} \begin{pmatrix} |1/2, +1/2 : 1/2, -1/2\rangle \\ |1/2, -1/2 : 1/2, +1/2\rangle \end{pmatrix} \tag{D.1}$$

$|1/2\rangle + |1\rangle$ の場合

$$|3/2, +3/2\rangle = |1, +1 : 1/2, +1/2\rangle, \quad |3/2, -3/2\rangle = |1, -1 : 1/2, -1/2\rangle$$

$$\begin{pmatrix} |3/2, +1/2\rangle \\ |1/2, +1/2\rangle \end{pmatrix} = \begin{pmatrix} 1/\sqrt{3} & \sqrt{2/3} \\ \sqrt{2/3} & -1/\sqrt{3} \end{pmatrix} \begin{pmatrix} |1, +1 : 1/2, -1/2\rangle \\ |1, \ 0 : 1/2, +1/2\rangle \end{pmatrix}$$

$$\begin{pmatrix} |3/2, -1/2\rangle \\ |1/2, -1/2\rangle \end{pmatrix} = \begin{pmatrix} \sqrt{2/3} & 1/\sqrt{3} \\ 1/\sqrt{3} & -\sqrt{2/3} \end{pmatrix} \begin{pmatrix} |1, \ 0 : 1/2, -1/2\rangle \\ |1, -1 : 1/2, +1/2\rangle \end{pmatrix} \tag{D.2}$$

$|1\rangle + |1\rangle$ の場合

$$|2, +2\rangle = |1, +1 : 1, +1\rangle, \quad |2, -1\rangle = |1, -1 : 1, -1\rangle$$

$$\begin{pmatrix} |2, +1\rangle \\ |1, +1\rangle \end{pmatrix} = \begin{pmatrix} 1/\sqrt{2} & 1/\sqrt{2} \\ 1/\sqrt{2} & -1/\sqrt{2} \end{pmatrix} \begin{pmatrix} |1, +1 : 1, \ 0\rangle \\ |1, \ 0 : 1, +1\rangle \end{pmatrix}$$

$$\begin{pmatrix} |2, \ 0\rangle \\ |1, \ 0\rangle \\ |0, \ 0\rangle \end{pmatrix} = \begin{pmatrix} 1/\sqrt{6} & \sqrt{2/3} & 1/\sqrt{6} \\ 1/\sqrt{2} & 0 & -1/\sqrt{2} \\ 1/\sqrt{3} & -1/\sqrt{3} & 1/\sqrt{3} \end{pmatrix} \begin{pmatrix} |1, +1 : 1, -1\rangle \\ |1, \ 0 : 1, \ 0\rangle \\ |1, -1 : 1, +1\rangle \end{pmatrix} \tag{D.3}$$

$$\begin{pmatrix} |2, -1\rangle \\ |1, -1\rangle \end{pmatrix} = \begin{pmatrix} 1/\sqrt{2} & 1/\sqrt{2} \\ 1/\sqrt{2} & -1/\sqrt{2} \end{pmatrix} \begin{pmatrix} |1, \ 0 : 1, -1\rangle \\ |1, -1 : 1, \ 0\rangle \end{pmatrix}$$

付録E　代表的な素粒子のリスト

表 E.1　ゲージボソンとヒッグスボソン

記号	電荷 [e]	質量 [GeV/c^2]	量子数 $I(J^{PC})$	幅 [GeV]	おもな崩壊モード	分岐比
γ	$0\,(<10^{-35})$	$0\,(<10^{-18})$	$0,1\,(1^{--})$	0（安定）	-	-
g	0	0	$0(1^-)$	-		
W^+	+1	80.385	$J=1$	2.09	$l^+\nu$	10.86%
					$(\sum q\bar{q'}\to)$ hadrons	67.4%
Z^0	0	91.188	$J=1$	2.495	l^+l^-	3.366%
					$\sum \nu\bar{\nu}$(invisible)	20.00%
					$(\sum q\bar{q}\to)$ hadrons	69.91%
H^0	0	125.7	$J=0$		$WW^*,\ ZZ^*,\ \gamma\gamma,\ b\bar{b}$	seen

表 E.2　レプトン　スピン $J=1/2$.

記号	電荷 [e]	質量 [MeV/c^2]	寿命 [s]	おもな崩壊モード	分岐比
e^-	-1	0.51099893	安定 ($\tau > 4.6\times 10^{26}$yr)	-	-
μ^-	-1	105.658372	2.19698×10^{-6} $c\tau = 658.638\,\mathrm{m}$	$e^-\bar{\nu}_e\nu_\mu$	$\sim 100\%$
τ^-	-1	1776.9	2.903×10^{-13} $c\tau = 87.03\,\mu\mathrm{m}$	$\mu^-\bar{\nu}_\mu\nu_\tau$	17.41%
				$e^-\bar{\nu}_e\nu_\tau$	17.83%
				$\pi^-\nu_\tau$	10.83%
				$K^-\nu_\tau$	0.70%
				$h^-h^-h^+X^0\nu_\tau(3-\mathrm{prong})$	14.57%
ν_e	0	$<2.2\times 10^{-6}$	-	-	-
ν_μ	0	<0.17	-	-	-
ν_τ	0	<18.2	-	-	-

表 E.3 クォーク（スピン $J=1/2$）

記号	電荷 [e]	カレント質量 [MeV/c^2]	量子数 $I(J^P)$	幅 [GeV]
u	+2/3	$2.3^{+0.7}_{-0.5}$	$1/2\,(1/2)^+$	-
d	-1/3	$4.8^{+0.5}_{-0.3}$, $(m_u+m_d)/2 = 3.5^{+0.7}_{-0.2}$	$1/2\,(1/2)^+$	-
s	-1/3	95 ± 5	$0\,(1/2)^+$	-
c	+2/3	1275 ± 25	$0\,(1/2)^+$	-
b	-1/3	$m(\overline{\mathrm{MS}}) = (4.18 \pm 0.03) \times 10^3$ $m(1\mathrm{S}) = (4.66 \pm 0.03) \times 10^3$	$0\,(1/2)^+$	-
t	+2/3	$m(\mathrm{direct}) = (173.2 \pm 0.9) \times 10^3$ $m(\overline{\mathrm{MS}}) = (160^{+5}_{-4}) \times 10^3$	$0\,(1/2)^+$	1.4

表 E.4 軽いフレーバーのメソン

記号 （クォーク）	電荷 [e]	質量 [MeV/c^2]	量子数 $I(J^{PC})$	寿命 (τ)/幅 (Γ) [s]/[MeV]	おもな崩壊 モード	分岐比
π^+ ($u\bar{d}$)	+1	139.5702	$1\,(0^-)$	$\tau = 2.6033 \times 10^{-8}$ $c\tau = 7.8045\,\mathrm{m}$	$\mu^+\nu_\mu$	99.9877%
					$e^+\nu_e$	1.230×10^{-4}
					$\pi^0 e^+\nu_e$	1.036×10^{-8}
π^0 ($u\bar{u}-d\bar{d}$)	0	134.9766	$1\,(0^{-+})$	$\tau = 8.5 \times 10^{-17}$ $c\tau = 26\,\mathrm{nm}$	2γ	98.82%
					$e^+e^-\gamma$	1.17%
η ($u\bar{u}+d\bar{d}) \oplus s\bar{s}$	0	547.86	$0\,(0^{-+})$	$\Gamma = 1.31 \times 10^{-3}$	2γ	39.4%
					$3\pi^0$	32.7%
					$\pi^+\pi^-\pi^0$	22.9%
ρ ($u\bar{u}-d\bar{d}),(u\bar{d})$	$0,\pm 1$	775.3	$1\,(1^{--})$	$\Gamma = 149.1$	$\pi\pi$	~100%
ω ($u\bar{u}+d\bar{d}$)	0	782.7	$0\,(1^{--})$	$\Gamma = 8.49$	$\pi^+\pi^-\pi^0$	89.2%
					$\pi^0\gamma$	8.3%
					$\pi^+\pi^-$	1.5%
η' ($u\bar{u}+d\bar{d}) \oplus s\bar{s}$	0	957.78	$0\,(0^{-+})$	$\Gamma = 0.198$	$\pi^+\pi^-\eta$	42.9%
					$\rho^0\gamma$	29.1%
					$\pi^0\pi^0\eta$	22.2%
ϕ ($s\bar{s}$)	0	1019.46	$0\,(1^{--})$	$\Gamma = 4.27$	K^+K^-	48.9%
					$K_L K_S$	34.2%

表 E.5 ストレンジメソン

記号 (クォーク)	電荷 $[e]$	質量 $[\text{MeV}/c^2]$	量子数 $I(J^P)$	寿命 $[\text{s}]$	主な崩壊 モード	分岐比
K^+ $(u\bar{s})$	$+1$	493.68	$1/2\,(0^-)$	1.238×10^{-8} $c\tau = 3.711\,\text{m}$	$\mu^+\nu_\mu$	63.6%
					$e^+\nu_e$	1.582×10^{-5}
					$\pi^0 e^+\nu_e$	5.07%
					$\pi^0 \mu^+\nu_\mu$	3.35%
					$\pi^+\pi^0$	20.67%
					$\pi^+\pi^+\pi^-$	5.58%
					$\pi^+\pi^0\pi^0$	1.76%
K^0 $(d\bar{s})$	0	-	$1/2\,(0^-)$	-	-	-
K_S $(d\bar{s}-s\bar{d})$	0	497.61	$1/2\,(0^-)$	8.954×10^{-11} $c\tau = 2.684\,\text{cm}$	$\pi^0\pi^0$	30.69%
					$\pi^+\pi^-$	69.20%
					$\pi^+\pi^-\pi^0$	3.5×10^{-7}
K_L $(d\bar{s}+s\bar{d})$	0	497.61 $m_{k_L}-m_{k_S}$ $= 3.48$ $\times 10^{-12}$	$1/2\,(0^-)$	5.12×10^{-8} $c\tau = 15.3\,\text{m}$	$\pi^\pm e^\mp \nu_e$	40.6%
					$\pi^\pm \mu^\mp \nu_\mu$	27.04%
					$3\pi^0$	19.5%
					$\pi^+\pi^-\pi^0$	12.54%
					$\pi^+\pi^-$ (CPV)	0.197%
					$\pi^0\pi^0$ (CPV)	0.086%
K^* $(u\bar{s}, d\bar{s}, s\bar{u}, s\bar{d})$	$0, \pm 1$	892	$1/2\,(1^-)$	$\Gamma \sim 50\,\text{MeV}$	$K\pi$	$\sim 100\%$

表 E.6 チャームメソン・ボトムメソン

記号(クォーク)	電荷 $[e]$	質量 $[\text{GeV}/c^2]$	量子数 $I(J^P)$	寿命 $[\text{s}]$	おもな崩壊モード	分岐比
D^+ $(c\bar{d})$	$+1$	1.86961	$1/2\,(0^-)$	1.040×10^{-12} $c\tau = 312\,\mu\text{m}$	$K^-2\pi^+$	9.1%
					$\overline{K^0}e^+\nu_e$	8.8%
D^0 $(c\bar{u})$	0	1.86484	$1/2\,(0^-)$	4.10×10^{-13} $c\tau = 123\,\mu\text{m}$	$K^-\pi^+\pi^0$	14.3%
					$K^-e^+\nu_e$	3.57%
D_s^+ $(c\bar{s})$	$+1$	1.9683	$0\,(0^-)$	5.00×10^{-13} $c\tau = 150\,\mu\text{m}$	$\eta'\rho^+$	13%
					$\tau^+\nu_\tau$	5.5%
$B^\pm$ $(b\bar{u})$	$+1$	5.2793	$1/2\,(0^-)$	1.638×10^{-12} $c\tau = 491\,\mu\text{m}$	$\overline{D^0}X$	79%
					$l^+\nu_L X$	11.0%
B^0 $(b\bar{d})$	0	5.2796	$1/2\,(0^-)$	1.520×10^{-12} $c\tau = 456\,\mu\text{m}$	$\overline{D^0}X$	47%
					$l^+\nu_L X$	10.3%
B_s $(b\bar{s})$	0	5.3668	$0\,(0^-)$	1.510×10^{-12} $c\tau = 453\,\mu\text{m}$	$D\bar{s}X$	93%
					$\mu^+\nu_M X$	10%
B_c $(b\bar{c})$	$+1$	6.275	$0\,(0^-)$	5.07×10^{-13} $c\tau = 132\,\mu\text{m}$	-	-

表 E.7 $[c\bar{c}]$ メソン ($h's =$ ハドロン群)

記号	電荷 [e]	質量[GeV/c^2]	量子数 $I(J^{PC})$	幅[MeV]	おもな崩壊モード	分岐比
$\eta_c(1S)$	0	2.9836	$0(0^{-+})$	31.8	$2(\pi^+\pi^-\pi^0)$	17%
$J/\psi(1S)$	0	3.09692	$0(1^{--})$	0.093	hadrons ($h's$)	87.7%
					$\gamma^* \to h's$	13.5%
					$ggg \to h's$	64%
					$\gamma gg \to h's$	9%
					$e^+e^- + \mu^+\mu^-$	11.93%
$\chi_{c0}(1P)$	0	3.4148	$0(0^{++})$	10.5	$\pi^+\pi^-\pi^0\pi^0$	3.3%
$\chi_{c1}(1P)$	0	3.51066	$0(1^{++})$	0.84	$\gamma J/\psi(1S)$	34%
$h_c(1P)$	0	3.5254	$?(1^{-+})$	0.7	$\eta_c(1S)\gamma$	51%
$\chi_{c2}(1P)$	0	3.55620	$0(2^{++})$	1.9	$\gamma J/\psi(1S)$	19.2%
$\eta_c(2S)$	0	3.639	$0(0^{-+})$	11	$K\bar{K}\pi$	2%
$\psi(2S)$	0	3.68611	$0(1^{--})$	0.298	$J/\psi(1S)X$	61.0%
$\psi(3770)$	0	3.7732	$0(1^{--})$	27	$D\bar{D}$	93%

表 E.8 $[b\bar{b}]$ メソン

記号	電荷 [e]	質量[GeV/c^2]	量子数 $I(J^{PC})$	幅[MeV]	おもな崩壊モード	分岐比
$\Upsilon(1S)$	0	9.4603	$0(1^{--})$	0.054	$\sum l^+l^-$	7.46%
					ggg	81.7%
$\chi_{b0}(1P)$	0	9.8594	$0(0^{++})$	-	$\gamma\Upsilon(1S)$	1.8%
$h_b(1P)$	0	9.899	$?(1^{+-})$	-	$\eta_b(1S)\gamma$	49%
$\Upsilon(2S)$	0	10.0233	$0(1^{--})$	32.0	ggg	59%
					$\Upsilon(1S)\pi\pi$	26.5%
					$\sum l^+l^-$	5.8%
$\Upsilon(3S)$	0	10.3552	$0(1^{--})$	20	ggg	36%
					$\Upsilon(2S)X$	10.6%
$\Upsilon(4S)$	0	10.579	$0(1^{--})$	21	B^+B^-	51.4%
					$B^0\bar{B}^0$	48.6%
$\Upsilon(10860)$	0	10.88	$0(1^{--})$	60	$B\bar{B}X$	76%
$\Upsilon(11020)$	0	11.019	$0(1^{--})$	80	e^+e^-	1.6×10^{-6}

表 E.9 バリオン

記号 (クォーク)	電荷 [e]	質量 [GeV/c^2]	量子数 $I(J^P)$	寿命 (τ)/幅 (Γ) [s]/[MeV]	主な崩壊 モード	分岐比
p (uud)	+1	0.93827205	1/2 ($1/2^+$)	安定 ($\tau > 2.1 \times 10^{29}$ yr)	-	-
n (udd)	0	0.93956538	1/2 ($1/2^+$)	$\tau = 880$ $c\tau = 2.64 \times 10^8$ km	$pe^-\bar{\nu}_e$ $pe^-\bar{\nu}_e\gamma$	100% 3.1×10^{-3}
Λ $s(ud-du)$	0	1.115683	0 ($1/2^+$)	$\tau = 2.63 \times 10^{-10}$ $c\tau = 7.89$ cm	$p\pi^-$ $n\pi^0$	63.9% 35.8%
Σ^+ (suu)	+1	1.18937	1 ($1/2^+$)	$\tau = 8.02 \times 10^{-11}$ $c\tau = 2.40$ cm	$p\pi^0$ $n\pi^+$	51.6% 48.3%
Σ^0 $s(ud+du)$	0	1.19264	1 ($1/2^+$)	$\tau = 7.4 \times 10^{-20}$ $c\tau = 2.2 \times 10^{-11}$ m	$\Lambda\gamma$ Λe^+e^-	100% 5×10^{-3}
Σ^- (sdd)	−1	1.19745	1 ($1/2^+$)	$\tau = 1.48 \times 10^{-10}$ $c\tau = 4.43$ cm	$n\pi^-$ $ne^-\bar{\nu}_e$	99.848% 1.02×10^{-3}
Ξ^0 (ssu)	0	1.3149	1/2 ($1/2^+$)	$\tau = 2.90 \times 10^{-10}$ $c\tau = 8.71$ cm	$\Lambda\pi^0$ $\Sigma^0\gamma$	99.52% 3.3×10^{-3}
Ξ^- (ssd)	−1	1.32171	1/2 ($1/2^+$)	$\tau = 1.64 \times 10^{-10}$ $c\tau = 4.91$ cm	$\Lambda\pi^-$ $\Lambda e^-\bar{\nu}_e$	99.89% 5.6×10^{-4}
Δ($uuu, uud,$ udd, ddd)	+2, +1, 0, −1	∼ 1.232	3/2 ($3/2^+$)	$\Gamma \sim 120$	$N\pi$	100%
$\Sigma(1385)$ ($suu, sud,$ sdd)	0, ±1	∼ 1.385	1 ($3/2^+$)	$\Gamma \sim 36$	$\Lambda\pi$ $\Sigma\pi$	87% 12%
$\Xi(1530)$ (ssu, ssd)	0, −1	∼ 1.533	1/2 ($3/2^+$)	$\Gamma \sim 9.5$	$\Xi\pi$	100%
Ω^- (sss)	−1	∼ 1.6725	0 ($3/2^+$)	$\tau = 8.2 \times 10^{-11}$ $c\tau = 2.5$ cm	ΛK^- $\Xi^0\pi^-$ $\Xi^-\pi^0$	67.8% 23.6% 8.6%

演習問題略解

■第1章

1.1
$$\frac{G_N m_e m_p}{r^2} \times \frac{4\pi\varepsilon_0 r^2}{e^2} = \frac{G_N m_e m_p}{\alpha}$$
$$\sim 137 \times 6.71 \times 10^{-39}\,[c^4/\mathrm{GeV}^2] \times 5.1 \times 10^{-4}\,[\mathrm{GeV}/c^2] \times 0.94\,[\mathrm{GeV}/c^2]$$
$$= 4.4 \times 10^{-40}$$

1.2 電子の質量は無視できるので，$p_e = 1000\,\mathrm{GeV}/c$．式 (1.5) より，
$$b = 1/p_e \to \hbar c/p_e c = 0.2\,\mathrm{fm} \cdot \mathrm{GeV}/1000\,\mathrm{GeV} = 2 \times 10^{-19}\,\mathrm{m}$$

1.3 (1) $d, \bar{s}$ (2) d, s, u (3) $c, \bar{c}$ (4) u, u, u (5) $b, \bar{u}$

1.4 $\mathrm{P}(\vec{E}) = q\frac{(-\vec{r})}{r^3} = -\vec{E}$, $\mathrm{C}(\vec{E}) = -q\frac{\vec{r}}{r^3} = -\vec{E}$, $\mathrm{CP}(\vec{E}) = -q\frac{(-\vec{r})}{r^3} = \vec{E}$

$\mathrm{P}(\vec{B}) = \left[q(-\vec{v}) \times \frac{(-\vec{r})}{r^3}\right] = \vec{B}$, $\mathrm{C}(\vec{B}) = \left(-q\vec{v} \times \frac{\vec{r}}{r^3}\right) = -\vec{B}$

$\mathrm{CP}(\vec{B}) = \left[-q(-\vec{v}) \times \frac{(-\vec{r})}{r^3}\right] = -\vec{B}$

■第2章

2.1 式 (2.25) より，$\frac{\Gamma_{\mu \to e\nu\nu}}{\Gamma_{\tau \to e\nu\nu}} = \left(\frac{m_\mu}{m_\tau}\right)^5$．崩壊分岐比を Br とすると，

$$\mathrm{Br} = \frac{\Gamma_{\tau \to e\nu\nu}}{\Gamma_{\tau \to \mathrm{all}}} = \frac{\tau_\tau}{\tau_\mu}\left(\frac{m_\tau}{m_\mu}\right)^5 = \frac{2.90 \times 10^{-13}\,\mathrm{s}}{2.20 \times 10^{-6}\,\mathrm{s}}\left(\frac{1777\,\mathrm{MeV}/c^2}{105.7\,\mathrm{MeV}/c^2}\right)^5 = 0.177$$

2.2 まず，自然単位系で計算して，

$$\sigma_{ee \to Z \to \mu\mu}(2E_e = M_z) = \frac{1}{24\pi}\left(G_F M_Z^2 \frac{\hat{\Gamma}_e}{\Gamma_Z}\right)^2$$

$$\sim \frac{1}{24\pi}\left[\frac{(1.08)^2 \times 10^{-5}\,\mathrm{GeV}^{-2} \times (91.2\,\mathrm{GeV})^2 \times 0.5}{2.5\,\mathrm{GeV}}\right]^2 = 5.0 \times 10^{-6}\,\mathrm{GeV}^{-2}$$

次に，$\hbar$ と c を明示的に入れて次元を合わせる．

$$\sigma = (\hbar c)^2 \times 5.0 \times 10^{-6}\,\mathrm{GeV}^{-2}$$
$$= (0.197\,\mathrm{GeV} \cdot \mathrm{fm})^2 \times 5.0 \times 10^{-6}\,\mathrm{GeV}^{-2} = 1.9 \times 10^{-33}\,\mathrm{cm}^2 = 1.9\,\mathrm{nb}$$

電磁相互作用による断面積は，式 (2.18) より，

$$\sigma_{ee \to \gamma^* \to \mu\mu}(2E_e = M_z) = \frac{20\,\mathrm{nb}}{(45.6)^2} = 9.6\,\mathrm{pb}$$

したがって，その比は約 200 倍．

2.3
$$\mathrm{EX}\,|\psi_{S=0}^+\rangle = \frac{|e^-e^+\rangle + |e^+e^-\rangle}{\sqrt{2}}\frac{|\Downarrow\Uparrow\rangle - |\Uparrow\Downarrow\rangle}{\sqrt{2}}$$
$$= \frac{|e^-e^+\rangle + |e^+e^-\rangle}{\sqrt{2}}\frac{-(|\Uparrow\Downarrow\rangle - |\Downarrow\Uparrow\rangle)}{\sqrt{2}} = -|\psi_{S=0}^+\rangle$$

■第 3 章

3.1 最初 π^+ は静止しているため，ニュートリノと l^+ の運動量の大きさは同じで，これを p とすると，エネルギー保存則から，

$$m_\pi = p + \sqrt{m_l^2 + p^2} \Rightarrow p = \frac{m_\pi^2 - m_l^2}{2m_\pi}$$

l^+ の速度と $(1 - \beta_l)/2$ は，簡単な計算により，

$$\beta_l = \frac{p}{E_l} = \frac{m_\pi^2 - m_l^2}{m_\pi^2 + m_l^2} \Rightarrow \frac{1 - \beta_l}{2} = \frac{m_l^2}{m_\pi^2 + m_l^2}$$

3.2 Λ バリオンのアイソスピンは $I = 0$ なので，$|\Delta I| = 1/2$ 則により，崩壊先のアイソスピンは，$I = 1/2$．崩壊先の粒子は，$p\pi^-$ または $n\pi^0$ なので，$I_Z = -1/2$．付録 C のクレブシュ・ゴルダン係数を使って，

$$\left|\frac{1}{2}, -\frac{1}{2}\right\rangle = \frac{1}{\sqrt{3}}\left|1, 0 : \frac{1}{2}, -\frac{1}{2}\right\rangle - \sqrt{\frac{2}{3}}\left|1, -1 : \frac{1}{2}, \frac{1}{2}\right\rangle = \frac{1}{\sqrt{3}}|\pi^0 n\rangle - \sqrt{\frac{2}{3}}|\pi^- p\rangle$$

したがって，$\Gamma_{\Lambda \to p\pi^-} : \Gamma_{\Lambda \to n\pi^0} = 2 : 1$．

3.3 (1) $|\mathrm{P}\vec{F}| = |q[(-\vec{E}) + (-\vec{v}) \times \vec{B}]| = |q(\vec{E} + \vec{v} \times \vec{B})| = |\vec{F}|$ で変化しない．

(2) $|\mathrm{P}\vec{F}| = |q[(-\vec{E}) + (-\vec{v}) \times \vec{B}] + k\vec{B}| = |q(\vec{E} + \vec{v} \times \vec{B}) - k\vec{B}| \neq |\vec{F}|$
$|\mathrm{C}\vec{F}| = |(-q)[(-\vec{E}) + \vec{v} \times (-\vec{B})] + k(-\vec{B})| = |q(\vec{E} + \vec{v} \times \vec{B}) - k\vec{B}| \neq |\vec{F}|$
$|\mathrm{CP}\vec{F}| = |(-q)[\vec{E} + (-\vec{v}) \times (-\vec{B})] + k(-\vec{B})| = |q(\vec{E} + \vec{v} \times \vec{B}) + k\vec{B}| = |\vec{F}|$

■第 4 章

4.1 陽子，K^+, π^+ の質量をそれぞれ $m_p = 0.938, m_K = 0.494, m_\pi = 0.140\,\mathrm{GeV}/c^2$ として，運動量が $p = 1\,\mathrm{GeV}/c$ の場合，速度はそれぞれ $\beta_p = 1/1.371, \beta_K = 1/1.115, \beta_\pi = 1/1.010$．電場 $\mathcal{E}$ は粒子運動速度 $\vec{v}$ 方向と垂直なので，β は一定と考えてよく，電圧 V を加えた平行板ギャップ d 内を通過する粒子の加速度はローレンツ力より，

$$a = \frac{F}{\gamma m} = \frac{eV}{\gamma m d}$$

長さ L の平行板を通過する時間を Δt，平行板出口におけるビームに垂直な運動量変化と位置変化を $\Delta p_y, \Delta y$ とすると，

$$\Delta t = \frac{L}{c\beta}, \quad \Delta p_y = \gamma m a \Delta t = \frac{eV}{d}\frac{L}{c\beta}, \quad \Delta y = \frac{1}{2}a(\Delta t)^2 = \frac{L^2}{2d}\frac{\sqrt{1-\beta^2}}{\beta^2}\frac{eV}{mc^2}$$

これより，各粒子の $\Delta y, \Delta \theta = \Delta p_y/p$ を求めると，

$$p \quad : \Delta y \;=\; 1.29\,\text{cm},\; \Delta\theta \;=\; 1.37\times 10^{-3}\,\text{rad}$$
$$K^+ \quad : \Delta y \;=\; 0.55\,\text{cm},\; \Delta\theta \;=\; 1.12\times 10^{-3}\,\text{rad}$$
$$\pi^+ \quad : \Delta y \;=\; 0.02\,\text{cm},\; \Delta\theta \;=\; 1.01\times 10^{-3}\,\text{rad}$$

4.2 $p = 0.1\,\text{keV}/c$ の中性子の速さは $\beta = 1.06\times 10^{-7}$. 運動方程式は,

$$\frac{dp}{dt} \;=\; -\mu_n \frac{\partial B}{\partial x} = 6.0\times 10^{-8}\,\text{eV/m}, \quad \Delta t \;=\; 1\,\text{m}/\beta c \simeq 10^7\,\text{m}/c$$

よって, $c\Delta p \simeq 6.0\times 10^{-1}$ eV. 曲がり角は,

$$\Delta\theta \;=\; \frac{c\Delta p}{cp} \simeq 6.0\times 10^{-3}\,\text{rad}$$

4.3 π^0 が崩壊するまでに走る平均距離は, $l = \gamma\beta c\tau = E/(mc^2)\cdot(pc/E)\cdot c\tau = p\tau/m$. これに $m = 135\,\text{MeV}/c^2$, $\tau = 8.5\times 10^{-17}\,\text{s}$, $p = 135\,\text{GeV}/c$ を入れると, $l = 26\,\mu\text{m}$. π^0, γ_1 のエネルギー, 運動量をそれぞれ $(E, \vec{p})$, $(E_1, \vec{p}_1)$ とすると, エネルギー・運動量保存則を用いて,

$$\sin^2\frac{\theta}{2} = \frac{m^2 c^4}{4 E_1(E - E_1)}$$

ここで, θ は $\gamma_1\,\gamma_2$ の開き角. この式を E_1 で微分して $\theta_{\min}$ を求めると, $\theta_{\min} \approx 2\times 10^{-3}\,\text{rad}$.

4.4 $1^- \to 0^- + 0^-$ に崩壊するので, $J_z = 0$ のとき, 2つの π メソン間の角運動量は, $\ell = 1$, $\ell_z = 0$. 波動関数は $\psi(r,\theta,\phi) \propto f(r) Y_1^0(\theta,\phi) \propto \cos\theta$. 角分布は $W(\theta) \propto \cos^2\theta$. 一方, $J_z = 1$ のときは, $W(\theta) \propto (Y_1^1(\theta,\phi))^2 \propto \sin^2\theta$.

■第5章

5.1
$$\sigma = 2\pi \int_{\pi/2}^{\pi} \frac{d\sigma}{d\Omega}\sin\theta\, d\theta = \frac{\pi Z^2 \alpha^2}{E^2}\int_{\pi/2}^{\pi}\frac{\cos(\theta/2)}{\sin^3(\theta/2)}d\theta = \frac{\pi Z^2 \alpha^2}{E^2}$$

金原子の電荷は, $Z = 79$ なので, 次元を合わせて,

$$\sigma = \frac{\pi Z^2 \alpha^2 (\hbar c)^2}{E^2} = \frac{\pi \times 79^2 \times (197\,\text{MeV}\cdot\text{fm})^2}{137^2 \times (5\,\text{MeV})^2} = 1.62\times 10^{-23}\,\text{cm}^2$$

金原子の原子量は, $A \sim 197$, 密度は $19.3\,\text{g/cm}^3$ なので, 原子核個数の面積密度は,

$$\rho_{\text{Au}} \sim \frac{19.3\,\text{g/cm}^3 \times 1\times 10^{-4}\,\text{cm}}{197}\times 6.02\times 10^{23} = 5.90\times 10^{18}\,/\text{cm}^2$$

散乱確率は,

$$\sigma\rho_{\text{Au}} = (1.62\times 10^{-23}\,\text{cm}^2)\times(5.90\times 10^{18}/\text{cm}^2) = 9.6\times 10^{-5}$$

5.2 入射粒子(質量は無視できる)のエネルギーと運動量を $(E, \vec{P})$, 散乱後のエネルギーと運動量を $(E', \vec{P}')$, ターゲット粒子の質量を M, 散乱後のターゲット粒子の運動量を

演習問題略解　　**237**

$\vec{q}$ とすると，エネルギー・運動量保存および相対論的なエネルギーと運動量と質量の関係より，次の関係がある．
(i) $\vec{P} = \vec{P}' + \vec{q}$ 　(ii) $E + M = E' + \sqrt{M^2 + |\vec{q}|^2}$ 　(iii) $|\vec{P}| = E$ 　(iv) $|\vec{P}'| = E'$
第 (i), (iii) 式より，

$$|\vec{q}|^2 = (\vec{P} - \vec{P}')^2 = |\vec{P}|^2 + |\vec{P}'|^2 - 2|\vec{P}||\vec{P}'|\cos\theta = E^2 + E'^2 - 2EE'\cos\theta$$

これを第 (ii) 式に入れて，

$$(E - E' + M)^2 = M^2 + |\vec{q}|^2 = M^2 + E^2 + E'^2 - 2EE'\cos\theta$$

これを E' について解いて

$$E' = \frac{EM}{M + E(1 - \cos\theta)} = \frac{E}{1 + 2(E/M)\sin^2(\theta/2)}$$

これより，$E/E' - 1 = \nu/E' = (2E/M)\sin^2(\theta/2)$．式 (5.6) より $Q^2 = 4EE'$ $\cdot \sin^2(\theta/2)$ を代入すると，$\nu/E' = (2E/M)Q^2/(4EE') = Q^2/(2ME')$．よって，$Q^2 = 2M\nu$ も導けた．

5.3 電荷 Q から r の距離の電場を E とすると，3 次元空間では，ガウスの法則から，$Q/\varepsilon_0 = 4\pi r^2 E$ より，$E = Q/(4\pi\varepsilon_0 r^2)$．したがって，2 つの電荷の間にはたらく力は，$F = QE = Q^2/(4\pi\varepsilon_0 r^2)$．1 次元の場合は，$\pm x$ の 2 方向に電場が伸びるため，$Q/\varepsilon_0 = 2E$ より，$E = Q/(2\varepsilon_0) \Rightarrow F = Q^2/(2\varepsilon_0)$ で距離によらず一定．これは，超伝導体の中の離れた 2 つの電荷の間の電場に対応する．

■**第 6 章**

6.1 式 (6.13) を連立方程式として書きなおすと，

$$\begin{cases} i\dot{C}_{u\bar{u}} = (m_0 + V_S + V_A)C_{u\bar{u}} + V_A C_{d\bar{d}} \\ i\dot{C}_{d\bar{d}} = V_A C_{u\bar{u}} + (m_0 + V_S + V_A)C_{d\bar{d}} \end{cases}$$

この解は，

$$\begin{cases} C_{u\bar{u}}(t) = C_+ e^{-i(m_0 + V_S + 2V_A)t} + C_- e^{-i(m_0 + V_S)t} \\ C_{d\bar{d}}(t) = C_+ e^{-i(m_0 + V_S + 2V_A)t} - C_- e^{-i(m_0 + V_S)t} \end{cases}$$

ただし，$C_\pm = [C_{u\bar{u}}(0) \pm C_{d\bar{d}}(0)]/2$ とおいた．これを使って，波動関数 (6.12) は，

$$|\psi^0(t)\rangle = C_+(|u\bar{u}\rangle + |d\bar{d}\rangle)e^{-i(m_0 + V_S + 2V_A)t} + C_-(|u\bar{u}\rangle - |d\bar{d}\rangle)e^{-i(m_0 + V_S)t}$$

となる．
したがって，波動関数の規格化の後，式 (6.14) が質量固有状態になる．

6.2 たとえば，$|uud\rangle|\Uparrow\Downarrow\Uparrow\rangle = |u(\Uparrow)u(\Downarrow)d(\Uparrow)\rangle$ と書き換えて，波動関数のすべての項の 1

つ目と 2 つ目のクォークを入れ替えると，符号を変えずに自分自身になる．カラーの部分は反対称なので，その効果を入れると，どのペアを入れ替えても波動関数の符号が変わる．

6.3 Λ の波動関数は $(|ud\rangle - |du\rangle)/\sqrt{2}$ と $|s\rangle$ を組み合わせて完全反対称な状態をつくり，Σ^0 は $(|ud\rangle + |du\rangle)/\sqrt{2}$ と $|s\rangle$ を組み合わせて完全反対称な状態をつくればよい．

$$|\Lambda\rangle = \frac{|C_A\rangle}{2\sqrt{3}} \begin{pmatrix} (|uds\rangle - |dus\rangle)(|\Uparrow\Downarrow\Uparrow\rangle - |\Downarrow\Uparrow\Uparrow\rangle) \\ +(|usd\rangle - |dsu\rangle)(|\Uparrow\Uparrow\Downarrow\rangle - |\Downarrow\Uparrow\Uparrow\rangle) \\ +(|sud\rangle - |sdu\rangle)(|\Uparrow\Downarrow\Uparrow\rangle - |\Uparrow\Downarrow\Uparrow\rangle) \end{pmatrix}$$

$$|\Sigma^0\rangle = \frac{|C_A\rangle}{\sqrt{6}} \begin{pmatrix} (|uds\rangle + |dus\rangle)(2|\Uparrow\Uparrow\Downarrow\rangle - |\Uparrow\Downarrow\Uparrow\rangle - |\Downarrow\Uparrow\Uparrow\rangle) \\ +(|usd\rangle + |dsu\rangle)(2|\Downarrow\Uparrow\Uparrow\rangle - |\Uparrow\Downarrow\Uparrow\rangle - |\Uparrow\Uparrow\Downarrow\rangle) \\ +(|sud\rangle + |sdu\rangle)(2|\Uparrow\Downarrow\Uparrow\rangle - |\Downarrow\Uparrow\Uparrow\rangle - |\Uparrow\Uparrow\Downarrow\rangle) \end{pmatrix}$$

■第 7 章

7.1 解図 1 のとおり．

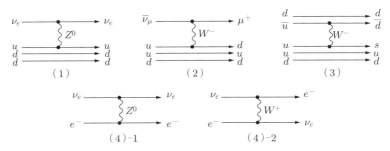

解図 1　問題 7.1 の解答

7.2 $t, \bar{t}$ は静止状態 $(p_t = p_{\bar{t}} = 0)$ で生成され，粒子群はすべてビームに垂直な面内にあり放出粒子はすべて相対論的に取り扱える．$t, \bar{t}$ 生成は，

$$t + \bar{t} \to 4\text{Jets} + 2\mu + \text{missing}(\nu's)$$

で，全体の運動量 p は missing を含めゼロ．したがって，t の質量を m_t，全エネルギーを E とすると，$2m_t = E$ が成り立ち．$E = 348.3\,\text{GeV}$ なので，$m_t = 174.2\,\text{GeV}$.

7.3 $\Gamma(K^-\pi^+) : \Gamma(\pi^-\pi^+) : \Gamma(K^+\pi^-) = (\cos^2\theta_c)^2 : (\cos\theta_c \sin\theta_c)^2 : (\sin^2\theta_c)^2$

■第 8 章

8.1 V_{td} については，

$$V_{td} = s_{12}s_{23} - c_{12}c_{23}s_{13}e^{i\delta} = s_{12}s_{23} - \sqrt{(1-s_{12}^2)(1-s_{23}^2)}s_{13}e^{i\delta}$$

演習問題略解 **239**

$$\sim A\lambda^3 - \left(1 - \frac{\lambda^2 + A^2\lambda^4}{2}\right)A\lambda^3(\rho + i\eta) = A\lambda^3[1 - (\rho + i\eta)] + O(\lambda^5)$$

ほかの項も，λ の高次項を無視すれば得られる．

8.2 $$V_{ub} = s_{13}e^{-i\delta} = s_{13}(\cos\delta - i\sin\delta) = A\lambda^3(\rho - i\eta)$$

したがって，$\tan\delta = \dfrac{\eta}{\rho} = \dfrac{0.362}{0.120} = 3.01 \Rightarrow \delta \sim 72°$.

■第 9 章

9.1 (1) V_{us}^*, V_{us} (2) V_{us}^*, V_{ud}^* (3) たとえば，$V_{tb}V_{ts}^*V_{cs}^*V_{cb}$.

9.2 $\psi_{B_1B_2} = (1/\sqrt{2})(B^0\overline{B^0} - \overline{B^0}B^0)Y_1^m(\theta, \phi)$．2 つの B メソンを交換すると，

$$\psi_{B_2B_1} = \frac{1}{\sqrt{2}}(\overline{B^0}B^0 - B^0\overline{B^0})Y_1^m(\pi - \theta, \phi + \pi) = \cdots = +\psi_{B_1B_2}$$

9.3 $\sin\theta_{12} = \lambda = 0.226, \quad \sin\theta_{23} = A\lambda^2 = 0.814 \times 0.226^2 = 0.042$

$\sin\theta_{13} = A\lambda^3\sqrt{\rho^2 + \eta^2} = 0.814 \times 0.226^3 \times \sqrt{0.120^2 + 0.362^2} = 0.0036$

$\sin\delta = \dfrac{\eta}{\sqrt{\rho^2 + \eta^2}} = \dfrac{0.362}{\sqrt{0.120^2 + 0.362^2}} = 0.95$

したがって，$J = s_{12}c_{12}s_{23}c_{23}s_{13}c_{13}^2\sin\delta \sim 3.2 \times 10^{-5}$.

■第 10 章

10.1 エネルギー 1 GeV の ν_e と電子の散乱断面積は，式 (10.2) より，
$\sigma_{\nu_e e^-} = 9.5 \times 10^{-42}\,\mathrm{cm}^2$．通過するニュートリノが見込む電子の数の面積密度は，
$5.5\,\mathrm{g/cm^3} \times 6.0 \times 10^{23}\,/\mathrm{g} \div 2 \times 1.3 \times 10^9\,\mathrm{cm} = 2.1 \times 10^{33}\,/\mathrm{cm^2}$.
したがって，散乱確率は，$9.5 \times 10^{-42}\,\mathrm{cm}^2 \times 2.1 \times 10^{33}\,/\mathrm{cm^2} = 2.0 \times 10^{-8}$.

10.2 $\dfrac{\Delta m^2}{4E}L = \dfrac{\pi}{2}$ より，$L = \dfrac{2\pi E}{\Delta m^2}$.

次元を合わせて，$L = \dfrac{2\pi\hbar c E}{\Delta m^2 c^4} = \dfrac{2\pi \times 197\,\mathrm{MeV}\cdot\mathrm{fm} \times 100\,\mathrm{MeV}}{(10^{-6}\,\mathrm{MeV})^2} = 120\,\mathrm{m}$

10.3 $f_\nu = \dfrac{6 \times 3 \times 10^9\,\mathrm{J/s}}{4\pi(1\,\mathrm{km})^2 \times (200 \times 10^6\,\mathrm{eV}) \times (1.6 \times 10^{-19}\,\mathrm{J/eV})} = 4.5 \times 10^9\,\mathrm{cm^{-2}s^{-1}}$

■第 11 章

11.1 式 (11.8) の ψ' と A' に式 (11.2) と式 (11.7) を入れると，式 (11.8) の第 1 式は，

$$(\text{左辺}) = (i\gamma_\mu\partial^\mu - m)\psi'(x) = (i\gamma_\mu\partial^\mu - m)e^{if(x)}\psi(x)$$
$$= e^{if}[(i\gamma_\mu\partial^\mu - m) - \gamma_\mu(\partial^\mu f)]\psi = e e^{if}\gamma_\mu[A^\mu - (\partial^\mu f)/e]\psi$$
$$= e\gamma_\mu A'^\mu\psi' = (\text{右辺})$$

が示される．式 (11.8) の第 2 式は，左辺 $\to \partial_\mu \partial^\mu A'^\nu = \partial_\mu \partial^\mu [A^\nu - (\partial^\nu f)/e]$．ここで，ローレンツの条件より，$\partial_\mu A'^\mu = \partial_\mu [A^\mu - (\partial^\mu f)/e] = -\partial_\mu \partial^\mu f/e = 0$ なので，(左辺) $= \partial_\mu \partial^\mu A^\nu = e[\overline{\psi}\gamma^\nu \psi] = e[\overline{e^{if}\psi}\gamma^\nu e^{if}\psi] = e[\overline{\psi'}\gamma^\nu \psi']$ = (右辺)

11.2 ラグランジアン密度を次のように書き換えることができる．

$$\mathcal{L}_{\mathrm{QED}} = \overline{\psi}(\gamma_\mu(i\partial^\mu - eA^\mu) - m)\psi + \frac{1}{2}(\eta_{\mu\rho}\eta_{\nu\sigma} - \eta_{\mu\sigma}\eta_{\nu\rho})\partial^\mu A^\nu \partial^\sigma A^\rho$$

ディラック方程式については，

$$\frac{\partial \mathcal{L}_{\mathrm{QED}}}{\partial \overline{\psi}} = [\gamma_\mu(i\partial^\mu - eA^\mu) - m]\psi, \quad \frac{\partial \mathcal{L}_{\mathrm{QED}}}{\partial(\partial_\mu \overline{\psi})} = 0$$

より，

$$\frac{\partial \mathcal{L}_{\mathrm{QED}}}{\partial \overline{\psi}} - \partial^\mu \frac{\partial \mathcal{L}_{\mathrm{QED}}}{\partial(\partial_\mu \overline{\psi})} = [\gamma_\mu(i\partial^\mu - eA^\mu) - m]\psi = 0$$

クライン・ゴルドン方程式については，$\frac{\partial \mathcal{L}_{\mathrm{QED}}}{\partial A^\alpha} = -e\overline{\psi}\gamma_k\psi$．

$$\frac{\partial \mathcal{L}_{\mathrm{QED}}}{\partial(\partial^\beta A^\alpha)} = \frac{1}{2}(\eta_{\mu\rho}\eta_{\nu\sigma} - \eta_{\mu\sigma}\eta_{\nu\rho})\frac{\partial(\partial^\mu A^\nu \partial^\sigma A^\rho)}{\partial(\partial^\beta A^\alpha)} = \cdots = \partial_\alpha A_\beta - \partial_\beta A_\alpha$$

より，

$$\frac{\partial \mathcal{L}_{\mathrm{QED}}}{\partial A^\alpha} - \partial^\beta \frac{\partial \mathcal{L}_{\mathrm{QED}}}{\partial(\partial^\beta A^\alpha)} = -e\overline{\psi}\gamma_k\psi - \partial^\beta(\partial_\alpha A_\beta - \partial_\beta A_\alpha) = -e\overline{\psi}\gamma_k\psi + \partial^\beta \partial_\beta A_\alpha = 0$$

ただし，最後の導出で，ローレンツの条件 $\partial^\beta A_\beta = 0$ を使った．

11.3 オイラー・ラグランジュ方程式は，

$$\frac{\partial \mathcal{L}_{Zff}}{\partial Z_\kappa} - \partial_\mu\left(\frac{\partial \mathcal{L}_{Zff}}{\partial(\partial_\mu Z_\kappa)}\right) = 0$$

質量項以外は，演習問題 11.2 と同じ．質量項で残るのは，$\frac{\partial}{\partial Z_\kappa}\frac{1}{2}M^2 Z_\mu Z^\mu = M^2 Z^\kappa$．したがって，$(\partial_\mu \partial^\mu + M^2)Z^\kappa = g[\overline{\psi}\gamma^\kappa \psi]$．

11.4 式 (11.55) より，フェルミオンの質量とヒッグス粒子の結合の関係は，$G_{ff} = \sqrt{2}m_f/v_0$．ここで，$v_0 = 246\,\mathrm{GeV}$．したがって，$G_{ee} = \sqrt{2} \times 511\,\mathrm{keV}/v_0 = 2.9 \times 10^{-6}$，$G_{tt} = \sqrt{2} \times 173\,\mathrm{GeV}/v_0 = 0.99$，$G_{\nu\nu} = \sqrt{2} \times 0.1\,\mathrm{eV}/v_0 = 5.7 \times 10^{-13}$．
t クォークとヒッグス場の結合定数は，驚くほど 1 に近い．

■付録 A

A.1 不確定性関係から $\Delta t \approx \hbar/(\Delta E) = \hbar/(m_\pi c^2)$．これは Δt の時間内に π メソンが存在可能なことを表す．これが光速で走るとして，到達範囲は $c\Delta t \approx (\hbar c)/(m_\pi c^2) = 200\,\mathrm{MeV\,fm}/140\,\mathrm{MeV} = 1.4\,\mathrm{fm}$．これは核子の大きさ程度である．

A.2 光子のエネルギーは $\varepsilon = cp = c \times h/\lambda$ より，$\lambda = ch/\varepsilon = 2\pi\hbar c/\varepsilon = 6.28 \times 200\,\mathrm{MeV} \times 10^{-15}\,\mathrm{m}/1\,\mathrm{MeV} = 1.3 \times 10^{-12}\,\mathrm{m}$．

A.3 電子の運動エネルギー K は $150\,\mathrm{eV}$ であり，電子質量 $m_e = 0.5\,\mathrm{MeV}$ に比べて十分小さいので非相対論的近似が適用でき，$p = \sqrt{2m_e K}$．ドブローイの関係式 $(p = h/\lambda)$ から電子の波長は $\lambda = h/p = 2\pi\hbar c/cp = 2\pi\hbar c/c\sqrt{2m_e K} = 2\pi\hbar c/\sqrt{2m_e c^2 K} = 6.28 \times 200 \times 10^{-15}\,\mathrm{MeV\,m}/\sqrt{2 \times 0.511 \times 150 \times 10^{-6}}\,\mathrm{MeV} = 1.0 \times 10^{-10}\,\mathrm{m}$．これは，原子の大きさ（約 $10^{-10}\,\mathrm{m} = 1\,\text{Å}$）と同程度であり，電子散乱により結晶内の原子構造を調べることが可能な波長である．

A.4 不確定性関係の式 $\Delta p \approx \hbar/2\Delta x$ の分母分子に光速 c を乗じると，$c\Delta p \approx \hbar c/2\Delta x \approx 200 \times 10^6\,\mathrm{eV} \times 10^{-15}\,\mathrm{m}/2 \times 10^{-10}\,\mathrm{m} = 1000\,\mathrm{eV}$．すなわち，電子の運動量 p は高々 $1\,\mathrm{keV}/c$ 程度（対応する運動エネルギーは $E = (pc)^2/2mc^2 \sim 1\,\mathrm{eV}$）であり，電子の静止質量 $m = 0.511\,\mathrm{MeV}/c^2$ に比べて十分小さく非相対論的近似が使える．$cp = cmv = mc^2(v/c) = 0.511 \times 10^6\,\mathrm{eV} \times (v/c)$．したがって，$v/c \approx 1000\,\mathrm{eV}/(0.511 \times 10^6\,\mathrm{eV}) = 2 \times 10^{-3}$．電子の速度は光速に比べて 0.2% 程度以下といえる．素粒子実験で扱う粒子はほぼ光速に近いので，これに比べると物質中の電子はほぼ止まっていると考えてよい．

A.5 $e^2/(4\pi\varepsilon_0 r_e) = m_e c^2$ より $r_e = e^2/(4\pi\varepsilon_0 m_e c^2) = (e^2/4\pi\varepsilon_0 \hbar c) \times (\hbar c/m_e c^2) = 1/137 \times (200\,\mathrm{MeV\,fm})/0.5\,\mathrm{MeV} = 2.8 \times 10^{-15}\,\mathrm{m}$．

A.6 $1\,\mathrm{eV}$ が約 $10000\,\mathrm{K}$ に相当することを使うと，この中性子の運動エネルギー (K) は $0.03\,\mathrm{eV}$ である．これは中性子の質量 $(M_n = 940\,\mathrm{MeV}/c^2)$ に比べて十分小さく非相対論的計算で十分である．速度 v は $K = (1/2)M_n v^2$ より $v = \sqrt{2K/M_n} = \sqrt{2K/M_n c^2} \times c = \sqrt{2 \times 0.03/(940 \times 10^6)} \times (3 \times 10^8)\,\mathrm{m/s} = 2400\,\mathrm{m/s}$．原子力発電所の原子炉は熱中性子炉とよばれ，ウランなどの核分裂で発生した高エネルギーの中性子（高速中性子とよぶ）を水などの減速材で $300\,\mathrm{K}$ 程度まで減速させ効率よく核分裂反応を持続させている．

関連文献

学術論文

[p1] K.A. Olive et al. (Particle Data Group): Chin. Phys. C **38**, 010009 (2014) and 2015 update (http://pdg.lbl.gov)

[p2] A. Rich: Rev. Mod. Phys. **53**, 127 (1981)

[p3] C.S. Wu et al.: Phys. Rev. **105**, 1413 (1957)

[p4] S. Lenz et al.: Phys. Lett. B **416**, 50 (1998)

[p5] J. F. Crawford et al.: Phys. Rev. D **43**, 46 (1991)

[p6] R.C. Walker et al.: Phys. Rev. D **49**, 5671 (1994)

[p7] R.E. Taylor: Nobel Lecture, (1990), (http://www.nobelprize.org/nobel_prizes/physics/laureates/1990/taylor-lecture.pdf)

[p8] J.I. Friedman: Nobel Lecture, (1990), (https://www.nobelprize.org/nobel_prizes/physics/laureates/1990/friedman-lecture.pdf)

[p9] H1 and ZEUS Collaborations: Eur. Phys. J. C **75**, 580 (2015)

[p10] P. Duinker: Rev. Mod. Phys. **54**, 325 (1982)

[p11] J.V. Balitsky, V.V. Kiselev, A.K. Likhoded, V.D. Samoylenko: arXiv:1505.07750 (2015)

[p12] M.J. Gaillard and B.W. Lee: Phys. Rev. D **10**, 897 (1974)

[p13] M.L. Perl et al.: Phys. Rev. Lett. **35**, 1489 (1975)

[p14] CDF Collaboration: Phys. Rev. Lett. **74**, 2626 (1995)

[p15] J.H. Christenson, J.W. Cronin, V.L. Fitch, R. Turlay: Phys. Rev. Lett. **13**, 138 (1964)

[p16] Belle Collaboration: Prog. Theor. Exp. Phys. **2012**, 04D001 (2012)

[p17] Belle Collaboration: Phys. Rev. Lett. **108**, 171802 (2012)

[p18] C. Jarlskog: Phys. Rev. Lett. **55**, 1039 (1985)

[p19] Ch. Kraus et al.: Eur. Phys. J. C **77**, 2323 (2013)

[p20] K. Assamagan et al.: Phys. Rev. D **53**, 6065 (1996)

[p21] SK detector. http://www-sk.icrr.u-tokyo.ac.jp/sk/ykphd/chap3-3.html

[p22] Super-Kamiokande Collaboration: Phys. Rev. Lett. **81**, 1562 (1998)

[p23] Super-Kamiokande Collaboration: Phys. Rev. Lett. **93**, 101801 (2004)

[p24] T2K Collaboration: Phys. Rev. Lett. **111**, 211803 (2013)

[p25] T2K Collaboration: Phys. Rev. Lett. **112**, 061802 (2014)

[p26] OPERA Collaboration: JHEP 1311, 036 (2013), JHEP 1404, 014 (2014)

[p27] Super-Kamiokande Collaboration: Phys. Rev. D **83**, 052010 (2011)
[p28] SNO collaboration: Phys. Rev. C **72**, 055502 (2005)
[p29] KamLAND Collaboration: Phys. Rev. Lett. **90**, 021802 (2003)
[p30] KamLAND Collaboration: Phys. Rev. D **83**, 052002 (2011)
[p31] Double Chooz Collaboration: Phys. Rev. Lett. **108**, 131801 (2012)
[p32] Daya Bay Collaboration: Phys. Rev. Lett. **108**, 171803 (2012)
[p33] ATLAS Collaboration: Phys. Lett. B **716**, 1 (2012)
[p34] CMS Collaboration: Phys. Lett. B **716**, 30 (2012)

参考図書

[b1] F. Halzen, A.D. Martin 著，小林徹郎，広瀬立成 訳「クォークとレプトン」培風館 (1986).
[b2] J.D. Bjorken and S.D. Drell, "Relativistic Quantum Mechanics", McGraw-Hill Book Company (1964).
[b3] A.Das, T.Ferbel 著，末包文彦，白井淳平，湯田春雄 訳「素粒子・原子核物理学の基礎」共立出版 (2011).
[b4] E.D. Commins, P.H. Buckbaum, "Weak Interations of Leptons and Quarks", Cambridge Univ. Press (1983).
[b5] 渡邊靖志「素粒子物理入門 (新物理学シリーズ 33)」培風館 (2002).
[b6] D.H. Perkins, "Introduction to High Energy Physics 3rd Edition", Addison-Wesley Publishing Company, Inc. (1987).
[b7] R.P. Feynman, R.Leighton, M. Sands 著，砂川重信 訳「量子力学 (ファインマン物理学 (5)」岩波書店 (1986).
[b8] F. Suekane, "Neutrino Oscillations", Springer (2015).
[b9] 長島順清「素粒子物理学の基礎 I,II」(1998),「素粒子標準理論と実験的基礎」(1999),「高エネルギー物理学の発展」(1999) 朝倉書店.
[b10] W. Greiner, B. Muller, "Gauge Theory of Weak Interactions" 2nd ed., Springer (1996).
[b11] 朝永振一郎，新版「スピンはめぐる」みすず書房 (2008).
[b12] 朝永振一郎，第 2 版「量子力学 I」(2008),「量子力学 II」(2007) みすず書房.
[b13] 山田作衛 他　編集,「素粒子物理学ハンドブック」朝倉書店 (2010).
[b14] R.P. Feynman, S. Weinberg 著，小林徹郎 訳「素粒子と物理法則-究極の物理法則を求めて」ちくま学芸文庫 (2006).
[b15] R. Devenish, A. Cooper–Sarkar, "Deep Inelastic Scattering", Oxford University Press (2004).

索 引

■ 英数字

$0\nu\beta\beta, 2\nu\beta\beta$ 崩壊　167
2 重ベータ崩壊　146, 167
3 重項　215
3 点結合　175
4 元移行運動量　202
4 元運動量　20, 201
4 元カレント　209
4 元微分演算子　203
4 成分スピノール　209
ALEPH　185
ALICE　191
appearance 実験　150
ATLAS　113, 191
B^0-$\overline{B^0}$ 振動, 遷移　136, 137
B^0 メソン　136
BABAR　137
Belle　137
Be ニュートリノ　157
B-L 保存　142
BNL　61
B メソン　110, 136
$|C_A|$　94
CDF　111
CERN　56, 156, 190
CESR　109
CKM　118
CKM 行列　118
CMS　113, 191
CNGS ビームライン　156
CPT 対称性　163
CPT 対称性の破れ　18
CPT 変換, 定理　18
CP 対称性　125
CP 対称性の破れ　125
CP 変換　18
C パリティ　16

C 変換　16
Daya Bay　164
DELPHI　185
DESY　74, 109
DIS　70
disappearance 実験　150
DØ　111
DORIS　109
Double Chooz　164
D_s メソン　120
FCNC　40, 102
g, g'　5, 23, 180
GALLEX　157
Gargamelle　102
GIM 機構　41, 102
GNO　157
g_W, g_Z　23, 144, 184
HERA　74
Homestake　157
J-PARC 加速器　143
J/ψ　105, 106
K^0-$\overline{K^0}$ 混合, 振動　127, 128
K2K　154
KATRIN　147
KEK　111
K_L, K_S　130
K メソン　39
L3　185
LEP　148, 185
LEP2　190
LHC　113, 191
LHCb　191
LNGS　156
Mainz　147
Mark I　104
Mark II　149
MNSP 行列　151

OPAL　185
OPERA 実験　156
OZI 則　106
PDF　71
pp ニュートリノ　157
Ps　26
PSI　48
QCD　74, 81, 174
QCD ポテンシャル　81, 83
QED　19, 26, 174
RENO　164
SAGE　157
SLAC　137, 149
SLC　148
SLD　185
SNO　159
SPEAR　104
SP$\bar{\text{P}}$S　114
SU(3)　174
T2K　143, 152, 154
Tevatron　111
TRISTAN　111
TRIUMF　54
Troitsk　147
UA1, UA2　114
W^+, W^-　5, 13, 23, 37, 116, 126, 181
Z^0　5, 24, 40, 116, 148, 181
β 崩壊　7, 13
β^+ 崩壊　7
$|\Delta I|=1/2$ 則　41
ε_K　133
ε'_K　135
η メソン　44, 87
η' メソン　90
μ 粒子　23

索 引　　245

π メソン　37, 86, 87
π メソン原子　48
π メソンのスピンの決定　51
π メソンのパリティの決定　52
ρ メソン　62, 86, 87
τ レプトン　107
Υ（ウプシロン）　109
φ メソン　89
ω メソン　87

■ あ 行

アイソスピン　57, 97
アインシュタイン　199
アインシュタインの規約　203
アップクォーク　4
泡箱　61
アングレール　193
暗黒物質　194
ウー　44
ウォルフェンスタイン　123
宇宙線　152
エネルギー固有状態　30
オイラー・ラグランジュ方程式　174
オージェ電子　158
オルソポジトロニウム　30

■ か 行

カイラリティ　5, 42, 220
カイラリティ保存　222
香り　5
角運動量　3
核磁子　98, 211
核融合反応　156
重ね合わせ　31, 90, 100
梶田隆章　151
荷電 π メソンの質量　48
荷電 π メソンの崩壊寿命　54
荷電カレント反応　6, 145

荷電共役変換　17
荷電独立性　57
荷電パリティ　31, 91
荷電レプトン　5
カビボ角　37, 183
カビボ・小林・益川 (CKM) 行列　118
カビボ理論　37
カミオカンデ　152, 158
カムランド　152, 162
カラー　5, 23, 83, 92, 174
カレント質量　82
換算プランク定数　2
間接的 CP の破れ　132
完全反対称性　93
軌道角運動量　3, 27, 31
球面調和関数　27, 85, 206, 219
共変微分　174
共変ベクトル　200
行列要素　8
局所的ゲージ変換　172
虚数質量　26
クォーク　1, 4, 81
クォークの閉じ込め　84
クライン・ゴルドン方程式　19, 174, 206
グラショー　37
グランサッソー　156
グルーオン　1, 5, 81, 174
グルーオン交換　87
グルーオン融合　192
クレブシュ–ゴルダン係数　228
クローニン　131
クロネッカーのデルタ　203
形状因子　66
ゲージ対称性　5, 15, 171
ゲージボソン　4, 5, 102
ゲージ粒子　171
結合定数　6, 23, 78
原子炉ニュートリノ　161

交換関係　215
光子　5, 181
構成質量　82
小柴昌俊　152
コスモトロン加速器　61
小林–益川理論　141
固有時　200
固有パリティ　17
ゴールドハーバー　45
混合　179
混合角　34, 181

■ さ 行

サハロフの 3 条件　125
左右非対称性　186
散乱　1, 7
散乱振幅　22
散乱断面積　10, 20, 223
ジェット　80
磁気双極子モーメント　27, 98, 210
自然偏極　188
シーソー機構　167
質量固有状態　34, 36, 88, 182
自発的対称性の破れ　171, 175, 178
弱ボソン　6, 179
重陽子　217
重力相互作用　4
寿命　14, 32, 54
主量子数　27
シュレディンガー方程式　8, 84, 205
詳細平衡の原理　52
衝突係数　3
真空期待値　7, 178
振動　128, 136, 212
深非弾性散乱　70
振幅　34, 88, 96, 127, 137
スカラー　215
スケーリングの破れ　77
ストレンジクォーク　4

ストレンジネス　60
スーパーカミオカンデ　151, 158
スピン−スピン相互作用　97
静止質量　200
静止質量エネルギー　3
世代　5
世代数　148
セミレプトニック崩壊　38, 39
遷移振幅　8, 88, 127, 137
漸近的自由性　78
前後非対称性　188
全断面積　11
双極子型の形状因子　67
双極子モーメント　87
相対論的量子力学　7
束縛　1, 7, 12

■た行
大気ニュートリノ　152
大気ニュートリノ振動　154
大局的ゲージ変換　172
対称性　1, 15
太陽定数　157
太陽ニュートリノ　152
太陽ニュートリノ振動　156
太陽ニュートリノ問題　159
タウニュートリノ　4
タウ粒子　4
ダウンクォーク　4
ターゲット　10
チェレンコフ光　152
チャームクォーク　4, 102, 103
中性πメソンの寿命　55
中性カラー状態　76, 100
中性カレント反応　6, 145
中性弱ボソン　see Z^0
中性πメソンの質量　49

直接的CP対称性の破れ　133
対消滅　22, 30, 87
対生成　30
強い相互作用　1, 7, 174
ディラック散乱　65, 226
ディラック散乱断面積　21, 227
ディラック方程式　19, 172, 207
ディラック粒子　166
デービス　157
電子　4
電磁相互作用　1, 7, 19, 210
電子ニュートリノ　4
電子ボルト　3
電弱統一理論　179
電子−陽電子衝突反応　21, 137, 148
伝播関数　128
特殊相対論　3, 199
閉じ込め　79, 175
トップクォーク　4, 110, 113
トリチウム　146

■な行
ニュートリノ　4, 144
ニュートリノ振動　4, 33, 34, 150, 165
ノンレプトニック崩壊　39

■は行
ハイペロン　60
パウリ行列　28
パウリの排他原理　53, 92, 216
パウリ方程式　211
バーテックス　9
波動関数　8
ハドロン　1, 12, 56, 81
パートンの分布関数 (PDF)　72

パラポジトロニウム　30
バリオン　12, 81, 91
バリオン数の保存　14
パリティ　16, 31, 91
パリティ対称性の破れ　43
パリティ非対称パラメータ　186, 187
パリティ変換　43
バーン (b)　11
反カラー　83
反対称性　216
反変ベクトル　199
反粒子　7, 209
非アーベリアン　75, 175
非加速器実験　195
光電子増倍管　152
微細構造定数　2
左巻き　183
ヒッグス　193
ヒッグス機構　183
ヒッグス場　171, 176
ヒッグスボソン　4, 5, 171, 178, 190
ヒッグスポテンシャル　178
微分断面積　11
標準模型　1
標準理論　4, 7, 171
ビヨルケンスケーリング　71
ビヨルケンの x　70
ファインマン図　8
フェルミオン　1, 4
フェルミ研究所　109
フェルミ定数　24
フェルミの黄金律　8
不確定性原理　15, 26, 30, 89
輻射補正　189
物質優勢　125, 194
不変質量　201
ブライト−ウィグナーの質量公式　26

ブラケット表示　8
フラックス　10
プランク定数　2
プリマコフ効果　55
フレーバー　5
フレーバー固有状態　36, 182
フレーバー変換中性カレント　37
分岐比　15
平面波　8, 208
ベクトルボソン融合　192
ベクトル粒子　6
ヘリシティ　5, 17, 42, 220
ヘリシティ抑制　42
ボーア磁子　27, 211
ボーア半径　1
崩壊　1, 7, 12, 23
崩壊係数　33, 38, 120
崩壊幅　15, 24, 186
ポジトロニウム　26

ボソン　1
保存則　1
ボトムクォーク　4, 108, 136
ボロンニュートリノ　157

■ま 行
マクドナルド　161
マヨラナ粒子　166
右巻き　183
ミューニュートリノ　4
ミュー粒子　4
メソン　12, 60, 81
メソン原子　47
モット散乱　65

■や 行
ヤールスコグパラメータ　142
ヤン　44
有効マヨラナ質量　168
湯川結合　182
陽電子　7

弱い相互作用　1, 7, 23

■ら 行
ラグランジアン密度　173
ラザフォード散乱　64
ラザフォード散乱断面積　223
リー　44
量子化　28, 205
量子色力学　74, 174
量子電磁力学　19, 26
レプトニック崩壊　38, 39
レプトン　4, 19
レプトンユニバーサリティー　38
ローゼンブルースの方法　67
ローレンツ係数　35, 200
ローレンツ変換　199, 202

■わ 行
ワインバーグ角　24, 145, 181

著者略歴

末包　文彦（すえかね・ふみひこ）
1987 年　東京工業大学大学院理工学研究科物理学専攻博士課程 単位取得退学
　　　　　元東北大学ニュートリノ科学研究センター 教授
　　　　　理学博士（東京工業大学）

久世　正弘（くぜ・まさひろ）
1990 年　東京大学理学系研究科物理学専攻 修了
2016 年　東京工業大学理学院 教授
　　　　　現在に至る
　　　　　理学博士（東京大学）

白井　淳平（しらい・じゅんぺい）
1982 年　京都大学大学院理学研究科物理学第二専攻博士課程 単位取得退学
　　　　　元東北大学ニュートリノ科学研究センター 教授
　　　　　理学博士（京都大学）

湯田　春雄（ゆた・はるお）
1966 年　ペンシルベニア大学大学院博士課程 修了
1997 年　東北大学 名誉教授
2017 年　逝去
　　　　　Ph.D.（ペンシルベニア大学）

編集担当　太田陽喬（森北出版）
編集責任　藤原祐介・富井　晃（森北出版）
組　　版　藤原印刷
印　　刷　同
製　　本　同

現代素粒子物理　　　　　　　　　　　　　　Ⓒ 末包文彦・久世正弘
　実験的観点からみる標準理論　　　　　　　　白井淳平・湯田春雄　2016

2016 年 12 月 13 日　第 1 版第 1 刷発行　　【本書の無断転載を禁ず】
2024 年 9 月 18 日　第 1 版第 2 刷発行

著　者　末包文彦・久世正弘・白井淳平・湯田春雄
発行者　森北博巳
発行所　森北出版株式会社
　　　　東京都千代田区富士見 1-4-11（〒102-0071）
　　　　電話 03-3265-8341 ／ FAX 03-3264-8709
　　　　http://www.morikita.co.jp/
　　　　日本書籍出版協会・自然科学書協会　会員
　　　　JCOPY ＜（社）出版者著作権管理機構　委託出版物＞

落丁・乱丁本はお取替えいたします.

Printed in Japan ／ ISBN978-4-627-15581-7